高等职业教育计算机类专业系列教材

网页设计与制作 (HTML5+CSS3)

蔡伯峰 编著

机械工业出版社

本书围绕符合最新 Web 标准的典型静态网站开发项目——"信息技术学院网站开发"展开，以"规划网站→制作网页→测试发布与管理维护网站"这一实际网站开发流程为主线，设计 11 个相对独立的教学项目，包括规划网站与网页设计，布局网页，网页内容编排，通过直接编写代码制作网页，使用模板制作网页，制作包含内联框架的网页，应用 JavaScript 制作网页特效，给网页应用行为，制作表单网页，手机网站页面设计制作，测试、优化与发布维护网站。

本书融"教、学、练"三者于一体，通过项目实施让读者学会必要的知识和技能，学以致用，同时通过巩固拓展项目的训练不断强化读者的知识应用能力和实践能力。本书内容翔实、重点突出、图文并茂，紧跟主流技术，并采用 HTML5+CSS3 为网页设计制作技术、Dreamweaver CC 2017 为开发工具，实用性强。

本书既可作为高等院校计算机及相关专业网页设计与制作课程的教材，也可作为网页制作、网站开发人员及业余爱好者的自学参考用书。

本书配有实训素材、阶段作品源代码、教学课件，选用本书作为教材的教师可以从机械工业出版社教育服务网（www.cmpedu.com）免费注册下载或联系编辑（010-88379194）咨询。

图书在版编目（CIP）数据

网页设计与制作：HTML5+CSS3/蔡伯峰编著. —北京：机械工业出版社，2018.7（2023.8重印）
高等职业教育计算机类专业系列教材

ISBN 978-7-111-60166-1

Ⅰ.①网… Ⅱ.①蔡… Ⅲ.①网页制作工具—高等职业教育—教材 ②超文本标记语言—程序设计—高等职业教育—教材 Ⅳ.①TP393.092.2 ②TP312.8

中国版本图书馆CIP数据核字（2018）第124175号

机械工业出版社（北京市百万庄大街22号　邮政编码100037）
策划编辑：李绍坤　　　　责任编辑：李绍坤
责任校对：潘　蕊　　　　封面设计：鞠　杨
版式设计：鞠　杨　　　　责任印制：单爱军
北京虎彩文化传播有限公司印刷

2023 年 8 月第 1 版第 6 次印刷
184mm×260mm·16.25印张·396千字
标准书号：ISBN 978-7-111-60166-1
定价：43.00元

电话服务　　　　　　　网络服务
客服电话：010-88361066　　机　工　官　网：www.cmpbook.com
　　　　　010-88379833　　机　工　官　博：weibo.com/cmp1952
　　　　　010-68326294　　金　书　网：www.golden-book.com
封底无防伪标均为盗版　　机工教育服务网：www.cmpedu.com

前言 PREFACE

本书是高等职业教育创新发展行动计划承接项目——"网页设计与制作"精品在线开放课程的配套教材，也是江苏省计算机应用技术高水平骨干专业建设项目的研究成果教材。

一、本书有何特色

本书遵循"以学习者为主体、能力本位、工作过程导向、项目载体"的教学设计理念和"实践中学习、按需学习、自主学习"的学习观念。通过本书的学习，读者可以快速、全面地掌握网页设计与制作的知识和技能，掌握网站开发的过程和方法，成为合格的网页制作员。本书主要有以下特色。

1）基于工作过程、项目导向、任务驱动的编写思路。本书围绕贯穿式的真实网站开发项目展开，以开发过程为基线，以相对独立的11个教学项目的实施来组织教学内容，在任务实施过程中讲解相关知识和技能。课堂教学主要环节包括项目概述与效果展示、知识能力目标、预备知识、项目分析、项目实施、归纳总结、巩固与提高，教学过程符合学生的认知规律。

2）采用主流技术。选用优秀的Dreamweaver CC 2017为开发工具，以HTML5为基础、CSS3为核心、JavaScript应用为拓展，兼顾jQuery Mobile框架等技术，并将这些内容和职业素质要求贯穿到真实网站项目开发过程中进行学习和训练。

3）两级项目式的层次化技能训练方式。操练项目（贯穿项目），围绕它组织基本知识和技能内容的学习；巩固拓展项目，由读者自主设计制作，书中给出具体任务和要求，与操练项目实施过程保持同步。

4）既适合学做合一教学，也适合自主学习。以各个教学项目实施为中心将知识技能点和开发实践紧密结合，使读者学以致用，融"教、学、练"于一体。教材立体资源丰富，既方便教学，又便于读者自由选择任何一个任务自主学习。

5）本书配套教学资源丰富。包括教学项目设计、实训素材、阶段作品源代码、课程标准、教学课件、教案设计、授课计划、学习指南、学习手册、技能训练题库、拓展资源等，读者可直接与编者联系。

二、为何使用本书

一个优秀的Web开发工程师需要具备一定的综合素质才能适应UI设计员、网页制作员、网页编辑员等岗位复杂多变的工作要求，这些素质包括正确分析理解用户的UI需求，熟知页面布局，规划网站并设计主要页面，熟悉页面内容编排和样式美化，掌握JavaScript基础，熟悉jQuery Mobile框架等技术，熟练使用主流网页制作工具和HTML5+CSS3等技术开发出符合Web标准的网页，熟悉网站测试、优化、发布管理维护等。

通过本书的学习，读者将会达到如下目标：能根据中小型网站开发需求对网站进行整体规划，并运用工具软件设计主要页面效果图；能对页面设计效果图进行布局、背景、内容排版、尺寸分析，并使用主流布局方法进行页面布局，插入网页元素并对内容进行编排、样式美化，使用主流技术制作出符合Web标准的页面；能在两种以上主流浏览器上测试浏览网页，根据测试结果对网站进行优化，并完成网站发布与维护。

三、如何使用本书

本书围绕符合最新Web标准的典型静态网站开发项目——"信息技术学院网站开发"展开，以"规划网站→制作网页→测试发布与管理维护网站"这一网站实际开发流程为主线，将教学内容划分成相应的网站规划、网页制作、网站测试与维护3大模块，进而设计11个相对独立的教学项目。各模块与项目的对应关系及包含的主要内容如下。

1）网站规划模块：网站开发流程、网站规划、网页设计、Dreamweaver CC 2017开发环境搭建、站点创建与管理、简单网页制作。对应于项目1。

2）网页制作模块：Web标准、HTML5、CSS3，"布局标签+CSS"布局，常见网页元素，页面内容编排，直接使用HTML5+CSS3制作网页，模板使用，内联框架应用，JavaScript应用，行为应用，表单网页制作，使用jQuery Mobile框架技术设计制作手机网页。对应于项目2～项目11。

3）网站测试与维护模块：网站测试、优化、发布、推广、维护。对应于项目11。

四、教学建议

各教学项目参考学时如下。

贯 穿 项 目	教 学 项 目	项 目 背 景	学 时
操练项目：信息技术学院网站开发 巩固拓展项目：学校网站开发或自选网站开发	项目1　规划网站与网页设计	规划信息技术学院网站并熟悉网站开发环境	4
	项目2　布局网页	布局网站主页	4
	项目3　网页内容编排	编排网站主页内容	16
	项目4　通过直接编写代码制作网页	制作分院概况栏系列网页	8
	项目5　使用模板制作网页	制作教学管理栏系列网页	4
	项目6　制作包含内联框架的网页	制作技术服务栏主页	4
	项目7　应用JavaScript制作网页特效	给网站应用JavaScript	4
	项目8　给网页应用行为	给网站应用行为	4
	项目9　制作表单网页	制作注册表单网页	4
	项目10　手机网站页面设计制作	制作分院手机网站主页	8
	项目11　测试、优化与发布维护网站	测试、优化与发布维护分院网站	4
合　　计			64

说明：表中列出的各个项目背景只是针对操练项目而言，与巩固拓展项目相对应的各个项目背景请参阅书中各项目最后"巩固与提高"中开始部分的内容。

本书由蔡伯峰老师编著。符钰、陈芷、钱晶参与了配套教学资源的开发，同时，本书在编写过程中还得到了本校各级领导和同事的大力支持与帮助，在此一并表示衷心的感谢！

由于编者水平有限，书中疏漏之处在所难免，敬请各位专家和读者提出宝贵意见。

编　者

目录 CONTENTS

项目 1
PROJECT 1
规划网站与网页设计

 项目概述

本项目是规划分院网站并熟悉网站开发环境，包含如下内容：

① 规划分院网站。从网站的需求分析、主题和内容、整体风格、结构等方面对分院网站开发项目进行整体规划，同时设计出网站 Logo 和主要网页的版式。

② 熟悉网站开发环境。启动 Adobe Dreamweaver CC 2017 后熟悉工作界面上的菜单栏、文档工具栏、文档选项卡式面板栏、文档编辑区、状态栏、功能面板等。

③ 本地站点创建、管理与操作。创建名为"信息技术学院网站"的站点，站点根文件夹为本地磁盘的 myweb 文件夹。先在 myweb 文件夹中创建若干子文件夹和文件，再对站点进行管理和操作。本地站点结构，如图 1-1 所示。

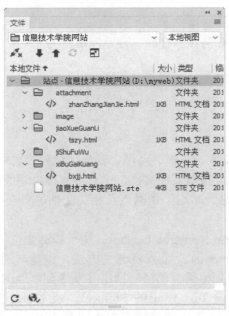

图 1-1　本地站点结构

④ 制作站长简介网页。根据自身具体情况制作站长简介网页，如图 1-2 所示。

图 1-2　站长简介网页

知识能力目标

○ 理解网站开发流程、网站规划的要求、网页设计的原则。
○ 了解常用网页制作工具。
○ 掌握 Adobe Dreamweaver CC 开发环境的使用方法。
○ 能规划网站。
○ 能创建、管理、操作本地站点。
○ 能制作简单网页并会保存、打开、预览网页。

预备知识

1．网站和网页概述

（1）基本术语

1）网页。网页是指由文本、图像、动画、音频、视频等内容组成的超文本文档。其中，文本或图像等网页元素还可以指向其他文档，这种功能称为超级链接。

2）网站。网站通常也称为站点，是网页及相关文件的集合，各个网页通过超级链接相联系。

3）URL。URL（Uniform Resource Locator，统一资源定位符）是 Web 服务器的地址，也称网址。它是一种访问 Internet 上信息资源的方法。浏览者通过本地浏览器发送 URL 到 Web 服务器中，Web 服务器则将所需的资源调出并发送到本地浏览器供用户浏览。

4）HTTP。HTTP（Hyper Text Transfer Protocol，超文本传输协议）是一种在网络中传输数据的协议，是用于从 Web 服务器传输超文本到本地浏览器的传输协议，它可以使浏览器更加高效，使网络传输减少。它不仅保证超文本文档正确、快速地传输，还确定传输文档中的哪一部分以及哪部分内容首先显示。

5）HTML。HTML（Hyper Text Markup Language，超文本标记语言）是一种用于编写网页的主要标记语言，是 WWW 中描述页面内容和结构的标准语言。用 HTML 语言编写的文档称为 HTML 文档，它是纯文本文件。

为了适应互联网应用的迅速发展，使网络标准符合当代的网络需求，为桌面和移动平台带来无缝衔接的丰富内容，2014 年 10 月 29 日，W3C（World Wide Web Consortium，万维网联盟）发布了经过近 8 年时间研制的 HTML5 标准规范，取代了 1999 年制定的 HTML 4.01、XHTML 1.0 标准。

6）CSS。CSS（Cascading Style Sheet，层叠样式表）是一组格式设置规则，用于控制页面内容的外观，例如，特定字体和字的大小、表格的边框、文本颜色和背景颜色、链接颜色和链接下画线等，并可确保在多个浏览器中以更一致的方式显示。目前最新版本是 3.0。

（2）中小型网站开发的一般流程

中小型网站开发通常包括如下 3 个阶段，各个阶段又包括一些具体的步骤。

1）网站规划与网页设计阶段。网站需求分析→确定网站主题和内容→规划网站的整体风格→规划网站结构→设计主要页面版式和效果。

2）网页制作阶段。页面布局→页面内容编排→各个网页相链接→根据需要实现动态功能。

3）网站测试、发布与维护阶段。网站测试与完善→网站空间申请、发布、推广→网站维护、更新。

2．开发工具概述

（1）常用网页设计与制作工具

常用的网页设计与制作工具有：Dreamweaver、FrontPage、Homesite、Hotdog、Webstorm、PageMaker、Pagemill、Claris Home Page 等。

常用的网页素材处理工具有：Photoshop、Fireworks、Illustrator、Edge Reflow、FreeHand、CorelDraw、Animate（前身是 Flash）、Cool3D、Xara3D、Ulead GIF Animator 等。

（2）Adobe Dreamweaver CC 2017 简介

原本由 Macromedia 公司开发的著名网站开发工具 Dreamweaver，版本从 1.0 到 8.0 不断升级，功能越来越强大。随着 Macromedia 公司被 Adobe 公司收购，在 2007 年 4 月后，Adobe 公司相继发布了 Adobe Dreamweaver Creative Suite（CS）3、CS4、CS5、CS5.5、CS6，2013 年开始相继发布了 Adobe Dreamweaver Creative Cloud（CC）、CC 2014、CC 2015 和 CC 2017 版本，它们代表了网站开发领域先进的设计理念与技术。

Adobe Dreamweaver CC 是一款可视化的网页制作编辑软件，针对网络及移动平台进行设计、开发并发布，而不需要为程序代码烦恼。它提供直觉式的视觉效果界面，可用于建立及编辑网站，并提供与最新的网络标准相容性，同时对 HTML5、CSS3 和 jQuery 提供很好的支持。它以更快的速度开发更多网页内容。它使用简化的用户接口、连接的工具以及新增的可视化 CSS 编辑工具，可透过直觉方式更有效地编写程序代码，使用它可直接从应用程序内共享作品，而且只要一有新功能，就可以加以运用，有助于用户随时掌握 Web 标准。

Adobe Dreamweaver CC 2017 可用来开发大型综合网站、企业内部经营管理系统、电子商务网站、新闻和信息网站、交互式的网上教学网站、企业网站、个人网站、手机版网站等。

项目分析

本项目是对全书使用的贯穿式教学项目——信息技术学院网站，在进行需求分析的基础上策划网站主题和内容、规划整体风格和结构、设计 Logo 和主要页面版式，为后续项目实施提供支撑。

通过对"信息技术学院网站"站点的创建、管理与操作，并利用 Dreamweaver 的"属性"面板对自行设计的站长简介网页进行格式编排，熟悉网页设计制作环境 Adobe Dreamweaver CC 2017 的使用方法。

项目实施

在创建网站之前，应合理地规划，包括进行必要的需求分析，策划网站的主题和内容，规划网站的整体风格和结构，设计页面版式等方面，以避免设计开发的盲目性。

1. 网站需求分析

网站是用来向浏览者提供所需信息的，因此，创建网站首先要进行网站需求分析以便明确设计开发网站的目的和用户需求，从而做出切实可行的设计计划。要弄清开发的网站有哪些类型的用户使用，各个用户又有哪些不同的需求，网站的功能是什么等，为网站设计提供参考和依据。

要开发的网站是一个典型的分院网站，用来全面展示分院的办学情况和提供的服务等，以便本校和兄弟院校的老师和学生、关心分院发展的高中学生和家长、寻求技术支持和服务的企业人员、寻求继续深造的社会人员、教育管理部门领导及时了解到分院办学概况和分院荣誉、教学管理、学生管理、招生就业、技术服务、继续教育等方面的信息。

2. 确定网站主题和内容

主题是网站所要表达的主要内容。例如，摄影界大名鼎鼎的色影无忌网站（www.xitek.com）的主题是关于摄影技术论坛和摄影月赛的，虽没有商业网站的奢华，却汇集了丰富的人气。同样的主题，可以有不同的立意和设计。

主题也是网站的灵魂，它决定了网站的内容和风格。内容要为主题服务，要尽量选用与主题相关的内容，内容较多时还应划分成多个栏目，既方便设计又方便浏览。例如，旅游类网站主要介绍旅游景点、旅游线路、旅游价格、旅行社、土特产品等内容；公司网站应介绍公司的理念和特色、管理情况、产品情况、售后服务等内容。

信息技术学院网站的主题是介绍分院办学情况，所有内容都要围绕这一主题展开，与其无关的内容不要放在网站中介绍。根据网站的功能，所搜集的内容应该包括分院简介、分院机构设置、师资力量、办学特色、实训基地及实践教学情况、教学管理与教学研究、学生培养、学生活动、招生专业及招生情况、就业情况、毕业生情况、学生成果及荣誉、继续教育相关情况、提供的技术支持与服务等。

【说明】

① 主题定位时一般要选择自己擅长的题材，主题要小而精，贵在创新，切忌兼容并包。主题的题材包括网上求职、网上聊天、网上社区、计算机技术、网站开发、娱乐网站、旅行、资讯、家庭、教育、生活、时尚等。而其中的每一类还可细分，例如，娱乐类可再分为体育、电影、音乐等，音乐又可分为

MP3、VQF、Ra等。各个题材交叉结合又可产生新的题材，例如，旅游论坛（旅游+讨论）。所以题材有成千上万种。

② 网站的名称应与主题密切相关，要能体现网站主题。响亮的名称能给站点的推广带来便利，例如，"闪客帝国""色影无忌""电子邮局"等。网站名称若能与域名配合，可方便浏览者记忆，有利于提高访问量，例如，"当当网上书店""8848商城"等。当选择网站名称时要做到易记、健康、特色。除非特别需要，应尽量使用中文名称以符合中文网站浏览者的特点。

3．规划网站的整体风格

网站的整体风格是网站整体给浏览者的综合感受，它应该是网站与众不同的特色。不同类型的网站具有不同的整体风格，风格应与网站的主题相匹配。风格通过各个页面来体现，最主要的是通过网站主页来体现，例如，页面的版式结构、色彩搭配、图像动画的使用等。例如，新浪是快速的，包括各种信息版块且信息含量丰富，更新速度快；迪士尼是生动活泼的，设计独特，色彩丰富，图像动画使用得恰到好处；IBM是专业严肃的。学术机构和政府团体的网站体现出严谨、科学和庄重的气氛；商业网站体现奢华；班级网站的风格应有一种轻松愉快、生动活泼的气息，不能太严肃；体育类网站要体现运动的特点；个人网站体现个性化。

网站的整体创意是网站生存的关键，它是一种灵感、思考的结果，是传达信息的特殊方式，是对现有要素的重新组合。例如，将网络虚拟环境和现实结合起来往往会有奇思妙想产生，例如，在线书店、电子邮局、电子社区、在线拍卖、电子贺卡等类似主题的网站。

信息技术学院网站属于教育类网站，涉及电子及计算机专业的教学与管理、服务等。网站既要体现出严谨、科学的气氛，又要体现出科技、热情、温暖、希望，因此在各个页面的版面设计中采用常规的上下与左右组成的杂合型布局方式。其中，主页中间部分左列为登录、分院风采、兄弟分院链接区，右列为分院简介、新闻通知和学生活动图片展示区，总体比较对称，显得严谨、格调高雅，而次页中间部分左列为二级导航栏，右列为具体的链接内容，这样能给人留下信息丰富的印象。色彩选用蓝色为主色调，红色、黑色、黄色为搭配色，体现出电子及计算机行业和相应专业的飞速发展，体现出信息技术学院是一个热情温暖、充满活力和希望的大家庭。各个页面中选择能突出信息技术学院师生精神风貌的系列图片或动画。

【说明】

① 版面设计时页面布局类型（也称为版式类型）可划分为上下型、左右型、杂合型、封面型、Flash动画型等。

a）上下型：网页的上部分是网页标题或Logo、修饰性图案、导航栏等，下部分是网页正文。当网页分成上、中、下3部分时，最下部分是版权声明、联系方式等信息。

b）左右型：网页左部分是导航栏，右部分是当前链接的具体内容。有时网页也可分成左、中、右3部分，其左、右部分可用来放置导航栏、滚动新闻、公告、友情链接、用户登录等。

c）杂合型：是前2种类型的综合。平时所见到的页面结构大多都是杂合型的，即网页从整体上分成上、下2部分或上、中、下3部分，而中间或下部分又分成左、右2部分或左、中、右3部分。杂合型还可细分为"国"字形、"同"字形、"巨"字形等。

d）封面型：一般出现在网站的引导页中，页面中是大块的设计精美的平面图，有时还设计了局部的动画效果，同时提供了一个简单的链接，例如，"进入"、Enter等，以便浏览者单击链接后可进入网站主页，例如，中国大众体育的引导页。

e）Flash动画型：与封面型类似，但网页中是大幅Flash动画。

② 关于网页色彩设计知识。

三原色是指能够按照一定的数量规定合成其他任何一种颜色的基色。所有的颜色其实都是由三原色按照不同的比例混合而来。计算机屏幕的色彩是由红、绿、蓝三种原色组成。

色彩三要素是指色相、饱和度和明度。色相是指色彩的相貌，即区分各类色彩的名称，例如，红色、绿色、橙色等。色相由波长决定，例如，蓝色、天蓝、靛蓝是同一色相。饱和度又叫纯度，是指色彩的纯净程度，即色相感觉鲜艳或灰暗的程度。明度是指色彩的明暗程度，它体现颜色的深浅。黑色、白色和灰色只有明度特征，没有色相和饱和度的区别。

在计算机中表示的颜色是用红、绿、蓝三原色组合而成的，在网页中使用时可以采用以#开头的6位或3位十六进制数表示，也可以使用预设的颜色名称，例如，black、olive、red、blue、gray、green、yellow、white、purple、silver等。如果采用6位十六进制数表示，则前两位数字代表红色，中间两位数字代表绿色，后两位数字代表蓝色，而采用3位表示时则分别用1位数字代表一种颜色。例如，#ff99bb、#778906、#00dea8、#3f6、#f7f等都是合法的表示方法。

当浏览者看到不同的颜色时，会产生不同的心理感觉，这就是一种色彩意向，见表1-1。

表1-1 颜色与心理感觉

颜色	心理感觉	使用场合
红色	热情、活力、温暖、喜悦、冲动、吉祥	极易吸引浏览者的眼球，被广泛利用
橙色	时尚、温馨、热烈、欢欣、快乐、甜蜜、光明、华丽	常用于一些时尚新潮的网站中，例如，时装、化妆品网站等
黄色	快乐、希望、明亮、乐观、智慧、轻快、愉快	能营造出愉快的氛围
绿色	宁静、生机、青春、健康、和睦、安全、新鲜、柔和	常常能得到儿童和青年人的喜爱
蓝色	清新、科技、平静、凉爽、专业、深远、永恒、沉静、理智、诚实、寒冷	强调科技、效率的商品或企业形象，尤其在商业设计中用得较多
灰色	柔和、庄重、可靠、沉稳、温和、谦让、高雅、忧郁、平凡、寂寞	高科技产品常用它来传达高科技形象。灰色是万能色，可以和任何彩色搭配，或帮助两种对立的色彩和谐过渡
白色	洁白、明快、纯真、清洁、简单、朴素、神圣	通常需与其他色彩搭配使用，多用于网页背景色
黑色	深沉、高贵、优雅、神秘、寂静、坚实、严肃、刚健	适合于与其他颜色搭配
紫色	高贵、神秘、启发、浪漫、优雅、自傲	具有强烈的女性化性格，常用于与女性有关的商品或企业形象

颜色的搭配要根据设计者的眼光和审美观点做出恰当的选择。色彩选择的总原则是：总体协调、局部对比，即网页的整体色彩效果和谐，局部可以有一些强烈色彩的对比。选择页面色彩时应考虑到流行趋势、浏览群体、个人喜好、文化背景等，通常可以考虑主要内容文字用黑色或白色，而边框、背景、图片用彩色，这样页面整体不单调并突出了主要内容。在搭配色彩时，以下一些基本的原则应予以考虑。

a）色彩要鲜明、独特。

b）注意色彩联想。例如，蓝色会使人联想到天空，黑色联想到黑夜等，选择色彩要与网页的内涵相关联。

c）色彩要搭配合理，要注意冷暖色的搭配、对比色的搭配。

d）要讲究艺术性。既要符合网站主题的要求，又要有一定的艺术特色和良好的视觉感受，例如，用粉色体现女性站点的柔性。

e）合理使用邻近色可避免色彩杂乱。邻近色即色带上邻近的颜色，例如，绿色和蓝色、红色和黄色等。

f）合理使用对比色可突出重点并产生强烈的视觉效果。例如，红色和绿色、橙色和蓝色等，一般以一种颜色为主色调，对比色作为点缀，起画龙点睛的作用。

g）巧妙使用背景色。一般宜采用素淡清雅的色彩，避免采用花纹繁杂的图片和纯度很高的色彩。要使背景色与文字产生强烈的色彩对比，以突出显示文字。

h）严格控制色彩的数量。同一网页中颜色数量不宜超过3种，也可通过调整色相、纯度和饱和度来获取其他颜色。

③关于页面中图像和动画的使用。

传递信息的视觉要素包括版式、文字、图像、动画、色彩等，网页中图像和动画在信息传达上应该具备以下功能：

a）要有良好的视觉吸引力；

b）要简洁明确地传达网站信息；

c）要有强而有力的诱导作用，造成鲜明的视觉感受效果，在浏览过程中产生愿望和欲求。

网页中图像和动画要与页面相统一，必要时要进行处理，包括外形处理、面积处理、数量处理、背景处理等。

4. 规划网站结构

制作网站之前应先对网站的栏目结构（即各关键网页之间的关系，尤其是主页与次页）、链接结构（即导航机制）、目录结构（即各个网页文件的存放位置）做一个大致的规划，这种规划应与网站的内容紧密结合。只有当结构与内容成功结合时，制作出的网站才是受人欢迎的，缺任何一方面都无法留住太过挑剔的访问者。

一个优秀的网站应该结构清晰明了，导航简单方便，浏览者能够快速、准确地找到所需信息，这也是一个网站成功与否的关键因素。

信息技术学院网站可分为主页、分院概况、教学管理、继续教育、支部工作、技术服务六大栏目。其中，分院概况包括分院简介、机构设置、现任领导、骨干教师等页面；教学管理包括特色专业、教研活动、教学大纲、实践教学、实训基地、顶岗实习等页面；继续教育包括招生介绍、教学管理、证书培训、学员风采、同学录、留言板等页面；支部工作包括党总支子栏目（含机构设置、总支园地、组织发展、学习教育等页面），分团委子栏目（含团总支、学生会、学生社团等页面），招生就业子栏目（含招生信息、招生计划、就业信息、毕业生风采等页面），学生工作子栏目（含管理体系、文明创建、素质测评、勤工俭学等页面）；技术服务包括培训考核、网站建设、网络组建、软件开发等页面。

在主页中采用横排导航便于组织各个栏目，次页中主栏目也采用横排导航，但各个二级栏目或栏目下的页面标题采用竖排导航，显得整体感较强。

在站点根文件夹中创建与各个栏目对应的子文件夹和用来存放图像、动画、样式、脚本等公共文件的一些公共文件夹。

【说明】

①规划网站的栏目结构，就是将网站中所要涉及的信息进行细分和合理组织。栏目结构可分为以下3种子类型。

a）层次结构：这是架构各网页文档最简易、最具有逻辑性的方法。在该结构中，主页提供了对它以下内容的总体概况，还定义了一些指向层次结构中更深层次页面的链接，当往上走时获得更加泛化的信息，往下走时获得更具体的信息，例如，sina、sohu等网站。

b）线性结构：主页是题目或介绍，其他页面则是按照这种结构有序地跟从。在一个严格的线性结构中，链接只能按照顺序从一个页面到另一个页面，即向前或向后，例如，在线阅读、描述工作过程之类的网站。

c）网状结构：它是一系列具有很少或者根本不具有总体结构的文档结构。将每个页面联系在一起的唯一桥梁就是链接。网状结构允许浏览者无目的地在页面间自由跳转。

②规划链接结构。导航是网站设计不可缺少的元素之一，设计导航时要从浏览者使用方便的角度出发，导航要放置在明显、易找区域。导航标题应明确、一目了然，文字性标题常是页面内容的概括，而图像性标题往往更醒目。

导航样式包括横排导航、竖排导航、多排导航、图片式导航、下拉菜单导航等。

网站导航的表现形式主要有以下3种。

a）菜单：是网站最常见的导航形式，一个好的菜单系统关键在于能适应网站的层次需要，并且容易让浏览者理解网站的结构。

b）站内搜索引擎：提供了一种主动查询方式，浏览者只要将自己需要寻找内容的关键字输入到搜索引擎中，网站就会自动查找出站内符合条件的页面，这是一种人性化的做法。

c）当前浏览位置：就是在网站的每个页面中加入当前位置的文字说明并逐级加入链接。

③ 规划目录结构。合理的目录结构对于网站的维护、扩展、移植有很大的影响。尽量不要将所有的文件都存放在根文件夹下，否则既难于查找、管理、维护，又使上传、浏览时检索文件时间长、速度慢。可根据栏目内容和网站中各文件性质决定分类存放到不同的子文件夹中。

a）各栏目下的网页分别存放到对应的子文件夹中；

b）主页使用的或公共的图像、动画、脚本、CSS、下载的内容、数据库也分别存放到对应的子文件夹中；

c）需要经常更新的内容可单独存放到一个子文件夹中；

d）在各个栏目对应的子文件夹中还可再创建一些子文件夹，以便存放其独有的图像、动画、脚本、更深层次的网页等文件，但目录的层次不宜过深，最好不要超过4层。

文件夹、文件命名一般采用英文单词、汉语拼音或缩写，并尽量用小写，命名时可以包括数字和下画线（不能以数字开头）。例如，图像文件夹命名为image，存放CSS文件的文件夹命名为style或css，存放JavaScript脚本的文件夹命名为js等。主页一般命名为index.html、index.asp、index.jsp等。命名时，当需要用多个单词或汉语拼音来表示时，单词或汉语拼音的连接方法可以采用以下几种方法之一。

a）骆驼命名法：第一个字母小写，随后的每个单词或汉语拼音的第一个字母大写，即混合使用大小写字母来构成名称，例如，subTitle、jiXuJiaoYu等。

b）Pascal命名法：与骆驼命名法类似，只不过骆驼命名法是首字母小写，而Pascal命名法是首字母大写，例如，SubTitle、JiXuJiaoYu等。

c）下画线命名法：在命名中加入了英文的下画线的命名规则，例如，news_list。

d）连字符命名法：使用英文的连字符来连接单词或汉语拼音，例如，sidebar-menu。

④以下是站点规划的几点要诀。

a）选择一个好的有创意的域名。例如，当当网上书店的域名。

b）加快首页的载入速度。例如，减少不必要的图像、动画，尽量少用Java特效。

c）总体清晰可见。网页字体大小尽量保持一致，栏目创意吸引人且具有一定的内涵和针对性，首页不要堆砌太多的内容。例如，学术机构和政府团体的网站首页通常简洁明了，分类醒目，提供丰富的学术信息和准确的政府团体相关信息，并有信息发布区域。

d）做好站内的内容搜索目录和引擎服务。

e）相关信息要完整。例如，标题、Email、版权、联系信息等。

5. 网站 Logo 设计

网站标志 Logo 如同商标一样，是网站特色和内涵的集中体现，它常常会反映网站的某些信息。一个好的 Logo 设计可使浏览者一看见它就会联想起相应的网站。Logo 标志可以是中文、英文字母、符号、图案、动物或者人物等，标志的设计创意来自网站的名称和内容，大体可以分为如下两种方法。

1）网站有代表性的人物、动物、植物、物品等，可以用它们作为标志，必要时可以以其作为设计蓝本加以卡通化和艺术化。例如，皮皮网的调皮的小狗标志、中国银行的铜板标志等，如图 1-3 所示。

2）用自己网站的中文、英文名称或相关的典型字母，采用不同的字体、字母的变形制作标志。例如，海尔、中国联通等公司网站的 Logo，如图 1-3 所示。

信息技术学院网站的 Logo 设计可以有多种，教学网站中使用了第二种设计方法，用 C 和 E 分别代表分院由两大专业类组成，即电子（Electronics）和计算机（Computer），A 寓意飞速发展，圆环表示分院是一个和谐的大家庭，如图 1-4 所示。

图 1-3　几个典型的网站 Logo　　　　　　　图 1-4　信息技术学院网站的 Logo

6．主要页面设计

（1）网页设计的基本原则

1）用户至上原则。网页在设计时要以用户为中心，将能否满足用户的要求，是否一切为用户着想作为网页设计成功与否的首要的衡量标准，同时也要考虑到用户浏览器软件、网络速度等因素。

2）易用性原则。网页中的导航应该结构清晰，层次合理，操作简便，链接正确，能够快捷、方便地在不同网页间跳转。导航应该放置在明显、易找的区域，以方便浏览者使用。重要的内容应放置在网页的显眼处，使浏览者在第一时间就能看到。

3）实用性原则。要提供给浏览者真实的、实用的、丰富的内容，必要时可使用适当的图像、动画、色彩和装饰图案等。

（2）主要页面设计

根据前面"3．规划网站的整体风格"一节对网站的规划，信息技术学院网站各个主要页面的设计效果，如图 1-5 ～图 1-8 所示。

图 1-5　网站主页设计效果图

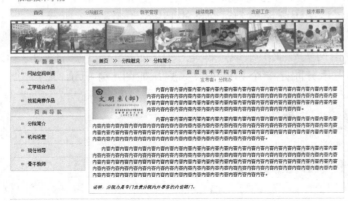

图1-6　分院概况栏主要网页设计效果图

图1-7　教学管理栏主要网页设计效果图

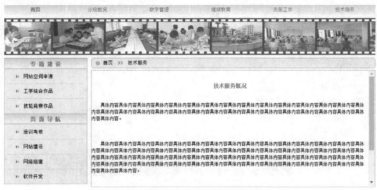

图1-8　技术服务栏主页设计效果图

【说明】

①设计网页版面尺寸时的几个要素如下。

a）网页的总宽度（含边距、边框宽度、补白、内容宽度）：由大部分浏览者浏览时的分辨率决定。在1024×768分辨率下，总宽度不宜超过1000px，在1280×1024分辨率下不宜超过1260px。

b）网页的长度：除非肯定站点的内容能吸引浏览者拖动滚动条浏览页面，否则页面长度不宜超过3屏，最佳为1.8～2.5屏。如果需要在同一页面显示超过3屏的内容，那么最好能用锚记做上页面的内部链接。

c）网页文件大小：网站的主页大小（包括所有图像、文本、多媒体对象）不宜超过60KB，网站的二级页面文件不宜超过90KB。

d）广告尺寸：应为标准尺寸，全尺寸banner不宜超过30KB。

②网页元素设计。

页头的作用是定义页面的主题，所以经常放置页面标题、公司标志以及旗帜广告。页面标题相当于商店的招牌，通常位于页面上端或中央，标题要清楚明确地表示出来。在设计标题时需做好以下几点。

a）标题大小、粗细要合适。标题字号可稍大于正文文字字号，可稍粗一些，但不能过分，应与页面相和谐。

b）标题可使用鲜艳的色彩以便起到强化作用。

c）利用空间突出标题。在标题周围留出一定的空白空间可使标题文字更加醒目。

页脚与页头相呼应，用于放置副标题、公司信息、制作者版权信息、分辨率要求等。

页面内容主要包括文字和图像，它们是网页的两个基本构成元素。在编排时要充分利用有限的屏幕空间，并着重考虑以下几点。

a）主次分明，重点突出。重要内容可安排在屏幕中央或中间偏上位置，这是浏览者视觉中心区域，其余区域安排次要内容。页面布局排版既要有条理性又要符合浏览者的阅读习惯，例如，一般将导航安排在页面的上面或左面。

b）大小搭配，错落有致。较长的标题、较大的图片尽量分开放置，与较短的标题、较小的图片相互错开，并可设置适当的距离，使页面错落有致。

c）图文并茂，相得益彰。文字太多时网页将显得沉重而缺乏生气，图片太多时将显得信息容量不足，应合理搭配文本和图片。

d）适当分块，清晰易读。当页面内容过于繁杂时会削弱网页整体的可读性，此时，应适当分块。常用的分块方法如下。

- 利用留空和画线进行分块。留空包括单独的空白区域、行距、字距、段间段首的留空等，画线包括直线、曲线。
- 利用色块进行分块。利用色块分块可以在没有空白的版面上达到分块的效果，当同时使用留空和色块进行分块时效果更好。
- 利用线框分块。给各个布局块设置有一定颜色、一定宽度、一定风格的边框。

文字是网页中用来传递给浏览者信息的主要途径，在进行文字设计时需做好以下几点。

a）文字字体的选择：网页文本一般使用系统默认的中文字体（如宋体、黑体等）和西文字体（如Times New Roman、Arial等）。若需要特殊字体，则应尽量做成图片，即在图片中使用特殊字体。正文文本常使用带有衬线的宋体（英文使用Times New Roman），标题字体常使用不带衬线的黑体（英文使用Arial）。特殊的字体常用于广告、装饰等。

b）文字粗细的确定：文字变细会显得十分优美，反之将文字变粗会显得有力。

c）文字字号的确定：正文文字字号一般设置为12～14px；版权声明等文字内容一般设置为10～12px；标题文字一般设置为14～16px。

d）文字的字间距和行间距：字间距和行间距在某种程度上会改变浏览者的阅读心理。

7．熟悉网站开发环境

（1）Adobe Dreamweaver CC 2017 的安装与启动

Adobe Dreamweaver CC 2017 只有 **64** 位版本，若需要安装 **32** 位版本，只能安装 **Adobe Dreamweaver CC 2017** 之前的版本。安装方法与安装其他应用软件的方法类似。

使用以下方法之一均可启动 Adobe Dreamweaver CC 2017。

方法一：在桌面上执行"开始"→"所有程序"→"**Adobe Dreamweaver CC 2017**"命令，此时将自动打开 Adobe Dreamweaver CC 2017 操作界面，如图 1-9 所示，可进行相关操作。

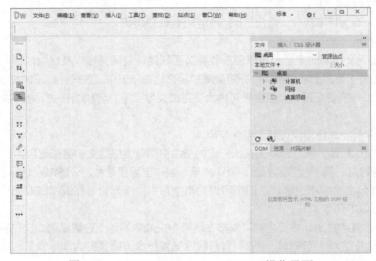

图 1-9　Adobe Dreamweaver CC 2017 操作界面

方法二：在"我的电脑"或"资源管理器"中找到要编辑的网页文件后，右击该文件，在弹出的快捷菜单中执行"打开方式"→"**Adobe Dreamweaver CC 2017**"命令。

（2）Adobe Dreamweaver CC 2017 工作界面及使用

1）在操作界面中执行"文件"→"新建"命令，在弹出的"新建文档"对话框中选择文档类型，如图 1-10 所示。

图 1-10　"新建文档"对话框

使用默认设置后单击"创建"按钮，将自动在 Adobe Dreamweaver CC 2017 的工作界面中显示新创建的空白 HTML 文档等待编辑，文档的默认文件名为 Untitled-1.html，如图 1-11 所示。

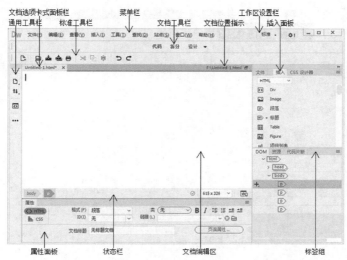

图 1-11　Adobe Dreamweaver CC 2017 工作界面布局与组成

【说明】

①Adobe Dreamweaver CC 2017应用程序的外观是与其异常灵活的功能特性分不开的。

②工作界面上的各个组成部分介绍如下。

a）工作区设置栏：包含标准工作区、开发人员工作区、管理工作区，其中开发人员工作区以代码视图形式呈现，并将"文件"面板置于左侧。

b）菜单栏：包含了所有的操作命令。

c）文档工具栏：包含"代码""拆分""设计""实时视图"按钮。

d）标准工具栏：执行"窗口"→"工具栏"→"标准"命令即可显示。

e）通用工具栏：包括"打开文档""文件管理""在代码视图中显示实时视图源""自定义工具栏"等按钮。

f）文档选项卡式面板栏：以选项卡的形式显示所有打开的网页文档。

g）文档位置指示：指示当前正在编辑的文档的保存位置。

h）文档编辑窗口：显示HTML文档，它包含文档编辑区和状态栏等。状态栏包含如下几部分。

■　标签选择器：用于显示插入点位置的HTML源代码标签或选中标签在文档中对应的内容。

■　标签错误指示：指示文档中是否有标签配对错误。

■　文档编辑区大小：显示当前文档编辑区的大小（以px为单位），并可通过其弹出菜单重新设置。

■　实时预览：用于选择是在浏览器还是设备上预览当前文档。

i）功能面板：包含各种操作功能的面板可通过"窗口"命令打开，"属性"面板水平放置于工作界面上，当拖动到工作界面下方高亮显示时释放可固定到工作界面下方，"插入"等面板置于工作界面右边。几个面板组合成选项卡式面板（标签组）。

2）在"属性"面板上"文档标题"文本框中输入"站长简介"作为网页标题，再在文档编辑区中输入"站长个人档案"后按 <Enter> 键，然后将光标置于文字中间任意位置，并使用状态栏的标签选择器选择 <p> 从而选中该段文字，再在"属性"面板的"格式"下拉列表框中选择"标题 1"选项，将该段文字设置成"标题 1"。在设计视图中的效果，如图 1-12 所示。

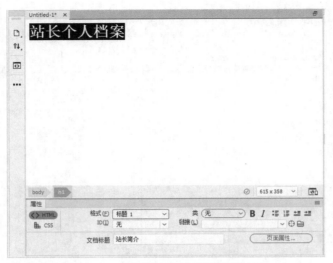

图 1-12　输入了内容的设计视图效果

【说明】

切换到代码视图，可看到在头部head中（即<head>与</head>标签之间）的如下代码。

<title>站长简介</title>

而在网页主体body（即<body>与</body>标签之间）中，可以看到自动生成的如下代码。

<h1>站长个人档案</h1>

其中，<title>称为标签、左标签或开始标签，</title>称为右标签或结束标签，而"<title>站长简介</title>"统称为title元素。网页元素由HTML标签定义，包含开始标签、结束标签和其中的内容，有些元素没有实际的内容和结束标签，称之为空元素，空元素可以在开始标签的最后加"/"代表结束标签，例如，<img　/>等。

3）执行"文件"→"页面属性"命令或单击"属性"面板上的"页面属性"按钮，弹出"页面属性"对话框，如图 1-13 所示。

图 1-13　"页面属性"对话框

在"分类"列表框中选择"标题 / 编码"，在"标题 / 编码"选项界面上设置当前网页的编码方式为"简体中文（GB2312）"。

【说明】

①"标题"文本框用来输入当前网页文档的标题，它与"属性"面板"文档标题"文本框中输入的内容保持一致。

② HTML5是第五代HTML，通过"文档类型（DTD）"下拉列表框设置当前网页的文档类型，默认值是"HTML5"。HTML 4.01是第四代HTML，而XHTML是HTML向XML（Extensible Markup Language，可扩展标记语言）过渡的一个桥梁，是一种增强了的HTML。"XHTML 1.0 Transitional"表示过渡型，即要求非常宽松的DTD，它允许继续使用HTML 4.01的标识，但要符合XHTML的写法。而当选择"XHTML 1.0 Strict"时表示严格型，即要求严格的DTD，此时不能使用任何表现层的标识和属性，例如，背景颜色等，也不能使用被XHTML废弃的标签和属性，例如，<font>标签、target属性、align属性等。

③"编码"下拉列表框用来设置当前网页文档的编码方式。默认情况下，新创建网页的编码方式是"Unicode（UTF-8）"。

④关于Unicode字符集编码。Unicode字符集编码（Universal Multiple-Octet Coded Character Set，通用多八位编码字符集）支持世界上超过650种语言的国际字符集，是世界通用的语言编码国际标准，是ISO标准10646的等价标准，它也是UNIX/Linux系统的默认编码标准。Unicode允许在同一服务器中混合使用不同语言组的不同语言。它是由Unicode学术学会的机构制订的字符编码系统，支持现今世界各种不同语言的书面文本的交换、处理及显示。该编码于1990年开始研发，1994年正式公布，最新版本是2005年3月31日的Unicode 4.1.0。Unicode是一种在计算机中使用的字符编码，它为每种语言中的每个字符设置了统一并且唯一的二进制编码，以满足跨语言、跨平台进行文本转换、处理的要求。

UTF是Unicode Translation Format的缩写，即把Unicode转做某种格式的意思。UTF-8是Unicode的其中一种使用方式（UTF-32、UTF-16和UTF-8是Unicode标准的编码字符集的字符编码方案，UTF-16使用一个或两个未分配的16bit代码单元的序列对Unicode代码点进行编码，UTF-32是将每一个Unicode代码点表示为相同值的32bit整数）。UTF-8使用可变长度字节来存储Unicode字符。例如，ASCII字母继续使用1B存储；重音文字、希腊字母或西里尔字母等使用2B来存储，常用的汉字使用3B来存储，辅助平面字符使用4B来存储。

⑤关于GB 2312/GB 18030/GBK。简体中文版中常用的GB 2312/GB 18030/ GBK系列标准只是我国的国家标准，它只能对中文和多数西方文字进行编码，如果用英文版的IE浏览器浏览GB 2312语言编码的网页，则会提示是否安装语言包，因此可能会失去很多的国外用户。如果采用的是UTF-8编码，则在英文IE中无须下载中文语言支持包也能正常显示中文。所以，为了网站的通用性起见，用UTF-8编码是更好的选择。

⑥切换到代码视图，可以看到在头部head中自动生成如下代码，用来指定网页使用的字符编码。

```
<meta charset ="gb2312">
```

而代码视图中第一行代码是表示文档类型定义的声明，代码如下。

```
<!doctype html>
```

该声明适用于所有版本的HTML，HTML5中不可以使用版本声明。

如果创建的是XHTML文档，则代码分别如下。

```
<meta http-equiv="Content-Type" content="text/html; charset=gb2312" />
```

和

```
<!DOCTYPE html PUBLIC "-//W3C//DTD XHTML 1.0 Transitional//EN" "http://www.w3. org/TR/xhtml1/DTD/xhtml1-transitional.dtd">
```

其中，<meta http-equiv="Content-Type" content="text/html; charset=gb2312" />在HTML5中继续有效，但不能同时混合使用<meta http-equiv="Content-Type" content="text/html; charset=gb2312" />和<meta charset ="gb2312">两种方式。

4）执行"文件"→"页面属性"命令，弹出"页面属性"对话框，如图1-14所示。在对话框的"分类"列表框中选择"外观（CSS）"，在"外观（CSS）"选项界面上设置当前网页的字体、大小等属性。

图1-14 "外观（CSS）"选项界面

【说明】

①切换到代码视图，可以看到在头部head中自动生成的如下代码。

```
<style type="text/css">
body,td,th {
    font-family: "宋体";
    font-size: 12px;
    color: #FF0000;
}
body {
    background-color: #00CCFF;
    margin-left: 40px;
    margin-top: 20px;
    margin-right: 40px;
    margin-bottom: 20px;  }
</style>
```

②"分类"列表框中的"外观（HTML）"类别用来设置页面的背景颜色、背景图像、文本和超链接的颜色、左右边距等，但其产生的代码会嵌入到结构层中，不符合表现与结构相分离的原则，所以不建议采用。"链接（CSS）""标题（CSS）""跟踪图像"类别分别用来设置超链接、6级标题、跟踪图像的有关属性，其中设置的跟踪图像只是制作网页时作为对照用，不会出现在最终作品中。

5）执行"文件"→"保存"或"文件"→"保存全部"命令，或直接按<Ctrl+S>组合键，将当前网页保存到桌面上，文件名为zhanZhangJianJie.html，保存后在文档选项卡式面板栏右边显示出了保存的路径，如图1-15所示。

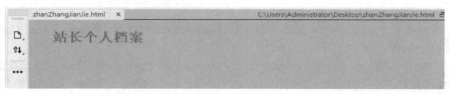

图1-15 文档保存后显示出保存路径

8．本地站点创建、管理与操作

（1）创建本地站点

要创建本地站点，先要打开"文件"面板，即选择"窗口"→"文件"命令，或按 <F8> 键，如图 1-16 所示。

图 1-16　"文件"面板

【说明】

要开发一个能够供浏览者在 Internet 上浏览的网站，首先要在本地磁盘中开发出这个网站，然后通过上传工具软件将其上传到位于 Internet 上的 Web 服务器中。存放在本地磁盘的网站称为本地站点，存放在 Internet 上 Web 服务器中的网站称为远程站点。Dreamweaver 通过"文件"面板能够很方便地实现站点的创建与管理。

创建本地站点具体操作步骤如下。

1）确定所要创建的本地站点的根文件夹所在位置，例如，D:\myweb（若无站点文件夹，请先在磁盘中创建）。

【说明】

站点实际对应的是一个文件夹，是网站中使用的所有文件和资源的集合，例如，网页、图像、动画、程序等。如果不建立站点而直接编辑网页，就会给网页的管理带来困难，同时页面中的有些对象也会无法预览。

2）执行"站点"→"管理站点"命令或从"文件"面板的站点下拉列表框中选择"管理站点"后打开"管理站点"对话框，如图 1-17 所示。

图 1-17　"管理站点"对话框

单击"新建站点"按钮，弹出"站点设置对象 未命名站点 1"对话框，如图 1-18 所示。

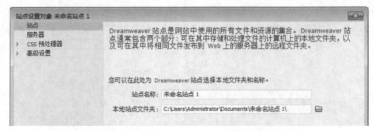

图 1-18 "站点设置对象 未命名站点 1"对话框

3）在"站点设置对象未命名站点 1"对话框的左侧"分类"列表框中选择"站点"选项，在右侧选项界面上进行如下设置。

①在"站点名称"文本框中输入"信息技术学院网站"。

②在"本地站点文件夹"文本框中输入站点文件夹的路径"D:\myweb"，也可直接使用文本框右边的文件夹图标按钮 进行选择。

【说明】

在"站点设置对象 未命名站点1"对话框的左侧"分类"列表框中还包括以下几个选项。

①"服务器"：设置承载Web上的页面的服务器信息。

②"CSS预处理器"：设置LESS、SASS、SCSS等CSS预处理器。

③"高级设置"：设置本地信息、遮盖、设计备注、文件视图列、Contribute、模板、JQuery、Web字体、动画资源等信息。

4）单击"保存"按钮，关闭对话框，并返回包含有新创建的"信息技术学院网站"站点的"管理站点"对话框，如图 1-19 所示。

图 1-19 包含有"信息技术学院网站"站点的"管理站点"对话框

5）单击"完成"按钮，关闭"管理站点"对话框，并返回包含有新创建站点的"文件"面板，如图 1-20 所示。

图 1-20 包含有"信息技术学院网站"站点的"文件"面板

（2）本地站点管理

1）从"文件"面板的站点列表框中选择"管理站点"后打开"管理站点"对话框。

2）选择"信息技术学院网站"并单击"编辑"按钮 ✎ 重新打开站点定义对话框，如图1-21 所示。可根据需要进行修改，例如，将本地站点文件夹更改为在磁盘中创建的以学号和姓名命名的文件夹。

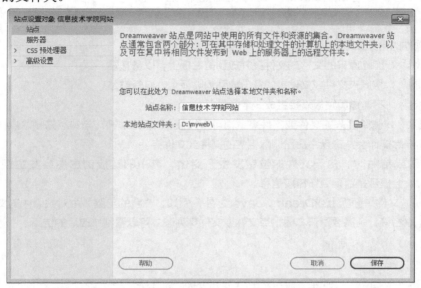

图1-21 "站点"选项界面

💬【说明】

① 编辑站点时，也可先从"文件"面板的站点列表框中选择需编辑的站点名，再双击站点列表框中的当前站点名。

②"管理站点"对话框中的"复制"按钮 ▭ 用来根据选定的站点创建多个结构相同或类似的站点，然后再进一步进行编辑，从而提高工作效率。"删除"按钮 ▬ 用来删除某个站点，但只是从Dreamweaver的站点管理器中删除，而实际的本地文件夹和文件并未删除，以后仍可以重新创建指向其位置的新站点，重新对它进行管理。

3）在"管理站点"对话框中单击"导出"按钮 ▭ 将"信息技术学院网站"站点的设置信息导出为外部文件"信息技术学院网站.ste"保存站点文件夹中，以备以后导入用。

（3）本地站点操作

1）创建文件夹、文件。在"文件"面板上的文件及文件夹列表区中，右击站点根文件夹，在弹出的快捷菜单中选择"新建文件夹"或"新建文件"命令创建3 个子文件夹 image、attachment、xiBuGaiKuang，再在 xiBuGaiKuang 文件夹中创建 fyjj.html 文件。

💬【说明】

如果希望修改文件或文件夹的名称，可以先选中文件或文件夹，再单击其名称使其文字处于编辑状态，然后输入新的名称。

2）在需要操作的文件或文件夹上右击，在弹出的快捷菜单中选择"编辑"命令，再在级联菜单中选择"剪切""粘贴""删除""复制""重命名"等命令对文件或文件夹进行操作。现在复制文件夹 xiBuGaiKuang，并将复制后的文件夹更名为 jiaoXueGuanLi，再将文件夹 jiaoXueGuanLi 中的 fyjj.html 更名为 tszy.html。

使用"我的电脑"或"资源管理器"工具将桌面上的 zhanZhangJianJie.html 复制到磁盘

中的站点根文件夹 D:\myweb 下。

在"文件"面板上单击"刷新"按钮 C 或按 <F5> 键后可以看到 zhanZhangJianJie.html 文件，将其拖入到文件夹 attachment 中。再在站点根文件夹下新建子文件夹 JiShuFuWu。

【说明】

①几种操作的含义如下。

a）"剪切"：删除原来的文件或文件夹并放到剪贴板上，以备粘贴。

b）"复制"：将原来文件或文件夹的备份放到剪贴板上，以备粘贴。

c）"重制"：不通过剪贴板直接生成一个备份。

d）"删除"：删除原来的文件或文件夹，也可直接按<Delete>键。与站点的删除操作不同，对文件或文件夹的删除操作会从磁盘中真正删除相应的文件或文件夹。

② 在移动或粘贴时，由于文件的位置发生了变化，其中的链接信息也会发生相应的变化，Dreamweaver会提示是否要更新链接信息。

③如果在"文件"面板上或Dreamweaver之外，例如，"我的电脑"中对站点中的文件夹或文件进行了增删、改名等，则需要刷新本地站点文件或文件夹列表才可以看到修改后的结果。

9．制作站长简介网页

（1）打开网页文档

在"文件"面板上，双击需要打开的网页文件 zhanZhangJianJie.html，即可在文档编辑窗口打开该网页。

【说明】

①打开文档也可直接执行"文件"→"打开"命令，利用它可打开多种类型的文档，例如，HTML文档、JavaScript文档、XML文档、模板文档、CSS文档等。

②如果文档是最近编辑过的，那么也可直接执行"文件"→"打开最近的文件"命令并选择需打开的文档，当选择"启动时重新打开文档"后，则在下次启动Dreamweaver后将自动打开上次退出时处于打开状态的文档。

（2）文档编辑

单击"属性"面板上的"页面属性"按钮，在弹出的"页面属性"对话框中设置当前网页的背景图像为方格状小图像 bg.gif（在与本书配套的"实训素材"文件夹中），该背景图像保存到站点根文件夹下的 image 子文件夹中。

在网页中继续输入各个小标题和对应内容、插入站长剧照，它们是关于站长个人情况的，再使用"属性"面板上的"HTML 选项卡"对网页内容进行格式设置，例如，列表、缩进、设置粗体和斜体等。在设计视图中的效果图，如图 1-2 所示。

【说明】

①当选择背景图像时，会弹出"文件复制确认"对话框，如图1-22所示，若单击"是"按钮则会将文件复制到当前站点中。但若单击"否"按钮，则当站点发布到Internet上的Web服务器中后，由于该图像文件仍然存放在本地计算机的磁盘中，那么不使用本计算机的浏览者将不能正常浏览到该图像。

②当在"页面属性"对话框中同时设置了背景颜色和背景图像后，在浏览器中先显示背景颜色，后显示背景图像，因此当网速较慢时会看到明显的显示过程。如果背景图像有透明区域或背景图像未完全占满元素的背景区域，则透明区域或空白区域中仍将会看到背景颜色，其他区域只能看到背景图像。

③切换到代码视图可以看到，在style元素中增加了如下代码。

body {background-image: url(../image/bg.gif);}

而在body中也自动生成了与相应内容匹配的代码。

图1-22 "文件复制确认"对话框

（3）文档保存

按 <Ctrl+S> 组合键保存当前文档。

（4）预览文档

按 <F12> 键在浏览器中预览当前文档的效果。

归纳总结

本项目重点讲解了网站规划的方法与要求，并对信息技术学院网站进行了整体规划，创建了本地站点并对站点进行了管理与操作。通过站长简介网页的制作熟悉了 Adobe Dreamweaver CC 2017 开发环境。本项目还介绍了网站开发的流程、网页设计的原则和开发工具。只有具备了这些基本的知识和技能才能进一步进行后续网页的设计与制作。

巩固与提高

1．巩固训练

1）规划学校网站，要求从网站的需求分析、主题和内容、整体风格、结构等方面进行整体规划。

注意：本书各项目"巩固与提高"中的网页设计与制作训练项目均以学校网站的开发为例提出要求。也可自行选择其他网站，例如，企业网站、学生创业网站、专业展示网站、课程学习网站等。

2）设计出网站 Logo 和主要网页的版式。

3）创建命名为"×××网站"的站点，站点根文件夹为 D:\myschool。在其中创建若干子文件夹，以备用来存放公共文件和网站各个栏目对应的文件。

4）创建 xiaoZuJianJie.html 网页介绍所在的学习小组情况，要有标题，并要综合使用文字、图像等方式进行介绍，同时要具有一定的美观效果。

2．分析思考

1）为什么要进行网站规划？是否可以直接开发？

2）设计网页版式可以借助于哪些软件进行？

3）为什么必须创建站点？其一般步骤是什么？

4）页面属性包括哪些内容？在某一网页文档中设置的页面属性是否在另一网页文档中也能反映出来？

项目2 布局网页
PROJECT 2

 项目概述

本项目是用"布局标签+CSS"布局方式布局分院网站主页，包含如下 2 个任务：

① 页面整体布局。主页分为页头、页中、页脚 3 个部分。

② 页面布局细化。页头包含网站 Logo 和标志图片区、日期和导航菜单区、欢迎条区。页中由左右两列组成，左列包含分院风采区、教学服务区、兄弟分院链接区，右列包含分院简介区、新闻通知区、学生活动区。页脚用来存放副导航、版权、联系方式等信息。

设计视图中的布局效果，如图 2-1 所示。

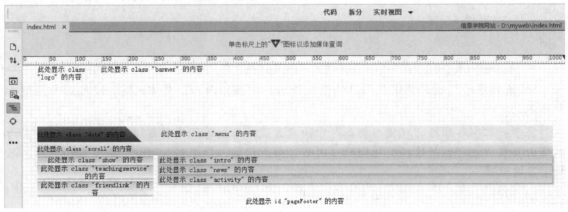

图 2-1　主页的布局效果

知识能力目标

- 了解 Web 标准、HTML、层叠规则。
- 理解页面布局的方式。
- 理解 CSS 规则、选择器类型和常用的 CSS 规则属性。
- 掌握页面布局与制作的步骤。
- 能使用"布局标签+CSS"布局页面。
- 能根据布局需要定义 CSS 规则。

预备知识

1. 页面布局方式

目前较为广泛使用的页面布局方式主要包括布局标签 +CSS、DIV+CSS、框架和内联框架（行内框架）4 种。

1）布局标签 +CSS。随着 HTML5 和 CSS3 标准的发布，它成为页面布局的主流方式。在使用时一般是先根据需要布局位置的内容情况选择合适的语义化布局标签插入，再根据需要定义 CSS 规则。

2）DIV+CSS。在 HTML5 和 CSS3 标准发布前，它曾是页面布局的主要方式，以后它将逐渐退出历史舞台。在使用时一般是先插入 div 并设置 id 或 class 属性，再根据需要定义 CSS 规则。

3）框架。将浏览器窗口划分成多个区域，每个区域称为一个框架，在每个框架中显示一张网页。它常用在一些特殊场合，例如，网站后台管理系统管理界面的布局。HTML5 和 CSS3 标准已废弃这种布局方式。

4）内联框架。在页面中插入一个框架（称为内联框架）以便显示另一张网页。它常与其他布局方式结合在一起使用。

2. 用"布局标签 +CSS"布局

（1）Web 标准

Web 标准是 W3C 提出的一个建议性的文档，它是一系列标准的集合。这些标准主要由 W3C 负责起草和发布，但也有一些是由其他组织制定的标准。例如，于 1961 年成立的 ECMA（European Computer Manufacturers Association，欧洲计算机制造联合会）制定的 ECMAScript 标准。ECMA 旨在建立统一的计算机操作格式标准。

网页主要由 3 部分组成，即结构、表现和行为，与此相对应，Web 标准也分为以下 3 个方面。

1）结构化标准：主要包括 HTML、XHTML 和 XML。结构是网页的骨架，通过 HTML、XHTML 或 XML 标签将网页所要传递的信息内容（指纯粹的数据信息本身，不包括辅助性的信息，例如，装饰性的图片等）结构化，可使内容清晰更具逻辑性、易用性，更易阅读、检索和交互。

2）表现标准：主要包括 CSS 和 XSL（XML Style Language，可扩展类型语言）。CSS 可以展现 HTML、XHTML 和 XML 文件，而 XSL 可以展现 XML 文件。表现是网页的外貌，即最终呈现在浏览器中的样子，例如，文字颜色、背景图像、文字位置等。

3）行为标准：主要包括对象模型（如 W3C DOM，DOM（Document Object Model，文档对象模型））、ECMAScript 等。行为是对内容的交互及操作效果，例如，验证用户注册时填写的信息是否有效，根据浏览者不同的上网时间显示不同的问候语，实现菜单的显示与隐藏等。

Web 标准制定的核心目的是实现表现与结构相分离，也只有实现了表现与结构的分离才能很好地实现数据的检索、交换、易用性等。

符合 Web 标准的页面，结构合理，代码清晰，能使搜索引擎更方便地判断与评估信息，从而建立更加准确的索引，也能很容易地被转换成其他格式的文档（如数据库和 Word 格式），以及被移植到新的系统（如机顶盒、PDA、手机等），还能方便有视障的浏览者通过盲人浏览器、声音阅读器正常使用。

（2）HTML

1）HTML。HTML 作为定义万维网的基本规则之一，最初由 Tim Berners-Lee 于 1989 年研制出来，他选择使用 SGML（Standard Generalized Markup Language，标准通用标记语言）作为 HTML 的开发模板。作为一种当时正在出现的国际标准，SGML 具有结构化和独立于平台的优点。SGML 的标准化水平也确保了它长久的生命力，这意味着采用 SGML 格式的文档在相当长的时间里不需要重新构建。

随着 HTML 和万维网的使用和快速发展，HTML 的新标记不时地被一个又一个浏览器引入，有一些新标记流行起来，而有一些又消失了。有些增加的部分设计得很糟，甚至不遵循 SGML 规范。到了 1994 年，HTML 几乎以失控的状态发展。在 IETF（Internet Engineering Task Force，互联网工程工作小组）的主持下，1995 年 11 月在瑞士日内瓦举行了首次 WWW 会议并成立了一个 HTML 工作小组，其主要任务是将 HTML 形式化成为一种 SGML DTD，称为 HTML Level 2（即 HTML 2.0，由 Tim Berners-Lee 最初设计的 HTML 被定义为 Level 1）。标准化之后，HTML 就可以被安全地扩展到将来各个级别的版本，从而利用了 SGML 的实质性能和它的格式化结构。在 1996 年发布 HTML 3.2，1999 年发布 HTML 4.01。

2）XHTML。由于 HTML 发展中存在以下 3 个主要缺点，使得它不能适应越来越多的网络设备和应用的需要。

① 手机、PDA、信息家电都不能直接显示 HTML。

② 由于 HTML 代码不规范、臃肿，浏览器需要足够智能和庞大才能够正确显示 HTML。

③ 数据与表现混杂，如果页面要改变显示，就必须重新制作 HTML。

因此，HTML 需要发展才能解决这一问题，于是 W3C 于 1999 年又制定了 XHTML。XHTML 是基于 HTML 的，它是更严密、代码更整洁的 HTML 版本，它是 Web 标准家族的一部分，能很好地工作在无线设备等其他用户代理上。在网站设计方面，XHTML 可帮助制作者去掉表现层代码的恶习并养成使用 W3C 校验来测试 XHTML 代码书写是否规范，CSS 属性是否都在 CSS2.0 规范内的习惯。

虽然使用 HTML 4.01、XHTML 1.0 等可以制作出现代的、结构化的、兼容标准的站点，但是，它们的布局标签少，其他语义化的标签也不能完全满足设计者的需要，不便于搜索引擎判断与评估信息。

3）HTML5。

① HTML5 的诞生背景。

自 1999 年 12 月 HTML4.01 发布后，为了推动 Web 标准化运动的发展，一些公司联合起来，成立了 Web Hypertext Application Technology Working Group（Web 超文本应用技术工作组，WHATWG）组织，该组织致力于 Web 表单和应用程序，而 W3C 专注于 XHTML 2.0。在 2006 年，双方开始合作以创建一个新版本的 HTML。

HTML5 草案的前身名为 Web Applications 1.0，于 2004 年被 WHATWG 提出，于 2007 年被 W3C 接纳，并成立了新的 HTML 工作团队，并于 2008 年 1 月 22 日公布了 HTML 5 的第一份正式草案。2012 年 12 月 17 日 W3C 宣布 HTML5 规范正式定稿，并称"HTML5 是开放的 Web 网络平台的奠基石"。2013 年 5 月 6 日，HTML 5.1 正式草案公布，其中推出了很多新功能，以帮助 Web 应用程序的开发者努力提高新元素互操作性。

为了能在互联网应用迅速发展的时候，使网络标准达到符合当代的网络需求，为桌面和移动平台带来无缝衔接的丰富内容，2014 年 10 月 29 日，W3C 发布了经过近 8 年时间研制的 HTML5 标准规范，HTML5 取代了 HTML 4.01、XHTML 1.0 标准。

支持 HTML5 的浏览器包括 Firefox（火狐浏览器）、IE9 及其更高版本、Chrome（谷歌浏览器）、Safari、Opera 等，以及国内的傲游浏览器（Maxthon）、基于 IE 或 Chromium（Chrome 的工程版或称实验版）所推出的 360 浏览器、搜狗浏览器、QQ 浏览器、猎豹浏览器等。

② HTML5 的主要特性。

a）语义特性。HTML5 赋予网页更好的意义和结构。更加丰富的标签将随着对 RDFa、微数据与微格式等方面的支持，构建对程序、对用户都更有价值的数据驱动的 Web。

b）本地存储特性。基于 HTML5 开发的网页拥有更短的启动时间、更快的联网速度，这些全得益于 HTML5 APP Cache，以及本地存储功能。

c）设备兼容特性。从 Geolocation 功能的 API 文档公开以来，HTML5 为网页应用开发者们提供了更多功能上的优化选择，带来了更多体验功能的优势。HTML5 提供了前所未有的数据与应用接入开放接口。使外部应用可以直接与浏览器内部的数据直接相连，例如，视频影音可直接与 Microphones 及摄像头相连。

d）连接特性。更有效的连接工作效率，使得基于页面的实时聊天、更快速的网页游戏体验、更优化的在线交流得到了实现。HTML5 拥有更有效的服务器推送技术，例如，通过 Server-Sent Event 和 WebSockets 将数据推送到客户端。

e）网页多媒体特性。支持网页端的 Audio、Video 等多媒体功能，与网站自带的 APPS、摄像头、影音功能相得益彰。

f）三维、图形及特效特性。基于 SVG、Canvas、WebGL 及 CSS3 的 3D 功能，在浏览器中会呈现惊人的视觉效果。

g）性能与集成特性。没有用户会永远等待您的 Loading，HTML5 会通过 XMLHttpRequest2 等技术，解决以前的跨域等问题，帮助 Web 应用和网站在多样化的环境中更快速地工作。

h）CSS3 特性。在不牺牲性能和语义结构的前提下，CSS3 中提供了更多的风格和更强的效果。此外，较之以前的 Web 排版，Web 的开放字体格式（WOFF）也提供了更高的灵活性和控制性。

HTML5 未来 5～10 年内，将成为主流，成为互联网领域的主导。

③ HTML5 的主要变化。

a）HTML5 提供了一些新的标签和属性，例如，<nav>、<footer> 等，这将有利于搜索引擎的索引整理，同时更好地帮助小屏幕装置和视障人士使用。

b）取消了一些过时的 HTML4 标记。例如，纯粹显示效果的标记 <font>、<center> 等，已被 CSS 取代。增加了新的 HTML 标签，例如，<header>、<footer> 等，可以更加方便地语义地创建文档，而不是使用单一的 <div>。

c）将内容和表现分离。<b> 和 <i> 标签依然保留，但其意义已不是为了设置粗体或斜体式样式，而只是将一段文字标识出来。

d）增加一些全新的表单输入对象。包括日期、URL、Email 地址等，以及对非拉丁字符的支持。HTML5 还引入了微数据，这种使用机器可以识别的标签标注内容的方法，使语义 Web 的处理更为简单，从而使内容创建者可以创建更干净、更易管理的网页，这些网页将对搜索引擎、读屏软件等更为友好。

e）全新的、更合理的标签。多媒体对象将不再全部绑定在 <object> 或 <embed> 标签中，而是新增视频、音频标签专门处理视频、音频。

f）本地数据库。内嵌一个本地 SQL 数据库以加速交互式搜索、缓存以及索引功能，同时，离线 Web 程序也将获益匪浅。

g）Canvas 对象。可以直接在上面绘制矢量图，这意味着用户可以脱离 Flash 和 Silverlight 而直接在浏览器中显示图形或动画。

h）浏览器中的真正程序。将提供 API 实现浏览器内的编辑、拖放，以及各种图形用户界面的能力。

i）取代 Flash 在移动设备的地位。HTML5 具有绘制动画的能力。

④ HTML5 的优缺点。总结概括 HTML5 有以下优点：

a）提高可用性和改进用户的友好体验。

b）有几个新的标签，将有助于开发人员定义重要的内容。

c）可以给站点带来更多的多媒体元素（视频和音频）。

d）可以很好地替代 FLASH 和 Silverlight。

e）当涉及网站的抓取和索引时，对于 SEO 很友好。

f）将被大量应用于移动应用程序和游戏。

g）可移植性好。

缺点：该标准并未能很好地被浏览器所支持。因新标签的引入，各浏览器之间缺少一种统一的数据描述格式，造成用户体验不佳。

⑤ HTML5 的使用。HTML5 是用来定义结构的，结构创建的好坏直接影响到内容的易用性。因此，建立良好的文档结构非常重要。要有针对性地使用语义化标签，即对不同语义的内容要使用不同的 HTML 标签。例如，不同的内容可以使用 <header>、<main>、<footer>、<section>、<article>、<nav>、<aside>、<hgroup>、<div> 等进行布局分块，标题可以使用 <h1>、<h2> 等标题标签来定义，大段的文本可以使用 <p> 标签来实现，列表内容可以使用 <ul> 和 <li> 标签实现等，这样，不仅便于理解文档内容，而且对于 CSS 的编写也很重要。

（3）HTML5 的布局标签

1）<section> 标签。定义文档中的节（即内容区块），表示页面中一个逻辑上相对完整的内容区块，可包含头部、内容大纲、脚部等内容的全部或部分，也可直接包含 h1、h2 等元素以表示文档结构。

2）<header> 标签。定义文档、节、文章的头部内容，表示整个页面、内容区块或文章的头部。它本身不是用于划分节的元素，而是代表一个节的头部，可包含标题、站点标志、标志图像、菜单、搜索表单等内容。可以在一个文档中使用多个 header 元素。

3）<footer> 标签。定义文档、节、文章的脚部内容，表示整个页面、内容区块或文章的脚部。它本身不是用于划分节的元素，而是代表一个节的脚部，可用于放置脚注信息。一个网页文档的页脚通常包含文档的作者、版权信息、使用条款链接、联系信息等。footer 元素内的联系信息、联系方式应该位于 <address> 标签中。可以在一个文档中使用多个 footer 元素。

4）<article> 标签。定义文档中一块独立的自包含内容，例如，论坛帖子、报纸文章、博客条目、用户评论等文章。一篇文章应有其自身的意义，应该有独立于文档的其余部分。可包含头部、内容大纲、脚部、旁白（aside）等内容的全部或部分，也可直接包含 h1、h2、p 等元素以表示文章结构。

5）<aside> 标签。定义其所处内容之外的内容，aside 的内容应该与附近的内容相关，例

如，一篇文章的作者简介。

6）<nav> 标签。定义作为导航的链接组内容，其中的导航元素链接到其他页面或当前页面的其他部分。通过 nav 元素定义具有导航性质的链接可使代码结构在语义化方面更加准确。并不是所有的链接组都要被放进 nav 元素中，例如，在页脚中通常会有服务条款、首页、版权声明等链接，此时使用 footer 元素是最恰当的。服务于其他目的的链接不应该出现在 nav 元素中。一个页面中可以使用多个 nav 元素，作为网页文档或具体节的导航。

7）<main> 标签。定义文档的主要内容。main 元素中的内容对于文档来说应当是唯一的，它不应包含文档中重复出现的内容，例如，侧栏、导航栏、版权信息、站点标志或搜索表单。main 元素不能是以下元素的后代：header、footer、article、aside、nav。在一个文档中不能出现一个以上的 main 元素。目前 IE 还不支持 <main> 标签。

8）<div> 标签。div 是 division 的简写，意为分割、区域、分组。例如，将相关或不相关的内容组合在一起，就形成了文档中的一个 division，也可将一块完整内容划分成多个 division。div 元素是一个非语义化的块级元素，换行是 div 固有的唯一格式表现。它提供了向文档添加额外结构的通用机制，通过与 id、class 属性配合，可应用额外的 CSS 规则。在 HTML5 的新布局标签诞生前，通常用 <div> 标签进行页面布局，现在仍然可综合运用 HTML5 的新布局标签和 <div> 标签进行页面布局。

（4）CSS

1）CSS 概述。CSS 是一组格式设置规则，用于控制页面内容的外观。例如，既可以控制特定字体、字号、粗体、文本颜色、背景颜色、链接下划线等文本属性并确保在多个浏览器中以更一致的方式显示，也可以控制页面中块级元素（块级元素是一段独立的内容，通常由一个新行分隔，并在视觉上设置为块的格式）的格式和定位，例如，设置边距和边框、放置在特定位置、添加背景颜色、在周围显示浮动文本等。

W3C 于 1996 年 12 月发布了 CSS 1.0。1997 年年初，W3C 成立了专门管理 CSS 的工作组，负责人是克里斯·里雷，该工作组研究 CSS 1.0 中没有涉及的问题，并于 1998 年发布了 CSS 2.0 和 CSS 2.1。目前 CSS 最新版本为 3.0，它在 CSS 2.1 的基础上加入了新的选项，拥有丰富的超文本、更多的饰边和背景、字体文件、用户交互、语音、多媒体设备显示等，但由于发布时间不长，所以许多新属性还不能被各个浏览器的各个版本很好地支持，建议使用 Google Chrome 的较新版本，其对 CSS3 支持良好。

CSS 通常集中存放在 HTML 文档的文件头部分或另一个外部样式表文件中，利用 CSS 将表现与结构分离，不仅可以精简 HTML 文档的代码，缩短浏览器加载时间，并为视障人员简化导航过程，还可使文档清晰易读。它使得从一个位置集中维护站点的外观变得更加容易，增加了网页的灵活性，网页制作者可以通过修改 CSS 规则而使网页呈现完全不同的外观，特别是当网站拥有多个页面时，只要修改各个页面链接的通用外部样式表文件就可整体修改各个页面的外观，极大地提高了工作效率。

注意：有些 CSS 样式规则在 Google Chrome、Apple Safari、Microsoft Internet Explorer、Mozilla Firefox、Opera 或其他浏览器中呈现的外观不尽相同，而有些 CSS 样式规则目前不受任何浏览器支持。为了使相同的页面在不同的浏览器中都可以显示良好，有时需要使用一些技巧和方法，例如，CSS Hack 等，但即使这样，也有可能不能做到相同的页面在不同的浏览器中显示完全一样，不过，内容的易用性才是最重要的，而不是在各个浏览器内显示得分毫不差。

2）基本样式规则。

①基本语法。CSS 规则由 2 部分组成：选择器和声明（大多数情况下为包含多个声明的代码块）。选择器指明 HTML 文档中要应用此规则的元素，它由标签名、标签的 class 属性值或 id 属性值等标识组成，而声明块用于定义 CSS 属性值，它由属性（Property）和值（Value）组成并以英文"："分隔，各个声明块之间以英文"；"分隔，声明要放在大括号"{}"中。例如：

```
h1 {
    font-family:" 宋体 ";
    font-size:16px;
    color:blue;
}
```

在上述代码中，h1 是元素选择器，在大括号"{}"之间的所有内容都是声明块。在浏览器中的效果是 h1 元素中的文字将以蓝色、大小为 16 px 的宋体显示。

几个声明块可以分别占一行，也可合并成一行书写。例如，下列代码与上述代码等价。

```
h1 { font-family:" 宋体 "; font-size:16px; color:blue;}
```

或者采用以下层叠声明的方法书写。

```
h1 { font-family:" 宋体 "; font-size:16px;}
h1 { color:blue;}
```

在 CSS 规则中，值可以是字符串、实数或带单位的实数、函数或单个关键字，也可以是由英文空格分开的字符串、实数或带单位的实数、函数或单个关键字组合，组合一般用于 CSS 属性的缩写并有一定的书写顺序要求。例如：

```
div {
    width:60%;
    border:1px  solid  blue; /* 相当于 border-width:1px; border-style:solid; border-color:blue; */
}
```

【说明】

①CSS本身对大小写不敏感，但当在HTML文档中使用时，由于HTML是区分大小写的，因此要保持CSS的选择器名称与HTML文档中相一致，否则定义的CSS规则将不会对HTML文档中的元素起作用。

②对书写错误的属性和值，CSS分析器会忽略它的存在。

③CSS规则中的多个空格会被缩略成1个空格，可用空格来调整属性的对齐效果。

④关于CSS属性的缩写。

通过使用CSS属性缩写可以在一定程度上减少样式表的大小，从而降低数据流量，提高浏览速度。CSS属性缩写是用通用属性来代替多个相关属性的集合，它常在自行编写CSS规则代码或对CSS代码进行优化时使用。

border（边框）、padding（内边距）、margin（外边距）等属性都包含有4个方向上的值，可以合并成一行，按照top→right→bottom→left（即上→右→下→左）的顺序来定义，值中间以空格分隔，例如，"margin:5px 10px 15px 20px;"。同时，如果有如下情况，那么还可以再缩写。

a）如果"上≠下"但是"左=右"，可以缩写成上、右、下3个值。例如，"margin:5px 10px 20px 10px;"缩写成"margin:5px 10px 20px;"。

b）如果"上=下"且"左=右"，可以缩写成上、右2个值。例如，"margin:5px 10px 5px 10px;"缩写成"margin:5px 10px;"。

c）如果"上=下=左=右"，可以缩写成上1个值。例如，"margin:5px 5px 5px 5px;"缩写成"margin:5px;"。

　　而另一种情况，例如，background（背景）、font（字体）、list-style（列表）等，虽然没有4个方向上的值，但也可以缩写。例如，由

```
div {
    background-color: #FFF;
    background-image: url(image/bg.gif);
    background-repeat: no-repeat;
    background-position: right center;
}
```

缩写成

```
div {
    background: #FFF url(image/bg.gif) no-repeat right center;
}
```

其实，缩写所用的通用属性在代码提示窗口均可以看到，如图2-2所示。

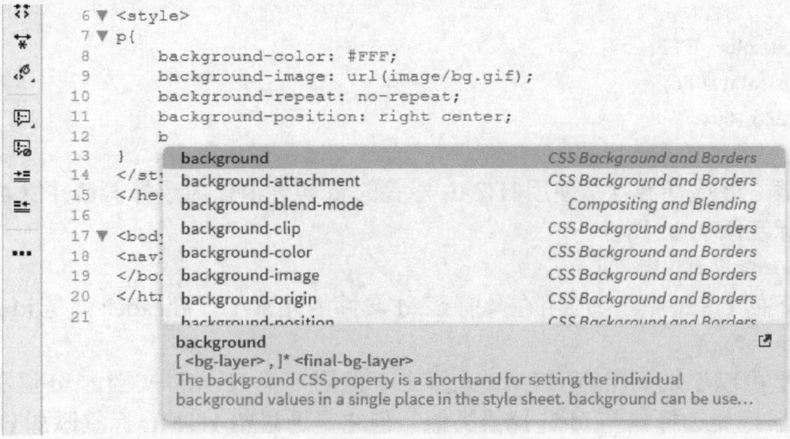

图2-2　代码视图中编写 CSS 规则时的代码提示窗口

　　②注释。在 HTML 中注释使用"<!-- -->"，而 CSS 内的注释使用"/* */"，可以对一个或多个 CSS 规则、一个或多个声明块注释，或在某个 CSS 规则之前或之后、声明块之前或之后添加注释。注释可以占多行。

```
div {
    width:60%;
    /*height:100%;*/
    border:1px solid blue; /* 相当于 border-width:1px; border-style:solid; border-color:blue; */
} /* 这是定义的元素选择器样式规则 */
```

　　3）CSS 选择器类型。CSS3 的选择器类型非常丰富，目前已得到主流浏览器的广泛支持。

　　①通配符选择器。* 称为通配符选择器，代表所有的标签，因此，其定义的规则会自动应用到所有的元素上。由于其优先级最低，所以一般放在 style 元素中的开始处定义。例如，下列代码就是将所有元素的 margin 和 padding 定义为 0，以清除浏览器的默认样式。

```
* {
    margin:0;
    padding:0;
}
```

通配符选择器也可用来定义某元素的所有子元素的 CSS 规则。例如，下列代码就是定义 section 的所有子元素的背景全为白色。

```
section * {backgrounr-color:#FFF;}
```

② 元素选择器（也称标签选择器、类型选择器）。元素选择器就是以 HTML 的标签名作为选择器名，例如，h1（一级标题标签为 <h1>）、p（段落标签为 <p>）、ul（无序列表标签为 <ul>）、li（列表项标签为 <li>）等。元素选择器规则会自动应用于文档中对应的元素上。

元素选择器使用简单、明确，通用性强，但针对性较差，例如，表单元素大部分使用的是 <input> 标签但 type 属性不同，仅使用元素选择器则无法精确匹配 type 属性不同的元素。所以经常使用元素选择器定义通用性的 CSS 规则，然后对有特殊需求的元素采用其他方法（如使用类选择器、id 选择器、属性选择器、包含选择器等）来定义规则。例如，使用下列代码定义所有的 div 元素都具有相同的外观。

```
div {
    background-color: #FFF;
    border: 1px solid #0F6;
    margin:0 auto 10px;
}
```

③ id 选择器。id 选择器就是使用 HTML 标签的 id 属性值作为选择器名并以 # 开头。例如，可以为 <div> 标签添加 id 属性。

```
<div id= "header"> 头部内容 </div>
```

并定义如下的 CSS 规则，应用在具有该 id 属性的元素上，#header 就是 id 选择器。

```
#header{width:980px;}
```

id 属性几乎可以添加到所有 HTML 元素上，但同一个 HTML 文档内 id 值不允许重复。

④ 类选择器。类选择器与 id 选择器类似，但它是通过给 HTML 标签添加 class 属性而生效的，类选择器以 "." 开头。class 属性也几乎可添加到所有 HTML 元素上，但 class 属性值（类名）允许重复。例如，下列代码中的 <div> 和 <p> 标签均添加了同一个类名 content。

```
<div class="content"> 这里是 div 中的内容 </div>
<p class="content"> 这里是 p 中的内容 </p>
<p class="content"> 这里也是 p 中的内容 </p>
```

而下列的 CSS 规则将同时作用于上述的 div 和 p 元素上。

```
.content{font-family: " 宋体 "; font-size:0.9em;}
```

元素可以基于它们的类被选择，例如，如下的 CSS 规则将作用于类名为 content 的 div 元素和 p 元素上，而不会作用于任何其他元素上。

```
div.content{font-family: " 黑体 "; font-size:1.5em;} /*div 与 "." 之间没有空格 */
p.content{font-family: " 宋体 "; font-size:0.9em;}
```

由此可见，类选择器的定义非常灵活，即使是同一个类选择器，也可以有不同的表现。

有时，可以给 HTML 元素应用多个类选择器规则，即 HTML 标签的 class 属性值是以空格分隔的多个类名，如下列代码所示。

```
<div class="menu content sample"> 这里是 div 中的内容 </div>
```

而对应的 CSS 规则如下。

```
.content{……}
```

.sample{······}

.menu{······}

此时，这 3 个 CSS 规则会同时作用于该元素，优先级相同，如果其中有重复定义的属性，则以最后定义的那个属性值为准。

⑤属性选择器。属性选择器根据元素的属性及属性值选择元素。

a）[attribute]：用于选取带有指定属性的元素。

b）[attribute=value]：用于选取带有指定属性和值的元素。

c）[attribute~=value]：用于选取属性值中包含指定词汇的元素。空格被看作分隔符，而"-"不是。

d）[attribute|=value]：用于选取带有以指定值开头的属性值的元素，该值须是整个单词。"-"被看作分隔符，而空格不是。

e）[attribute^=value]：匹配属性值以指定值开头的每个元素。

f）[attribute$=value]：匹配属性值以指定值结尾的每个元素。

g）[attribute*=value]：匹配属性值中包含指定值的每个元素。

其中，value 可以使用引号括起来或不使用引号。

例如，希望对只有 href 属性的 a 元素应用样式：

a[href]{color:red;}

再如，选择 lang 属性以 en 开头的所有元素：

*[lang|= "en "]{color: red;}

将会选择以下示例标记中的前两个元素，而不会选择后两个元素：

<p lang= "en" >Hello!</p>

<p lang= "en-us" >Greetings!</p>

<p lang= "fr">Bonjour!</p>

<p lang= "cy-en" >Jrooana!</p>

⑥伪类选择器。以 "："开头的选择器称为伪类选择器。

伪类选择器的语法格式如下：

selector:pseudo-class {property:value;}

之所以称为"伪"是因为它们实际上并不存在于 HTML 文档中，但是它们又确实可以显示出效果。例如，:link 中的 link 既不是某个标签的名字，也不是某个标签的 id、class 等属性值。

a）:link：链接伪类，它只适用于未被访问的链接，即 a:link{······}。

b）:visited：链接伪类，它只适用于已经访问过的链接，即 a:visited{······}。

c）:hover：动态伪类，它适用于浏览者悬浮在一个元素上时。

d）:active：动态伪类，它适用于一个元素被浏览者激活时，例如，浏览者在某个元素上按下鼠标到放开鼠标的这一段时间内。

e）:focus：动态伪类，它适用于一个元素获得焦点，例如，浏览者单击了该元素或用 Tab 键进入该元素时，它常用在表单中的元素上，IE7.0 及更早的版本都不支持 :focus。

f）:first-child：它适用于该元素父元素的第一个子元素，例如，"li:first-child{······}"（不是 "ul:first-child{······}"）匹配 ul 的第一个子元素 li。

g）:lang(C)：语言伪类，它适用于语言 C 表示的元素，例如，":lang(en){color:blue;}"

匹配"<p lang="en" xml:lang="en">introduction</p>"或"<p lang="en-US" xml:lang="en-US">introduction</p>"。

【说明】

① :link、:visited是互相排斥的，而:hover、:active、:focus是互不排斥的，即一个元素可以同时匹配其中的几个。例如：

input:focus{color:#F00;}

input:focus:hover{color:#00F;}/*在input元素获得焦点且鼠标指向时起作用*/

② 链接的伪类要注意定义的顺序。即按照a:link→a:visited→a:hover→a:active的顺序进行定义。可用LVHA（LoVeHAte，喜欢和讨厌）帮助记忆，LVHA是链接伪类首字母的缩写。

③ 伪类可出现在类选择器中。例如：

.special:hover {color:#F00;}/* 应用于鼠标指向class属性为special的元素上*/

a.special:hover {color:#F00;} /* 应用于当鼠标指向class属性为special的超链接元素上*/

④ 伪类也可出现在包含选择器中，并可出现在任意位置。例如：

a:hover strong{color:#F00;}

div li:first-child{color:#00F;}

⑦ 伪元素选择器。以"：："开头的选择器称为伪元素选择器，CSS3标准建议使用"：："开头，但目前各大主流浏览器也支持使用"："开头。CSS伪元素用于向某些选择器设置特殊效果。

伪元素选择器的语法格式如下：

selector: :pseudo-element{property:value;}

CSS类选择器可以与伪元素选择器配合使用：

selector.class::pseudo-element{property:value;}

a）::first-line 伪元素：用于向文本的首行设置特殊样式，它只能用于块级元素。例如：

p: :first-line{color:#ff0000; font-variant:small-caps; }

用于对 p 元素的第一行文本进行格式化。

b）::first-letter 伪元素：用于向文本的首字母设置特殊样式，它只能用于块级元素。例如：

p: :first-letter{color:#ff0000; font-size:xx-large; }

用于对 p 元素的第一个字母进行格式化。

c）::before 伪元素：用于在元素的内容前面插入新内容。例如：

h1: :before{ content: " 这是通过伪元素插入的内容 "; }

用于在 h1 元素内容前面插入一段文字"这是通过伪元素插入的内容"。

d）::after 伪元素：用于在元素的内容之后插入新内容。例如：

h1: :before{ content:url(logo.gif); }

用于在 h1 元素内容后面插入一幅图片。

⑧ 包含选择器（也称后代选择器、派生选择器）。包含选择器用于选择某元素的所有后代元素，其一般形式是 E1 E2……En，其中 n>=2，且 Ei 可为通配符选择器、id 选择器、类选择器、属性选择器、伪类选择器、伪元素选择器、元素选择器等，选择器之间以空格分隔，空格是一种结合符。特别地，当 n=2 时，包含选择器规则将应用于"E1 元素中包含的所有 E2 元素"上或"E1 元素后代中的所有 E2 元素"上。例如：

div em{color:#F00;}

将只对以下 div 中的两个 em 元素有效，而对第 2 个 p 中的 em 元素无效。

```
<div> 这是要强调的内容：<em> 注意哦！</em>
        <p> 这里是 p 中的内容：<em> 也要注意哦！</em></p>
</div>
<p> 这里是 p 中的内容：<em> 无须注意 </em></p>
```

下列代码也是包含选择器的 CSS 规则。

```
div p a{……}
#news li em{……} /* 作用于 id 为 news 的元素中 li 中的 em 元素上 */
div p.nav strong{……}/* 作用于 div 元素中类名为 nav 的 p 元素中的 strong 元素上 */
```

⑨ 子元素选择器。用于选择某元素的所有子元素，而不是后代元素。子元素选择器使用大于号作为子结合符。结合符两边的选择器可以是通配符选择器、id 选择器、类选择器、属性选择器、伪类选择器、伪元素选择器、元素选择器等。例如：

```
h1 > strong.first{color:red;}
```

用于选择作为 h1 元素子元素的所有 strong 元素，将其颜色设置为红色。该规则会把第一个 h1 下面的第一个 strong 元素变为红色，但是第二个 h1 中的 strong 不受影响：

```
<h1>This is <strong class= "first" >very</strong> <strong>very</strong> important.</h1>
<h1>This is <em>really <strong class= "first" >very</strong></em> important.</h1>
```

子结合符两边可以有空白符，这是可选的。以下例子结合了包含选择器和子选择器：

```
table.company td > .worker
```

它会选择作为 td 元素子元素的所有类名为 worker 的元素，而该 td 元素是类名为 company 的 table 元素的后代元素。

⑩ 相邻兄弟选择器。用于选择紧接在某一元素后的元素，且二者有相同的父元素。相邻兄弟选择器使用加号作为相邻兄弟结合符。结合符两边的选择器可以是通配符选择器、id 选择器、类选择器、属性选择器、伪类选择器、伪元素选择器、元素选择器等。例如，如果要设置紧接在 ID 为 first 的 h1 元素后出现的 p 元素的上边距，则可以这样写：

```
h1#first + p {margin-top:50px;}
```

与子结合符一样，相邻兄弟结合符旁边可以有空白符。

观察如下代码片段：

```
<sidebar>
  <ul>
    <li> 列表项 1</li>
    <li> 列表项 2</li>
    <li> 列表项 3</li>
  </ul>
  <ol>
    <li> 列表项 1</li>
    <li> 列表项 2</li>
    <li> 列表项 3</li>
  </ol>
</sidebar>
```

其中，sidebar 元素包含一个无序列表和一个有序列表，每个列表都包含三个列表项。这两个列表是相邻兄弟，列表项本身也是相邻兄弟。不过，第一个列表中的列表项与第二个列表中的列表项不是相邻兄弟，因为不属于同一父元素。

注意：用一个结合符只能选择两个相邻兄弟中的第二个元素，而不是兄弟两个。

相邻兄弟结合符还可以结合其他结合符：

html > body table + ul {margin-top:20px;}

这个选择器解释为：选择紧接在 table 元素后出现的兄弟 ul 元素，该 table 元素包含在 body 元素中，body 元素本身是 html 元素的子元素。

⑪ 分组选择器。分组选择器就是用逗号分隔符隔开的各个选择器。如果没有逗号，那么规则的含义将完全不同。可以将任意多个选择器分组在一起，这样就可以将某些类型的样式"压缩"在一起，从而得到更简洁的样式表。例如：

h2, p {color:blue;}

就包含 h2 和 p 选择器，且其样式均相同，将 h2 元素和 p 元素都设置成蓝色。

4）CSS 的层叠规则。

① 选择器的层叠规则。当通配符选择器、id 选择器、类选择器、元素选择器、属性选择器、伪类选择器、包含选择器、子元素选择器、相邻兄弟选择器中的多个选择器（含重复定义的选择器，例如，同一个类选择器定义了多次）同时作用于某一 HTML 元素或伪元素上时，其最终效果由各个选择器中的规则属性层叠起来共同决定。如果给多个选择器均定义了某一相同的 CSS 属性（一个特定选择器中重复定义的属性按后来定义的为准），那么需要按照如下方法对重复定义属性所在的选择器计算其"特殊性"。"特殊性"描述了不同选择器的相对权重，"特殊性"大的选择器中定义的属性胜出。一个选择器"特殊性"的计算步骤如下。

a）计算选择器中 id 选择器的数量，计为 x。

b）计算选择器中类选择器、属性选择器、伪类选择器的数量，计为 y。

c）计算选择器中元素选择器的数量，计为 z。

d）包含选择器、子元素选择器、相邻兄弟选择器是由 id 选择器、类选择器、属性选择器、伪类选择器、元素选择器组合而成，在计算时归入上面的 3 个步骤中。

e）将以上计算出的 3 个计算值组合成（x，y，z）序列，即为"特殊性"。

例如：

{……}/ 特殊性 =（0，0，0）*/

#header{……}/* 特殊性 =（1，0，0）*/

.nav{……}/* 特殊性 =（0，1，0）*/

:hover{……}/* 特殊性 =（0，1，0）*/

a:hover{……}/* 特殊性 =（0，1，1）*/

li{……}/* 特殊性 =（0，0，1）*/

div p{……}/* 特殊性 =（0，0，2）*/

#main a:hover strong{……}/* 特殊性 =（1，1，2）*/

div.content{……}/* 特殊性 =（0，1，1）*/

在比较"特殊性"大小时，x 看成高位数，z 看成低位数。例如，在如下 CSS 规则中，

p.nav{……}/* 特殊性 =（0，1，1）*/

body p{……}/* 特殊性 =（0，0，2）*/

因为（0，1，1）>（0，0，2），所以 p.nav 的规则属性优先被使用。

【说明】

如果2个选择器计算出的"特殊性"相同，则以后来的CSS规则中定义的属性为准。

②继承与"特殊性"。HTML 文档是由各个元素组成的，元素之间往往存在祖先及子孙、父子或兄弟关系，除 text-decoration（文本装饰）、border、margin、padding、background 等属性不能被子孙元素继承外，其他属性一般是可以被继承的，即针对父元素的 CSS 规则会同样应用到其子元素上，从而避免了重复定义的麻烦。

但是，在"特殊性"的框架下，任何显式的规则声明都会覆盖掉继承的样式规则。例如：

em{color:blue;}/* 特殊性 =（0，0，1）*/

p.content{color:red;}/* 特殊性 =（0，1，1）*/

<p class="content"> 显示 <em> 继承的效果？ </em>。</p>

虽然 p.content 的"特殊性"（0，1，1）高于 em 的"特殊性"（0，0，1），但由于 em 元素有显式的 color 规则声明，所以它会覆盖掉继承的 color 样式（即红色），因此文本"继承的效果？"将显示为蓝色。

3. "布局标签 +CSS"布局并制作页面的步骤

"布局标签 +CSS"布局包括两方面：插入布局标签、定义 CSS 规则。

在 Dreamweaver 中插入布局标签可直接在代码视图中编写代码，或者打开"插入"菜单并选择所需的布局标签，也可直接通过单击"插入"面板"HTML"选项组中的各个布局标签按钮进行，同时可指明该布局标签所要使用的 class 属性或 id 属性，以便于以后定义 CSS 规则。

而定义不同类型选择器的 CSS 规则可直接在代码视图中编写，或者通过 Dreamweaver 文档编辑窗口右边的"CSS 设计器"面板进行，如图 2-3 所示。

使用"布局标签 +CSS"布局方式布局并制作页面的一般步骤如下。

① 对美工人员或自行构思设计的网页设计图进行整体分析并提取尺寸。

② 从设计图中提取图片，或者自行制作、下载并处理图片。

③ 选择合适的布局标签布局页面并根据需要定义 CSS 规则。

④ 内容编排并根据需要定义 CSS 规则。

⑤ 优化 CSS 规则。

图 2-3 "CSS 设计器"面板

 项目分析

本项目根据使用"布局标签 +CSS"布局方式布局并制作页面的一般步骤实施，先对项目 1 中设计的网站主页设计图进行整体分析并提取尺寸、图片，再在对网页文档进行初始设置的基础上，按照页面整体布局、页头布局、页中布局、页脚布局的制作顺序，选择 HTML5 的语义化标签，例如，<header>、<section>、<footer>、<nav>、<div> 等布局页面，同时根据设计要求定义 CSS 规则。

项目实施

任务 1 页面整体布局

1．网页文档整体分析

信息技术学院网站主页的设计图，如图 2-4 所示，主页从整体上分为页头、页中、页脚 3 个部分。

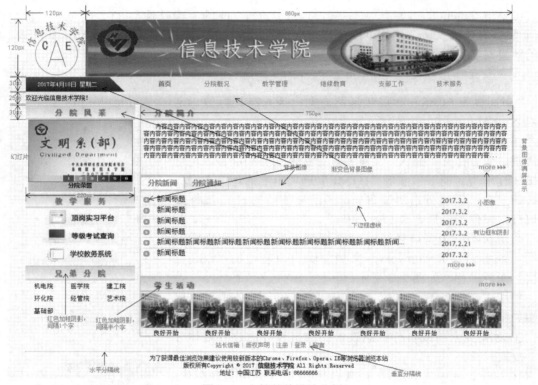

图 2-4 文档整体设计分析

- 页头部分是网站 **Logo** 和标志图片、日期和导航菜单、欢迎词。
- 页中部分由左右 2 列组成。左列是分院风采、教学服务、友情链接。右列是分院简介、包含新闻和通知的选项卡、学生活动图片展示。
- 页脚部分是网站副导航条和版权声明、联系方式等信息。

网页主色调为蓝色系列，辅助色为红色和黄色，主要的文字颜色为黑色。

网页的整体布局水平居中，宽度为 980 px。页面背景是重复显示的小图像。页头中的日期、欢迎词均有背景图像或渐变色背景图像，页中的各个标题也均有背景图像，页中右列的 3 个区域均有细边框和盒子阴影。

各个标题的字号统一，比各个链接文字的字号稍大，内容文字和页脚的字号最小。

2．文档初始设置

（1）创建网页并进行初始设置

新建网页 index.html，标题为"信息技术学院网站"，保存到站点根文件夹下。在

Dreamweaver 工作界面上，单击"属性"面板上的"页面属性"按钮，打开"页面属性"对话框，如图 2-5 所示。在对话框中设置字体为宋体、大小为 small、颜色为黑色、背景颜色为白色、背景图像为 bg.gif、左右和上下边距均为 0px。

图 2-5 "页面属性"设置对话框

切换到代码视图，可以看到在头部 head 中自动生成如下代码。

```
<style type="text/css">
body,td,th {    /* 因为 IE5.5 以前版本中 th、td 不继承 body 的样式规则 */
    font-family: " 宋体 ", serif;
    font-size: small;
    color: #000000;
}
body {
    background-color: #FFFFFF;
    background-image: url(image/bg.gif);
    background-repeat: repeat;
    margin-left: 0px;
    margin-top: 0px;
    margin-right: 0px;
    margin-bottom: 0px;  }
</style>
```

【说明】

① 关于网站主页的文件名。Web服务器对网站主页文件名是有一定要求的，因此不能随意命名。静态主页常用index.html、index.htm、default.html、default.htm等命名。

② font-family（字体集）定义元素内文字以何种字体来显示，可以是一种字体，也可以是由逗号分隔的多种字体，并且中文字体名及含有空格的字体名均要加英文的单引号或双引号，例如，"宋体"、"Times New Roman"等。在显示文字时将按照定义的字体集中的字体顺序进行匹配，若有某个字体匹配成功则使用它来显示，若均不能匹配成功，则使用浏览器端默认的字体集进行匹配以获得最接近的默认字体来显示文字。

在定义CSS规则的font-family属性时要使用大多数计算机中可能有的常见字体，并且最好再指定一种常用字体系列，以防止设置的字体都不存在。"宋体"和"Times New Roman"属于有衬线的serif字体系列，即文字上有装饰性的细线，而"黑体"和"Arial"属于无衬线的sans-serif字体系列，适合作标题字体，它们都是常见的字体。例如，可以进行如下定义：

body { font-family: "宋体" ,serif;}

h1 { font-family: "黑体" ,sans-serif;}

在定义font-family属性时（见图2-6）可先通过如图2-7所示的"管理字体"对话框添加与Dreamweaver一起安装的Edge Web Fonts、用户自行设计或下载的字体文件定义的字体、当前操作系统安装的字体（分别对应于图中的3个选项卡），然后再行选择。

图 2-6　设置 font-family 属性

图 2-7　"管理字体"对话框

③ font-size（字体大小）是个很重要的属性，很多其他属性的设置都以此为基础，以达到弹性设计的目的。例如：

p { width:30em;　　/*段落宽度为30个字宽*/

　　line-height:1.5em; /*行高为当前字体大小的1.5倍*/

}

字体大小包括以下几种。

a）绝对尺寸：分为xx-small（最小）、x-small（较小）、small（小）、medium（中等）、large（大）、x-large（较大）、xx-large（最大），相邻两个尺寸之间的缩放因子为1.2。

b）相对尺寸：分为larger（相对增大）、smaller（相对减小），它们均相对于父元素而言，缩放因子为1.2。

c）带px、em、ex、pt、in、cm、mm、pc、%等单位的具体长度值。

字体大小的默认值是medium，在目前的大部分浏览器中相当于16 px。因此在body中定义的"font-size: small;"相当于"font-size: 13px;"（16 px/1.2=13.3 px≈13 px）。之所以使用small而不直接用13 px或其他单位的数值，是因为对IE6.0及更早版本浏览器来说，一旦设置13 px或其他单位的值，浏览者便不能使用浏览器的放大缩小文字功能来调整文字大小。

当字体大小使用长度值时，需要设置单位。长度单位分为以下几种。

a）绝对单位：分为in（1 in=72 pt=2.54 cm）、cm、mm、pt、pc（1 pc=12 pt），它们主要用于打印设备中。

b）相对单位：分为px（相对于显示器等浏览设备的像素点）、em（相对于当前元素的字体大小）、ex（相对于当前字体的小写字母x的高度，不同字体时高度是有差异的，但很多字体并没有给定x的高度值，此时会认为1 em=2 ex）、%（相对于父元素的字体大小）。

例如：

body{font-size:12px;}/*body是父元素，p是子元素*/

p{ font-size:1.3em;} /*段落中实际字体大小为：1.3*继承的12px≈15px，不同浏览器对小数的处理方法不尽相同，IE和Opera是去除小数，Firefox和Safari是四舍五入 */

0 px、0pt、0in等可以省略单位，即只要是0，无论什么单位都可以省略。

为了使页面设计更具有"弹性"，应尽量使用绝对尺寸、带em或百分比单位的长度值。例如，可以以body的字体大小为基数，设置h1的大小为200%或2 em，h2的大小为180%或1.8 em，body中的第一层div字体大小为0.9 em行高为1.5 em等，这样设置后，当浏览者在浏览器中缩放字体大小后，其他元素中的文字大小、行高都将成比例地改变，同时如果网页制作者要改变字体大小的设置时，也只要修改body的字体大小设置，其他元素就会相应改变。

④font-family和font-size可以缩写成

font: 字体大小[/行高] 字体集

缩写顺序不能改变，且不能省略任何一个。例如，

body { font:12px "宋体",serif;}

h1 { font:16px/1.5em "黑体",sans-serif;}

⑤关于网页中的颜色表示方法。网页中的颜色有以下几种表示方法。

a）颜色名：包括black、white、silver、orange等17个标准色和130种其他颜色。transparent（透明）可用于背景和边框，背景颜色的默认值是transparent，边框颜色的默认值使用的是所在元素的color属性值。

b）十六进制颜色：它使用的形式为#rrggbb，即以#开头的6位十六进制数，其中的rr（红色）、gg（绿色）、bb（蓝色）规定了颜色的强度，介于00～FF之间。所有浏览器都支持十六进制颜色值。

c）RGB颜色：它使用的形式为rgb（red，green，blue），每个参数（即red、green、blue）定义颜色的强度，可以是0～255的整数或0%～100%的百分比值，例如，rgb(127，60，255)、rgb(10%，0%，100%)。所有浏览器都支持RGB颜色值。

d）RGBa颜色：它是RGB颜色的扩展，带有alpha通道（它规定了对象的不透明度，0.0表示完全透明，1.0表示完全不透明），使用形式为rgba（red，green，blue，alpha），例如，rgba(127，60，0，0.8)显示为红色，不透明度为0.8。支持RGBa颜色值的浏览器为IE9+、Firefox3+、Chrome、Safari、Opera10+。

e）HSL颜色：表示Hue色调（色盘上的度数0～360，0或360表示红色，120表示绿色，240表示蓝色）、saturation饱和度（百分比值，0%意味着灰色，100%全彩）、lightness亮度（百分比值，0%是黑色，100%是白色），使用形式为hsl（hue，saturation，lightness），例如，hsl(300，50%，25%)。支持HSL颜色值的浏览器为IE9+、Firefox、Chrome、Safari、Opera10+。

f）HSLa颜色：它是HSL颜色的扩展，带有alpha通道，使用的形式为hsla（hue，saturation，lightness，alpha），例如，hsla(300，50%，25%，0.3)。支持HSLa颜色值的浏览器为：IE9+、Firefox3+、Chrome、Safari、Opera10+。

（2）清除浏览器默认样式

由于部分块级元素，例如，p、h1、h2、h3、h4、h5、h6、ul、ol、li、form 等在页面上不仅会独占一行，而且还会在元素内部或前后保留一定的空白，这是由浏览器默认样式所决定的，但它会影响布局排版，因此常定义元素选择器规则设置 margin 和 padding 均为 0 以去除掉保留的空白。由于要定义的这些元素选择器规则均相同，因此可使用分组选择器进行定义，即在代码视图头部 head 的 style 元素中一开始部分输入以下分组选择器规则代码。

```
p,h1,h2,h3,h4,h5,h6,ul,ol,li,form{
    margin:0;
    padding:0;    }
```

或者输入以下通配符选择器规则代码。

```
*{
    margin:0;
    padding:0;
}
```

此时的代码视图，如图 2-8 所示。

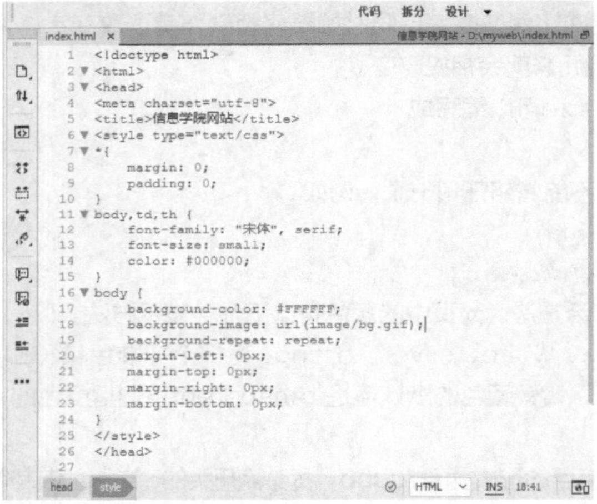

图 2-8　插入了通配符选择器的代码视图

【说明】

元素分为块级（block）元素和行内（inline）元素，行内元素也称为内联元素。

① 块级元素：最明显的特征就是默认在横向上充满其父元素的内容区域，且在其左右两侧没有其他元素，即块级元素默认是独占一行的。典型的块级元素是 header、footer、section、main、nav、sidebar、article、div、p、h1到h6、ul、ol、li、table、form、hr等。另外，通过CSS设置了float（浮动）属性值为left、right，设置display（显示）属性值为block（块）、list-item（列表项）、table（表格），以及position（位置）属性值为absolute、fixed的元素也是块级元素。需注意的是，浮动元素在其旁边可能会有其他元素的存在，而list-item会在其前面生成圆点符号（项目符号）或数字序号。

② 行内元素：不形成新内容块的元素，即在其左右可以有其他元素，例如，span、a、img、em、strong、input等。另外，通过CSS设置display属性值为inline（行内）的元素也是行内元素。

不过，元素的类型也不是固定的，通过设置CSS的display属性，可以使行内元素转换为块级元素，或者反之。

从元素本身的特点来讲，元素也可分为可替换元素和不可替换元素。

① 可替换元素：指浏览器根据元素的标签和属性来决定具体显示内容的元素。例如，浏览器会根据 <img> 标签的 src（指图像文件源）属性读取图像信息并显示出来，但查看 HTML 代码，却看不到图像的实际内容。又如，根据 <input> 标签的 type 属性来决定是显示一个输入文本框还是显示单选按钮等。object 也是可替换元素。可替换元素往往没有实际的内容和结束标签，是空元素，例如，"<img src=" myphoto.gif "/>" "<input type= "radio" name= "sex" value= "男" >" 等。

② 不可替换元素：大部分元素都是不可替换元素，即其内容直接表现给浏览器端。例如，"<p>本段的内容</p>" 就是一个不可替换元素，其中的文本"本段的内容"直接显示。

块级元素生成块框，可设置宽度和高度。行内元素生成行内框，不可替换的行内元素的宽度是其内容经过浏览器解释后的实际宽度，高度不可人为设置，而可替换的行内元素具有内在尺寸（即尺寸是由元素自身决定的，例如，图像有自身的宽和高），也可重新设置。

3. 页面整体布局

注意：本书中将 id 为 idName 的 div 简称为 div#idName，class 为 className 的 div 简称为 div. className，依次类推。

从图 2-4 中可以看到，网站主页采用上、中、下结构布局，分别对应于页头、页中、页脚，且宽度均为 980 px，水平居中对齐。现采用"布局标签 +CSS"布局方式实现。

（1）插入页头 header

切换到设计视图，单击"插入"面板 HTML 选项组中的 Header 按钮，或执行"插入"→ Header 命令，弹出"插入 Header"对话框，如图 2-9 所示。

图 2-9 "插入 Header"对话框

在"插入 Header"对话框中，在 ID 下拉列表框中输入 pageHeader，其他选项使用默认设置，单击"确定"按钮后在网页中插入一个块状区域（以虚线框表示），其中有默认的显示文字，如图 2-10 所示。

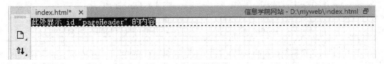

图 2-10 布局效果（1）

【说明】

① 切换到代码视图可以看到，在 body 元素中自动生成的代码如下。

```
<header id= "pageHeader">此处显示 id "pageHeader" 的内容</header>
```

从上述代码中可以看到，header 元素是由左标签 <header>、右标签 </header> 以及两个标签之间的内容组成，并且 <header> 标签具有 id 属性，其值为 pageHeader。由于一个文档只有唯一的页头，所以给 <header> 标签设置了 id 属性。

如果单纯从定义CSS规则的角度出发，那么在"插入Header"对话框中，可在Class下拉列表框中输入pageHeader，此时代码将变成：

<header class="pageHeader">此处显示 class "pageheader" 的内容</header>

此时，<header>标签将设置class属性，值为pageHeader。而如果没有在Class和ID下拉列表框中输入任何内容，则代码将变成：

<header>此处为新header标签的内容</header>

此时，<header>标签没有设置任何属性。

② 插入div时，究竟是否要设置class属性、id属性呢？如果想给标签定义元素选择器规则，并且该规则不会影响到文档中其余地方相同的标签，则可以不设置class属性或id属性。标签可以单独或同时设置class、id属性，更常见的情况是只设置其中一种。这两者的主要差异是，id 用于标识单独的唯一的元素，它在整个HTML文档中具有唯一性，而class属性则不然，它用于类似的元素或者可以理解为某一类元素，可以重复使用（例如，对那些希望具有类似的边框和背景表现的元素就可统一设置class属性）。有理论认为，应尽量设置class属性，而id属性应该供JavaScript或其他程序使用，以避免程序人员修改id或其他操作而造成CSS应用失效，它具有以下能力。

a）作为样式表选择器名，可以用来创作紧凑的最小化的CSS。

b）作为超链接的目标锚，取代过时的name属性。

c）作为从基于DOM的脚本来定位特定元素的方法。

d）作为对象元素的名称。

e）作为一种综合用途处理的工具，例如，当将数据从文档中提取到数据库或将文档转换为其他格式时，作为域识别工具来使用。

设置class属性主要是为定义类选择器规则，以及供基于DOM的脚本访问一类元素。

③ 关于id和class属性值的命名。虽然网页设计者可自行命名，但需要遵循一定的规范。

a）只能包含字符[A–Za–z0–9]、连字符、下划线及ISO10646字符编码U+00A1及以上。

b）不能以数字开头或连字符后面紧跟数字。

c）可以包含转义字符加任何ISO10646字符作为一个数字编码，例如，"B&W？"，可以写成"B\&W\?"或"B\26 W\3F"。

d）要根据语义进行命名并尽量做到命名与表现分离。例如，不要使用left、right、center、top、red、green等与表现有关的名称，可使用的一些名称，见表2–1。

表2–1　建议的 id 或 class 命名

页头：head	标志：logo	广告：banner	导航：nav
子导航：subnav	菜单：menu	子菜单：submenu	状态：status
注册：register	登录条：loginbar	搜索：search	滚动：scroll
页中：main	侧栏：sidebar	标签页：tab	内容：content
栏目标题：title	文章列表：list	提示信息：msg	小技巧：tips
热点：hot	新闻：news	下载：download	投票：vote
页脚：footer	版权：copyright	友情链接：friendlink	合作伙伴：partner
服务：service	指南：guide	加入：joinus	

当需要多个单词来命名时，命名方法可参考项目1的"规划网站结构"中的相关说明。

④ 在设计视图中显示的虚线框不会显示在浏览器中。浏览效果，如图2–11所示。

图 2-11 包含 <header> 标签的网页在 Google Chrome 中的浏览效果

（2）给页头 header 新建 CSS 规则

1）在设计视图中，单击 header#pageHeader 的虚线框以便选中该 header 元素（或鼠标先在虚线框内单击，再使用状态栏的标签选择器选择最右边的标签 header#pageHeader，或者在 DOM 面板上选中 header#pageHeader，其中 DOM 是文档对象模型，它展示了文档元素结构），再单击"属性"面板上"CSS 设计器"按钮 CSS 设计器，此时在 Dreamweaver 工作界面右侧自动展开"CSS 设计器"面板，可添加 CSS 规则，如图 2-12 所示。

图 2-12 "CSS 设计器"面板

【说明】

① 如果在使用"CSS设计器"面板前已经选择了网页中某个元素，那么在添加CSS规则时一些选项将会自动设置，这样可以提高设计效率。

②"CSS设计器"面板包含"全部"和"当前"两个选项卡。

a）"全部"选项卡：列出了当前文档中的所有CSS规则，并可以通过该选项卡查看、添加或删除CSS源、媒体查询、选择器、CSS属性定义，或者修改现有的CSS属性设置值。CSS源包括<style>（通过该标签将CSS规则直接定义到当前文档中）、外部CSS文件，媒体查询包括screen、print、handheld、aural、braille、projection、tty、tv、min-width等。

b）"当前"选项卡：显示当前文档中当前选中元素所定义的所有CSS属性，以及这些属性定义所在的CSS源、媒体查询、选择器，并可以通过该选项卡添加CSS源、媒体查询、选择器、CSS属性定义，或者修改、删除现有的CSS属性设置值。

"CSS设计器"面板的每个选项卡纵向分成CSS源区、媒体查询区、选择器区、CSS属性区，每个区又有"添加"按钮**+**和"删除"按钮**━**，分别用于添加或删除CSS源、媒体查询、选择器、CSS属性。

a）CSS源区：显示"<style>"（<style>标签用于存放直接在当前文档中定义的CSS规则）和当前文档链接的所有CSS文件。单击"添加"按钮**+**显示弹出菜单，包含创建新的CSS文件、附加现有的CSS文件、在页面中定义3个菜单命令。如果要直接在当前文档中定义CSS规则，则可以选择"在页面中定义"菜单，此时CSS规则将存放到<style>标签中。如果要在新的外部CSS文件中定义CSS规则，则可以选择"创建新的CSS文件"菜单，如图2-13所示。如果要使用的CSS规则已经存在于外部CSS文件中，则可以选择"附加现有的CSS文件"菜单，如图2-14所示。后两种情况应在对话框中通过"浏览"按钮选择CSS文件的保存路径，选择"链接"选项将CSS文件通过<link>标签链接到当前文档中，选择"导入"选项将CSS文件通过"@import"命令导入到当前文档<style>标签中，相关的说明可参考本项目"巩固与提高"中的内容。"有条件使用"设置所使用的CSS文件要使用的媒体查询。

图 2-13 "创建新的 CSS 文件"对话框

图 2-14 "使用现有的 CSS 文件"对话框

b）媒体查询区：显示"全局"和当前文档<style>或外部CSS文件中要有条件使用的CSS规则的各个"条件"，形如@media screen and (min-width:320px)。其中，"全局"表示在其后"选择器区"定义的选择器规则将在浏览器中无条件使用，而各个"条件"表示在其后"选择器区"定义的选择器规则将在浏览器中有条件使用。

c）选择器区：显示定义的各个选择器。单击"添加"按钮**+**后可直接输入一个新的符合命名规范的选择器名称。

d）CSS属性区：包含"布局"按钮、"文本"按钮**T**、"边框"按钮、"背景"按钮、"更多"按钮，单击后跳转到相应CSS属性分类处，CSS属性可分为布局、文本、边框、背景等类别，每个类别包含若干可定义的属性和值。"更多"属性区用于自行添加未列出的CSS属性和值。

2）在"选择器区"，单击"添加"按钮**+**后在文本框中自动输入了 id 选择器 #pageHeader。

3）在"CSS 属性区"，单击"布局"按钮跳转到 CSS 属性布局类别处，定义 width 和 margin 属性，如图 2-15 所示。同时在代码视图中可以看到在头部 head 的 style 元素中增加了如下 CSS 规则：

```
#pageHeader {
    width: 980px;
    margin-top: 0px;
    margin-right: auto;
    margin-left: auto;
    margin-bottom: 0px;
}
```

图 2-15　header#pageHeader 的 CSS 属性定义

【说明】

①CSS规则"布局"类别中可设置的属性的含义如下。

a）width（宽）：设置块级元素内容的宽度。

b）height（高）：设置块级元素内容的高度。

c）display（显示）：设置元素是否显示或显示方式，典型的取值为none（不显示）、block、inline、list-item等。

d）box-sizing（盒子大小）：设置width和height是否包含边框宽度在内，其取值为border-box、content-box。

e）margin（外边距）：设置元素上、右、下、左4个方向的外边距。

f）padding（内边距）：设置元素上、右、下、左4个方向的内边距。

g）position（位置）：设置元素的定位方式，其取值为static（静态）、absolute（绝对）、relative（相对）、fixed（固定）。

h）left、top、right、bottom：设置元素框的边距的左（上、右、下）边相对于该元素包含块的左（上、右、下）边向右（下、左、上）的偏移量。

i）float（浮动）：设置元素是否向左或向右浮动。

j）clear（清除）：清除元素的浮动，即不允许元素的左侧或右侧出现浮动元素。

k）overflow（溢出）：设置当一个块级元素的内容溢出元素的框时是否裁剪掉多余的右边或下边区域。其取值为visible（可见）、hidden（隐藏）、scroll（滚动）、auto（自动）。

l）visibility（可见性）：设置元素的显示（visible）或隐藏（hidden），默认值visible。但元素隐藏后，其占用的空间仍然保留。

m）z-index（z坐标）：设置非static定位元素的堆叠层级，值越大，其位置距离浏览者越近；值相同时，后出现的元素位于先出现的元素之上；值为auto（默认值）时堆叠层级与父框相同。如果A元素的堆叠层级小于B元素，则A元素中子元素的堆叠层级也都小于B元素，即使设置了较大的z-index值也无用，即元素的堆叠层级基于其父元素的堆叠层级。

n）opacity（不透明度）：设置元素的不透明度，取值为0～1.0，0表示完全透明，1.0表示完全不透明。

② 在浏览器中显示的元素都可以看成是一个装了内容的矩形盒子，这些盒子嵌套、叠加或并列在一起，于是形成了页面。每个元素的矩形盒子包含以下4个部分。

a）内容：例如，文字、图像或其他元素等。内容也可看作是一个矩形区域，并可设置其width和height这两个CSS属性。内容区域称为content-box。

b）border：边框是可以具体显示出来的，可以单独设置其style、width、color三个CSS属性，设置时在CSS规则"边框"类别中进行。由border围成的区域（含border在内）称为border-box。

c）padding：也称补白、填充，是内容框与边框之间的透明区域。

d）margin：是边框外的透明区域，用来设置当前元素与其他元素之间的距离。

上述4个部分除"内容"外，每个部分又有top（上）、right（右）、bottom（下）、left（左）4个方向，如图2-16所示。

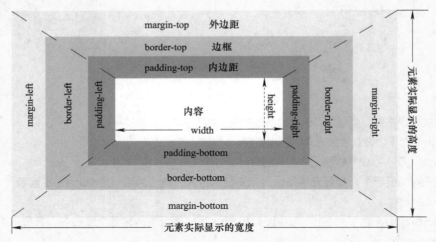

图 2-16　盒子模型示意图

由图2-16可知，元素实际显示的宽度=margin-left（左外边距）+border-left-width（左边框宽）+padding-left（左内边距）+width（内容宽度）+padding-right（右内边距）+border-right-width（右边框宽）+margin-right（右外边距）=margin-left（左外边距）+border-box的宽度+margin-right（右外边距）。元素实际显示的高度=margin-top（上外边距）+border-top-width（上边框宽）+padding-top（上内边距）+height（内容高度）+padding-bottom（下内边距）+border-bottom-width（下边框宽）+margin-bottom（下外边距）=margin-top（上外边距）+border-box的高度+margin-bottom（下外边距）。

当与长度有关的属性值设置为auto时，auto的实际值将由内定的公式自动计算得出。例如，对于header#pageHeader等块级元素，内定公式如下。

margin-left+border-left-width+padding-left+width+padding-right+border-right-width+margin-right+滚动条的宽度（如果存在）=包含块（即body）的宽度。

如果上述公式中只有1个值为auto，则auto的计算值从公式中得出；如果width设置为auto，则其他的auto值将被当作0，而width从公式的剩余部分得到；如果margin-left和margin-right均为auto，则它们的计算值相同。

因此，要想使页头水平居中对齐，只需在header#pageHeader等块级元素的CSS规则定义中设置width的具体值，并设置margin-left和margin-right均为auto（默认情况下，header元素的border在4个方向上宽度均为0，padding也为0），这也是设置块级元素水平居中的常用方法。此时页头在浏览器中的水平边距为margin-left=margin-right=（body的宽度-滚动条的宽度-0-0-980 px-0-0）/2。其中，body的宽度即为浏览器窗口的宽度。

在"布局"类别中，如果想快速定义padding或margin在4个方向上的一个值或多个值，可直接在padding或margin属性右侧的"设置速记"框中输入，多个值时以空格分隔开。

③ 默认情况下，width和height专指内容盒content-box的宽和高，但可通过设置box-sizing属性而改变，如果设置box-sizing:border-box后，width和height就表示border-box的宽和高了。

（3）插入页中 section 和页脚 footer

切换到设计视图，选中页头 header 后，先按方向键 < ↓ > 键将当前光标定位到页头 header 下方，再单击"插入"面板 HTML 选项组中的 Section 按钮□插入页中 section，id 设置为 main。

使用同样的方法，在页中下面插入页脚 footer，id 设置为 pageFooter。

【说明】

① 要插入页中section，也可在选中页头header后，直接单击"插入"面板HTML选项组中的Section按钮□进行，但此时需在弹出的"插入section"对话框的"插入"下拉列表框中选择"在标签后"选项，同时在右边的下拉列表框中选择"<header id="pageHeader">"，如图2-17所示。

②"插入Section"对话框的"插入"下拉列表包括5个选项，如图2-18所示。

图 2-17 选择"插入"下拉列表框选项　　　　图 2-18 "插入"下拉列表选项

a）在选定内容旁换行：将选定的内容作为新插入元素的内容。

b）在标签前：在右边下拉列表框中所选具有id属性的标签之前插入新元素。

c）在标签开始之后：在右边下拉列表框中所选具有id属性的标签的左标签之后插入新元素（本选项不适用于不包含右标签的空元素）。

d）在标签结束之前：在右边下拉列表框中所选具有id属性的标签的右标签之前插入新元素（本选项不适用于不包含右标签的空元素）。

e）在标签后：在右边下拉列表框中所选具有id属性的标签之后插入新元素。

③由于一个文档只有唯一的页中、页脚，故给<section>和<footer>标签分别设置了id属性。

（4）给页中 section 和页脚 footer 创建 CSS 规则

由于页中、页脚的宽度及水平居中对齐情况与页头一样，此时不必重复定义 CSS 规则，可直接切换到代码视图，在 style 元素中的 #pageHeader 选择器后添加 #main 和 #pageFooter 选择器，使用分组选择器定义 CSS 规则，如下列代码所示。

```
#pageHeader, #main, #pageFooter{
    width: 980px;
    margin-top: 0px;
    margin-right: auto;
    margin-left: auto;
    margin-bottom: 0px;
}
```

【说明】

① 分组选择器中选择器的顺序任意，并可分多行书写。例如：

```
#pageHeader,
#main,
#pagefooFer {
    width: 980px;
    margin-top: 0px;
    margin-right: auto;
    margin-left: auto;
    margin-bottom: 0px;
}
```

② 另一种使页头、页中、页脚均水平居中的常用方法是在页头、页中、页脚的外面包裹一个父级元素section，即在section中嵌套了页头、页中、页脚，然后定义如下CSS规则使section水平居中。

```
section{
    width: 980px;
    margin-top: 0px;
    margin-right: auto;
    margin-left: auto;
    margin-bottom: 0px;
}
```

而嵌套的页头、页中、页脚由于均是块级元素，在横向上会自动充满其父元素section的内容区域并会自动换行，因此，无须再定义CSS规则，如下列代码所示。

```
#pageHeader, #main, #pageFooter {
}
```

任务 2 页面布局细化

1. 页头 header#pageHeader 布局

页头的布局从上至下依次包含网站 Logo 和标志图片区、当前日期和导航栏区、欢迎区 3 部分，使用 3 个 div 标签实现。

（1）插入 3 个 div

先删除页头 header#pageHeader 中的默认内容，再在其中单击"插入"面板 HTML 选项组中的 Div 按钮，从上至下依次插入 3 个互不嵌套的 div 标签，其 class 分别为 logobanner、nav、scroll。切换到代码视图可看到 body 元素中的代码情况，如图 2-19 所示。

```
36 ▼ <body>
37 ▼   <header id="pageHeader">
38         <div class="logobanner">此处显示  class "logobanner" 的内容</div>
39         <div class="nav">此处显示  class "nav" 的内容</div>
40         <div class="scroll">此处显示  class "scroll" 的内容</div>
41     </header>
42     <section id="main">此处显示  id "main" 的内容</section>
43     <footer id="pageFooter">此处显示  id "pageFooter" 的内容</footer>
44   </body>
45 </html>
```

图 2-19 body 元素中代码情况（1）

（2）新建 CSS 规则

依次给 3 个 div 定义包含选择器（核心是类选择器）规则如下：

```
#pageHeader .logobanner {
    height: 120px;  /* 系标和标志图片的高度 */
}
#pageHeader .nav {
    height: 30px;
    margin-top:1px;
}
#pageHeader .scroll {
    height: 25px;
    margin-top:1px;
}
```

此时，在设计视图中的布局效果，如图 2-20 所示。

图 2-20 布局效果（2）

【说明】

① 在定义上述 CSS 规则时，如果先选中要应用规则的元素，再单击"CSS设计器"面板上"选择器区"的"添加"按钮➕，那么就可自动在"选择器名"文本框中创建包含选择器，如图 2-21 所示。由于 div.logobanner 位于页头 header#pageHeader 中，因此自动创建了包含选择器 #pageHeader .logobanner。但是，当嵌套层次很深时，包含选择器中包含的选择器会很多，有时反而给代码的维护带来困难，此时可通过↑或↓调节包含选择器粗略或具体显示，例如，将位于前面的选择器去除，或者直接在文本框中或代码视图的CSS代码中修改。

图 2-21 新建包含选择器规则

② 定义 CSS 规则时，尽量做到简单、到位，只要达到了预期目标就可以了。例如，已经设置了页头 #pageHeader 宽度为 980 px，由于其中的3个块级元素 div 在横向上会自动充满父元素的内容区域，所以，其宽度将自动为 980 px，无须再通过 CSS 规则设置3个 div 的宽度为 980 px。

如果某个属性可以继承而又不想改变其值，例如，字体和字号，那么也不必再行定义，以免重复定义错了造成前后矛盾，即使不矛盾，也会影响日后的维护。

2. 细化页头 header#pageHeader 中的 3 个 div

（1）网站 Logo 和标志图片区 div.logobanner 的细化

由于 div.logobanner 中需水平放置网站 Logo 和标志图片，为使不同的内容之间界限更加清晰，使用 2 个 div 进行包裹。

先删除 div.logobanner 中的默认内容，再在其中插入 2 个互不嵌套的 div，class 分别设置为 logo 和 banner。

定义选择器规则如下。

```
#pageHeader .logobanner .logo {
    width: 120px;   /*Logo 大小为 120 px×120 px*/
    float: left;
}
#pageHeader .logobanner .banner {
    margin-left: 120px;
}
```

此时，在设计视图中的布局效果，如图 2-22 所示。

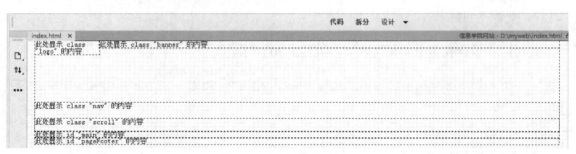

图 2-22　布局效果（3）

【说明】

① float属性在CSS属性"布局"类别中，它用于设置当前元素是否向左或向右浮动，float属性的取值如下。

a）none：默认值，即当前元素不浮动。

b）left：当前元素产生的块框向左浮动，直到它的外边沿接触到包含块的边沿或者其他浮动框的外边沿。

c）right：当前元素产生的块框向右浮动，直到它的外边沿接触到包含块的边沿或者其他浮动框的外边沿。

与此相对应，clear属性用来清除元素的浮动，即不允许当前元素的左侧或右侧出现浮动元素。clear属性的取值如下。

a）none：默认值，即当前元素两侧都可以有浮动元素。

b）left：当前元素的左侧不允许有浮动元素。

c）right：当前元素的右侧不允许有浮动元素。

d）both：当前元素的两侧都不允许有浮动元素。

② 元素应用float属性（简称float元素）后，其产生的块框将脱离正常的文档流，并浮于其后插入的元素之上，因此，其后插入的元素需要设置margin-left或margin-right属性以使其位于float元素右侧或

左侧，或者继续设置float属性。例如，选择器#pageHeader .logobanner .banner可以按如下方法定义CSS规则达到同样效果。

```
#pageHeader .logobanner .banner {
    float:left;
    width:860px;    /*980 px-120 px=860 px*/
}
```

因此，若要在同一水平方向上显示n个div元素，常用方法有以下两种。

a）给前n-1个div设置width（值不能为auto）以及"float:left"，给第n个div设置margin-left属性。

b）给n个div均设置width（值不能为auto）和"float:left"。

上述方法中也可使用right代替left，margin-right代替margin-left，或综合使用left、right、margin-left和margin-right。

（2）日期和导航菜单区 div.nav 的细化

从图 2-4 可以看出，在 div.nav 中显示了当前日期和导航栏，而在日期显示区域又设置了左右两个背景图像。因此可在 div.nav 中插入 2 个水平放置的 div 和 1 个水平放置的 nav，再在 div 和 nav 中插入相应的内容。

1）先删除 div.nav 中的默认内容，再在其中依次插入 2 个互不嵌套的 div 和 1 个 nav，class 分别设置为 date、sidedate、menu。

2）定义选择器规则如下。

```
#pageHeader .nav {
    background-color: #EEEEEE;
    line-height:30px;
}
#pageHeader .nav .date {
    float: left;
    width: 14em;
        background-image: url(image/bg4.gif);
        background-repeat: repeat-x;
        font-size: 0.9em;
        text-align: center;
}
#pageHeader .nav .sidedate {
    float: left;
        width: 30px;
        height:30px;
    background-image: url(image/bigbg.gif);
        background-repeat: no-repeat;
        background-position: left top;
}
#pageHeader .nav .menu {
    margin-left:18em;
}
```

此时，在设计视图中的布局效果，如图 2-23 所示。

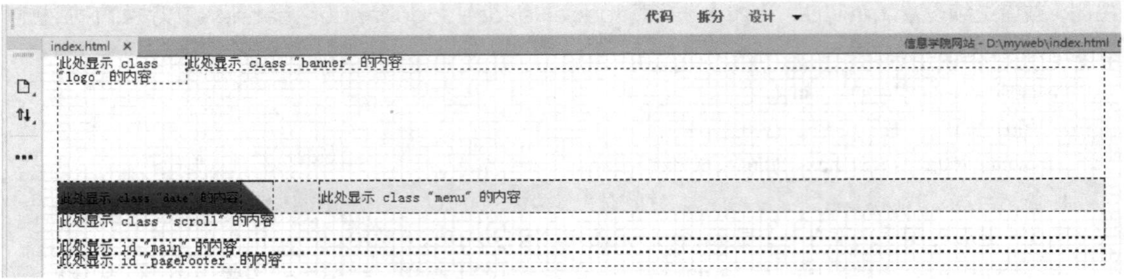

图 2-23　布局效果（4）

【说明】

① 在选择器#pageHeader.nav的规则中设置的line-height属性是用来使单行文字在行高设置的高度内垂直居中。

line-height指的是两个相邻文本行的基线（baseline，即一行文本横排时英文字母x的下端沿）间的距离。line-height属性的取值如下。

a）normal：默认值，一般为1到1.2。

b）带单位的长度：合法的长度值，可为负数。当以em、ex、%为单位时，是指相对于当前元素的字体尺寸。需要说明的是，如果当前元素有子元素，但子元素没有定义行高，那么子元素将直接继承当前元素计算出的行高值（px），即使给子元素重新定义了新的字体尺寸，行高值（px）也不会改变。

c）实数值：定义缩放因子，相对于当前元素的字体尺寸进行缩放。需要说明的是，如果当前元素有子元素，那么如果给子元素重新定义了字体大小而没有定义行高，子元素将使用继承的行高缩放因子乘以子元素的字体尺寸得到行高值（px），即先继承后缩放。

line-height属性可通过CSS属性"文本"类别设置，如图2-24所示。该类别中可设置的其他属性的含义如下。

a）color（颜色）：设置字体颜色。

b）font-famliy（字体名）：设置文本的字体系列，分为通用字体系列（有相似外观的字体系统组合，例如serif、sans-serif、monospace、cursive、fantasy）和特定字体系列（例如宋体、Times New Roman、Courir等）。在使用特定字体系列时，一般应同时提供一个通用字体系列，以防浏览器无法匹配到特定字体。

c）font-style（字体样式）：设置文字的样式（normal，正常；italic，斜体；oblique，倾斜）。

d）font-variant（字体变形）：设置西文文本是否为小型的大写字母（normal，正常；small-caps，小型大写字母）。

e）font-weight（字体磅值）：设置文本的粗细。关键字100～900为字体指定了9级加粗度，100最细，900最粗，400相当于normal，700相当于bold，bolder表示比所继承值更粗的一个字体加粗，lighter表示比所继承值更细的一个字体加粗。

图 2-24　CSS 属性"文本"类别

f）font-size（字号）：设置文本的尺寸。

g）font（字体）：缩写属性，用于在一个声明中设置所有字体属性。

h）text-align（文本对齐）：设置块级元素内文本的水平对齐方式。水平对齐方式包括left（左对齐）、right（右对齐）、center（居中）、justify（两端对齐）4种。

i）text-decoration：设置文本的装饰（none，无装饰，默认值；underline，下画线；overline，上画线；line-through，贯穿线；blink，闪烁）。该属性不被继承。

j）text-indent（文本缩进）：设置块级元素中第一行文本的缩进。负值可以悬挂缩进或用来隐藏单行文字，例如，"text-indent:-9999em"。

k）text-shadow（文本阴影）：设置文本阴影。其参数为h-shadow、v-shadow、blur、color，表示水平阴影、垂直阴影、模糊距离、阴影颜色。

l）text-transform（文本转换）：设置文本的大小写方式（capitalize，首字母转为大写；uppercase，转换为大写；lowercase，转换为小写；none，不转换，默认值）。

m）letter-spacing（字母间隔）：设置字母或汉字之间的间隔。

n）word-spacing（单词间隔）：设置单词间的间隔。判断是否为单词以空格为标准，负值会使单词之间距离缩近，甚至叠加。

o）white-space（空白字符）：设置空格的处理方式（normal，文本抵达容器边界自动换行，这是默认方式；pre，换行和其他空白字符都将受到保护；nowrap，强制在同一行内显示所有文本直到文本结束或遇到
）。它不被继承。

p）vertical-align（垂直对齐）：设置行内或表格单元格内内容的垂直对齐方式，例如，当行内包含文本和图像时就可设置文本相对于图像或图像相对于文本的对齐方式。该属性不能被继承。其取值如下。

- baseline：基线对齐，使元素的基线与父元素的基线对齐，如下列代码所示。

<p>这是参考内容<strong style= "vertical-align:baseline" >这是对齐的内容</strong></p>。

- text-top：文本顶端对齐，使元素行内框（是一个虚拟的矩形框，它是行内元素所占据的内容区域，包括设置的行高。行内的各个元素都可设置各自的行高）的顶端与文本行的顶线对齐。
- text-bottom：文本底端对齐，使元素行内框的底端与文本行的底线对齐。
- middle：中间对齐，通常应用在图像上，使图像垂直方向的中线与文本行的中线对齐（中线位于基线的上方，与基线的距离为小写字母x高度的一半）。
- top：顶端对齐，使元素行内框的顶端与行框（即当前行的一个虚拟的矩形框，其高度等于当前行内所有元素的行内框的最高点到最低点的距离）的顶端对齐。
- bottom：底端对齐，使元素行内框的底端与行框的底端对齐。
- sub：下标，使元素的基线相对于父元素的基线降低（由浏览器决定降低幅度），它不改变文字大小。
- super：上标，使元素的基线相对于父元素的基线升高（由浏览器决定升高幅度），它不改变文字大小。
- 百分比：使元素的基线相对于父元素的基线升高（为正值时）或降低（为负值时），百分比与行高有关。

vertical-align的主要属性值示意，如图2-25所示。

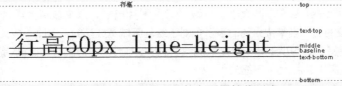

图2-25　vertical-align 的主要属性值示意

　　q）list-style-position（列表项标记位置）：设置列表项的标记位置（inside，标记在li块框内；outside，标记在li块框外），默认值为outside。

　　r）list-style-image（列表项标记图像）：设置列表项的标记图像，默认值none。该属性会替代list-style-type属性，除非指定的值无效。但标记图像的显示方式和位置不能控制，推荐设置li元素的背景图像。

　　s）list-style-type（列表项标记类型）：设置列表项的标记样式（disc，实心点；circle，空心点；square，实心或空心方块；decimal，自然数；lower-roman，小写罗马数字；upper-roman，大写罗马数字；lower-alpha，小写ASCII字母；upper-alpha，大写ASCII字母；none，不使用标记），默认值disc。

　　② 在选择器#pageHeader .nav .date规则中，font-size和width属性值单位是em，是为使浏览者能利用浏览器的放大缩小文字功能调整文字大小后，自动缩放日期显示区的宽度。如果按照1 em=13 px来计算，"font-size: 0.9 em"相当于"font-size:12 px"。

　　③ 在选择器#pageHeader .nav .sidedate规则中，设置了width和height，因为没有设置宽或高的浮动元素会自动压缩多余的空间，将不会看到背景图像。

　　④ 关于CSS属性"背景"类别。为了将结构与表现分离开来，对于属于装饰类而不是内容的图像都不应该出现在HTML文档的内容中，而应该通过设置元素背景图像的方式来实现，因此与背景有关的属性是利用率非常高的属性。"背景"类别中的CSS属性，如图2-26所示。

图 2-26　CSS 属性"背景"类别

　　"背景"类别中可设置的属性的含义如下。

　　a）background-color（背景颜色）：设置背景颜色（合法的颜色值；transparent，透明，默认值）。

　　b）background-image（背景图像）：设置背景图像（url，指定图像网址；none，无图像，默认值；gradient，指定渐变色）。

　　c）background-position（背景图像定位）：设置背景图像在所定位区域（由background-origin属性设置）内的起始位置，默认时从左上角显示，其取值如下。

　　■　left：相当于水平方向为0。
　　■　center：相当于水平方向为50%或垂直方向为50%。
　　■　right：相当于水平方向为100%。
　　■　top：相当于垂直方向为0。
　　■　bottom：相当于垂直方向为100%。
　　■　长度：按照设置值显示图像。为正时向右或向下偏移，为负时向左或向上偏移。
　　■　百分比：按照设置的正、负百分比显示图像。百分比值表示将背景图像的百分比位置与元素的百分比位置相对应。

　　定位值可以是1个或2个。若只有1个，则第2个值被假定为center；若2个值都是关键字，则顺序任意；如果2个值中至少有1个是具体的数值，则始终认为第1个值代表水平方向，第2个值代表垂直方向。建议不要将数值与关键字混用。

　　d）background-size（背景大小）：设置背景图片尺寸，以缩放背景图片，参数为x-size，y-size，可为带单位的值（当单位为%时表示相对于绘制区域宽或高的百分比）或关键字contain（对图片等比例缩放，直到宽、高均小于等于绘制区域宽、高）、cover（对图片等比例缩放，直到宽、高均大于等于绘制区域宽、高）、auto（不缩放）。

　　e）background-clip（背景图像裁剪）：设置背景图像的绘制区域，只有处于绘制区域内的背景图像才会显示（border-box，边框盒，默认值；padding-box，内边距盒；content-box，内容盒）。

f）background-repeat（背景图像重复）：设置背景图像重复方式（repeat，水平和垂直方向上都重复显示，默认值；repeat-x，只在水平方向上重复显示；repeat-y，只在垂直方向上重复显示；no-repeat，背景图像不重复，只显示1次）。

g）background-origin（背景图像定位）：设置背景图像的定位区域（border-box，边框盒；padding-box，内边距盒，默认值；content-box，内容盒），与background-position结合使用。

h）background-attachment（背景图像附属）：设置背景图像是否会随滚动条而滚动（scroll，背景图像随滚动条滚动，默认值；fixed，背景图像相对于浏览器窗口固定）。

i）background：用于缩写，只需直接将各个属性值列举出来，顺序任意，未列举的属性将使用默认值。可利用它先定义一些通用背景属性，再针对个别元素定义专用属性。例如：

a{background:#66CCFF no-repeat left bottom;}

a.home{background-image:url(image/bg1.gif);

j）box-shadow（盒子阴影）：设置盒子的阴影效果。

（3）欢迎条区 div.scroll 的细化

div.scroll 用于显示欢迎词，只有 1 行文字，但包含渐变式背景图像。

定义选择器规则如下。

```
#pageHeader .scroll {
    font-size: 0.9em;
    line-height: 25px;
    background-image:-webkit-linear-gradient(270deg,rgba(255,255,0,1.00) 0%,rgba(255,153,0,1.00) 100%);
    /*Safari、Chrome*/
    background-image:-moz-linear-gradient(270deg,rgba(255,255,0,1.00) 0%,rgba(255,153,0,1.00) 100%);
    /*Firefox*/
    background-image:-o-linear-gradient(270deg,rgba(255,255,0,1.00) 0%,rgba(255,153,0,1.00) 100%);  /*Opera*/
    background-image:linear-gradient(180deg,rgba(255,255,0,1.00) 0%,rgba(255,153,0,1.00) 100%);  /* 标准的语法 */
}
```

此时，在实时视图中的预览效果，如图 2-27 所示。

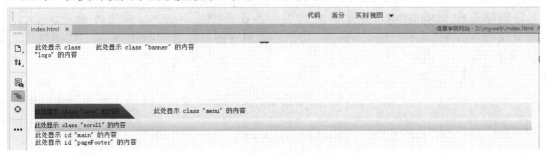

图 2-27 实时视图效果（1）

【说明】

① CSS3可以实现以前通过图像才能完成的渐变（gradient）效果，并且在放大时效果保持不变。渐变效果可直接用作背景图像，渐变是在两个或多个指定的颜色之间实现平稳地过渡。CSS3定义了两种类型的渐变。

a）线性渐变（linear-gradient）：语法格式为linear-gradient(direction或angle, color-stop1, color-stop2, ...)，其中direction包括to bottom（向下，默认值，可省略，或top）、to top（或

bottom）、to left（或right）、to right（或left）、to bottom right（向右下对角方向）等；angle指水平线和渐变线之间的角度，逆时针方向计算，0deg将创建一个从下到上的渐变，90deg将创建一个从左到右的渐变，但很多浏览器使用旧的标准，即0deg将创建一个从左到右的渐变，90deg将创建一个从下到上的渐变，换算公式90-x=y，其中x为标准角度，y为非标准角度；color-stopi(i=1,2,…)表示实现渐变的第i个颜色。

b）重复线性渐变（repeating-linear-gradient）：例如，repeating-linear-gradient(red, yellow 10%, green 20%)。

c）径向渐变（radial-gradient）：由中心点向四周辐射，语法格式为radial-gradient(centerpoint, shape, size, color-stop1, color-stop2, ...)，其中，centerpoint指渐变的中心点（水平方向值和垂直方向值，如60%、50%，默认值center），shape指渐变的形状（circle、ellipse，默认值ellipse），size指渐变的大小（closest-side、farthest-side、closest-corner、farthest-corner，默认值farthest-corner）。

d）重复径向渐变（repeating-radial-gradient）：例如，repeating-radial-gradient(red, yellow 10%, green 15%)。

② 由于各个浏览器对某些CSS属性的支持情况不同，往往通过自己专用的属性或属性值来实现。以-webkit-、-moz-、-o-、-ms-开头的属性分别代表Safari或Chrome、Firefox、Opera、IE浏览器特有的属性，只有相应的浏览器才能解析。

IE6能识别"_"和"*"开始的专用属性，IE7能识别"*"开始的专用属性。

3．页中 section 布局

页中 section#main 分为左、右 2 列，是 2 列宽度式的布局，左列宽 220 px，右列宽 750 px，两列相距 10 px。左列从上到下还包含分院风采区、教学服务区、兄弟分院链接区共 3 块区域，右列包含分院简介区、新闻通知区、学生活动区共 3 块区域。右列各区边框宽 1 px 并具有盒子阴影。

可以先在 section#main 中插入 2 个互不嵌套、水平排列的外层 div，再在各个 div 中分别插入 3 个互不嵌套、纵向排列的 section。

（1）插入 2 个外层 div

先删除页中 section#main 中的默认内容，再在其中依次插入 2 个互不嵌套的 div，其 class 分别设置为 leftside、rightcontent。切换到代码视图可以看到 body 元素中代码情况，如图 2-28 所示。

```
85 ▼ <body>
86 ▼ <header id="pageHeader">
87 ▼   <div class="logobanner">
88       <div class="logo">此处显示  class "logo" 的内容</div>
89       <div class="banner">此处显示  class "banner" 的内容</div>
90     </div>
91 ▼   <div class="nav">
92       <div class="date">此处显示  class "date" 的内容</div>
93       <div class="sidedate"></div>
94       <nav class="menu">此处显示  class "menu"的内容</nav>
95     </div>
96     <div class="scroll">此处显示  class "scroll" 的内容</div>
97   </header>
98 ▼ <section id="main">
99     <div class="leftside">此处显示  class "leftside" 的内容</div>
100    <div class="rightcontent">此处显示  class "rightcontent" 的内容</div>
101  </section>
102  <footer id="pageFooter">此处显示  id "pageFooter" 的内容</footer>
103 </body>
104 </html>
```

图 2-28　body 元素中代码情况（2）

（2）新建 CSS 规则

依次给 2 个 div 定义选择器规则如下。

.leftside {

```
        float: left;
        width: 220px;
        margin-top: 2px;
    }
    .rightcontent {
        float: right;
        width: 750px;
        margin-left: 10px;
    }
```

此时，在设计视图中的布局效果，如图 2-29 所示。

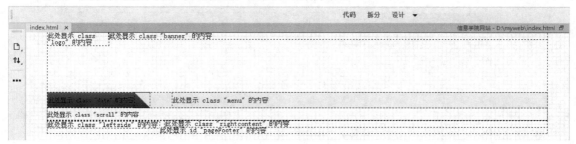

图 2-29　布局效果（5）

【说明】

水平方向上的长度之和=220 px+10 px+750 px =980 px。如果宽度总和超过980 px，则右列便会在下一行显示，而不会与左列在同一行显示了，这一点在使用固定宽度布局时尤其要注意。

4．细化页中左列 div.leftside

页中左列从上到下包含 3 块区域：分院风采区、教学服务区、兄弟分院链接区。

（1）插入与 3 块区域对应的 3 个 section

先删除页中 div.leftside 中的默认内容，再在其中从上而下依次插入 3 个互不嵌套的 section，其 class 分别设置为 show、teachingservice、friendlink。切换到代码视图可以看到 body 元素中代码情况，如图 2-30 所示。

```
 96 ▼ <body>
 97 ▼  <header id="pageHeader">
 98 ▼    <div class="logobanner">
 99        <div class="logo">此处显示  class "logo" 的内容</div>
100        <div class="banner">此处显示  class "banner" 的内容</div>
101      </div>
102 ▼    <div class="nav">
103        <div class="date">此处显示  class "date" 的内容</div>
104        <div class="sidedate"></div>
105        <nav class="menu">此处显示  class "menu" 的内容</nav>
106        <div class="scroll">此处显示  class "scroll" 的内容</div>
107      </header>
108
109 ▼  <section id="main">
110 ▼    <div class="leftside">
111        <section class="show">此处显示  class "show" 的内容</section>
112        <section class="teachingservice">此处显示  class "teachingservice" 的内容</section>
113        <section class="friendlink">此处显示  class "friendlink" 的内容</section>
114      </div>
115      <div class="rightcontent">此处显示  class "rightcontent" 的内容</div>
116    </section>
117    <footer id="pageFooter">此处显示  id "pageFooter" 的内容</footer>
118  </body>
119 </html>
```

图 2-30　body 元素中代码情况（3）

（2）新建 CSS 规则

给 3 个 section 定义选择器规则如下。

.leftside .show, .leftside .teachingservice,.leftside .friendlink{

```
background-image: url(image/bg2.gif);
background-repeat: repeat-x;
text-align: center;
margin-bottom: 2px;
}
```

此时，在设计视图中的布局效果，如图 2-31 所示。

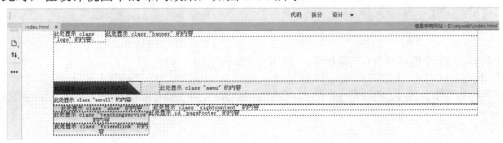

图 2-31　布局效果（6）

【说明】

由于3个section效果类似，所以使用了分组选择器。

5．细化页中右列 div.rightcontent

页中右列从上到下包含 3 块区域：分院简介区、新闻通知区、学生活动区。

（1）插入与 3 块区域对应的 3 个 section

先删除 div..rightcontent 中的默认内容，再在其中依次插入 3 个互不嵌套的 section，其 class 分别设置为 intro、news、activity。切换到代码视图可以看到 body 元素中代码情况，如图 2-32 所示。

```
102 ▼ <body>
103 ▼ <header id="pageHeader">
104 ▼     <div class="logobanner">
105           <div class="logo">此处显示  class "logo" 的内容</div>
106           <div class="banner">此处显示  class "banner" 的内容</div>
107       </div>
108 ▼     <div class="nav">
109           <div class="date">此处显示  class "date" 的内容</div>
110           <div class="sidedate"></div>
111           <nav class="menu">此处显示  class "menu" 的内容</nav>
112       </div>
113       <div class="scroll">此处显示  class "scroll" 的内容</div>
114   </header>
115   <section id="main">
116 ▼     <div class="leftside">
117           <section class="show">此处显示  class "show" 的内容</section>
118           <section class="teachingservice">此处显示  class "teachingservice" 的内容</section>
119           <section class="friendlink">此处显示  class "friendlink" 的内容</section>
120       </div>
121 ▼     <div class="rightcontent">
122           <section class="intro">此处显示  class "intro" 的内容</section>
123           <section class="news">此处显示  class "news" 的内容</section>
124           <section class="activity">此处显示  class "activity" 的内容</section>
125       </div>
126   </main>
127   <footer id="pageFooter">此处显示  id "pageFooter" 的内容</footer>
128 </body>
129 </html>
```

图 2-32　body 元素中代码情况（4）

（2）新建 CSS 规则

依次给 3 个 section 定义选择器规则如下。

```
.rightcontent .intro,.rightcontent .news,.rightcontent .activity {
    background-image: url(image/bg3.gif);
    background-repeat: repeat-x;
    background-position: left top;
    margin-top: 2px;
```

```
    border: 1px solid #66CCFF;
    box-shadow:1px 1px 2px 1px #CCCCCC;
}
```

此时，在设计视图中的布局效果，如图 2-33 所示。

图 2-33　布局效果（7）

【说明】

① 由于右列的3个section效果类似，所以使用了分组选择器。在选择器规则中之所以不设置height属性，是因为各个section的高度不能确定。不设置高度时，也可使浏览者在浏览器中缩放文字大小后，能自动调整各个section的高度。如果强行设置高度，则当各个section中的内容超出由宽和高决定的区域后，将会与其余元素中的内容发生重叠。

② border属性的语法格式为：

border：width style color;

③CSS属性"边框"类别用来设置元素的边框属性，如图2-34所示。

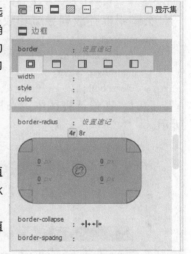

"边框"类别中可设置的属性的含义如下。

a）border-width（边框宽度）：设置4个边框的宽度，默认值0。可设置的值除具体带单位的数值外，还包括thin、medium、thick（thin<=medium<=thick）。

b）border-style（边框样式）：设置4个边框的线型，默认值none，并迫使border-width为0。线型包括如下几个关键字。

图 2-34　CSS 属性"边框"类别

- dotted：一系列的点。
- dashed：一系列的短线条。
- solid：一条单一的线。
- double：两条实线。
- groove：框雕刻在画布之内。
- ridge：与groove相反，框从画布中凸出。
- inset：框嵌在画布中。
- outset：与ridge相反，框从画布中凸出。
- hidden：隐藏边框。

c）border-color（边框颜色）：设置4个边框的颜色。默认值是使用当前元素的color属性定义的前景色。

上述的3个属性均是缩写属性，每个属性都可以同时设置1~4个值。例如：

.intro{ border-width:1em;}

.intro{ border-width:1em 2em;}

.intro{ border-width:1em 2em 3em;}

.intro{ border-width:1em 2em 3em 4em;}

由于边框包含4个方向的边，因此，各个属性又可细分为top、right、bottom、left 4个方向属性，例如，border-top-width、border-right-width、border-bottom-width、border-left-width等。边框属性还包含border-top、border-right、border-bottom、border-left以及border缩写。例如：

.intro{ border-top:1em solid #0CF;} /*3个子属性的顺序任意，可以省略部分子属性*/

.intro{ border:1em solid #0CF;} /*总的缩写属性，3个子属性的顺序任意，可以省略部分子属性*/

d）border-radius：设置4个角的边框半径，它是属性border-top-left-radius（上边框左半径）、border-top-right-radius（上边框右半径）、border-bottom-left-radius、border-bottom-right-radius的缩写。

e）border-collapse（边框折叠）：设置是否合并表格边框（collapse，合并；separate，分隔开）。

f）border-spacing（边框间距）：设置相邻单元格边框间的距离，包括水平和垂直方向2个值。

④ box-shadow（盒子阴影）属于CSS属性"背景"类别，用来设置盒子的阴影效果，其参数为h-shadow、v-shadow、blur、spread、color、inset，表示水平阴影、垂直阴影、模糊距离、阴影扩散距离、阴影颜色、是否内嵌阴影。

6. 页脚 footer#pageFooter 布局

页脚用以存放副导航和版权、联系方式等内容，其 id 选择器规则如下。

```
#pageFooter {
    font-size: 0.9em;
    text-align: center;
    clear: both; }
```

此时，在设计视图中的布局效果，如图 2-35 所示，在实时视图中的预览效果，如图 2-36 所示。

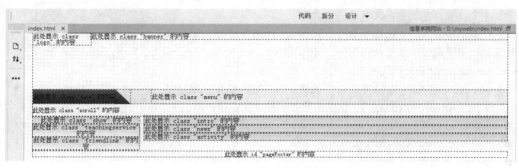

图 2-35　布局效果（8）

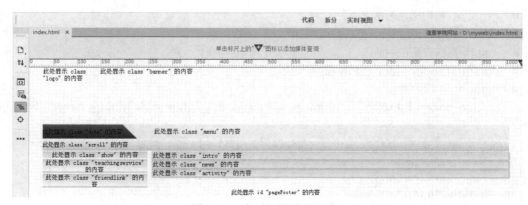

图 2-36　实时视图效果（2）

【说明】

"clear: both;"是为了确保footer元素左、右侧不再有浮动的元素。

归纳总结

"布局标签 +CSS"是符合 Web 标准的布局方式，它的优点很多。本项目通过信息技术学院网站主页的实际布局讲述了"布局标签 +CSS"布局方式的使用，重点要掌握各种选择器的使用场合、常用的 CSS 规则属性和"布局标签 +CSS"布局方式。后面还要通过不断地实践学习"布局标签 +CSS"布局方式的使用技巧。

巩固与提高

1．巩固训练

在学校网站站点根文件夹下新建网站主页 index.html，并运用本项目所学的知识和技能对主页进行布局，该主页分为页头、页中、页脚 3 个部分。所需素材请参考学校现有网站搜集整理。

2．分析思考

1）在信息技术学院网站主页页中的 6 个区域（左列的 3 个区域及右列的 3 个区域）中，如果水平方向上的左右 2 个区域的高度分别对应相同（即分院风采区与分院简介区高度相同，依此类推），那么用"布局标签 +CSS"可以如何进行布局？

2）为了方便浏览者可以使用浏览器提供的放大缩小文字功能来调整文字大小，如果删除网站主页页头的系标和标志图片区，那么各布局块的宽度以什么为单位比较合适？为什么？

3）如果某个 div 的背景是一个整幅图像，那么该 div 的宽度和高度以什么为单位比较合适？如果 div 的背景使用的是某个大幅图像中以坐标（100，200）为起点的右下部分，如何设置背景图像的定位属性 background-position？

3．拓展提高

（1）3 行 3 列固定宽度的布局设计

HTML 代码如下。

```
<section id="wrap">
    <header id="header">……页头……</header>
    <sidebar id="sidebar1">……侧栏 1……</sidebar>
    <section id="content">……主要内容……</section>
    <sidebar id="sidebar2">……侧栏 2……</sidebar>
    <footer id="footer">……页脚……</footer>
</section>
```

由于中间 3 列（主要内容区位于第 2 列）的宽度固定，因此可以设置 3 列全部左浮动（或全部右浮动），CSS 规则如下。

```
#wrap {
    width: 980px;
    margin:0 auto;
    ……
}
#header {
```

```
    ……
}
#sidebar1 {
    width: 200px;
    float: left;
    ……
}
#content {
    width: 580px;
    float: left;
    margin: 0px 10px 10px;
    ……
}
#sidebar2 {
    width: 180px;
    float: left;
    ……
}
#footer {
    clear:both;  /* 或 clear:left;，使页脚另起一行显示 */
    ……
}
```

布局效果图，如图 2-37 所示。

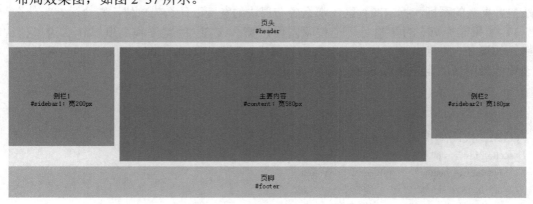

图 2-37 3 行 3 列布局效果

【说明】

① 上述CSS规则中所有长度均可使用以em或%为单位的数值。

② 要使中间3列与页脚之间保留一定的空间，应该设置3列中最高列的margin-bottom属性，设置页脚的margin-top属性是没有效果的。

（2）样式表插入 HTML 文档中的 3 种方式

1）嵌入式样式表（即内部样式表）。将若干组 CSS 规则通过 style 元素嵌入到 HTML 文档头部 head 中。例如：

```
<head>
<title> 网页标题 </title>
<style type= "text/css" media= "all">
```

```
. text {font-family: " 方正舒体 ";}
p { font-size: 24px; font-style: italic;}
#title {font-size: 16px; font-style: italic;}
a:hover {font-size: 36px;}
</style>
</head>
```

media 属性是可选属性，用于指定样式表被接受的媒体，目前使用最广的是 screen（默认值，应用于文档在屏幕媒体的呈现）、print（应用于不透明的页面材料或文档在打印预览的状态）和 all（应用于所有输出设备）。其他的有 projection（应用于投影显示）、aural（应用于听觉设备）、braille（应用于盲文触摸式反馈设备）、handheld（应用于可上网手机等手持设备）、tty（应用于使用固定字符宽栅格的媒介，例如，电子传真机、终端或显示能力有限的手提设备）、tv（应用于电视类型的设备）。

某些 CSS 属性只能在特定的媒体中使用，例如，page-break-before 只适用于打印机这类可以分页的媒体。而属性的某些值在不同的媒体设备中表现也可能不同，例如，同样的 font-size 值在显示器和打印机上有可能大小不一样。

2）外部样式表。外部 CSS 样式表是存储在一个单独的外部 CSS 文件（扩展名为 .css）中的若干组 CSS 规则。外部样式表文件实质是一个纯文本文件，可以用任何的文本编辑器来编写，包括 Dreamweaver 的代码视图，该文件不能包含任何的 HTML 标签，也不能包含 <style> 标签，只要直接书写 CSS 规则即可。外部样式表文件利用文档头部 head 中的 <link> 标签链接或 style 元素中的 @import 命令导入到网站的一个或多个页面中，例如，使用 <link> 标签时代码如下。

```
<head>
<title> 网页标题 </title>
<link rel= "stylesheet" href= "basic.css" type= "text/css" media= "all"/>
</head>
```

并且页面内可以同时链接多个样式表文件。例如：

```
<head>
<title> 网页标题 </title>
<link rel= "stylesheet" href= "basic.css" type= "text/css" media= "all"/>
<link rel= "stylesheet" href= "index.css" type= "text/css" media= "all"/>
</head>
```

<link> 标签包含如下属性。

① href 属性：href 属性说明链接的样式表文件的链接地址，绝对地址或相对地址均可。例如，下列代码中的链接地址就使用了绝对地址。

```
<link href= "http://www.163.com/basic.css" type="text/css" rel="stylesheet" media="all"/>
```

② type 属性：说明包含内容的类型，一般用 "type="text/css"" 表示使用的是样式表。

③ rel 属性：定义当前文档与链接的关系，通过它可定义多个样式表供浏览者选择。例如，下列的 <link> 标签就使用了 rel 属性，此时，在浏览器内执行 "查看"→"样式" 命令，从级联菜单中看到 title 属性定义的风格列表，如图 2-38 所示，可以选择所需的风格。

```
<link href= "red.css" type= "text/css" rel= "stylesheet" title=" 红色调 " media="screen"/>
<link href= "green.css" type= "text/css" rel="alternate stylesheet" title=" 黄色调 " media="screen"/>
```

④ media 属性：media 属性是可选属性，用于指定样式表被接受的媒体。

可以针对不同的媒体类型设置不同的 CSS 文件。例如，下列代码中指定了 screen 和 print

媒体。

```
<link href= "screen.css" type= "text/css" rel= "stylesheet" media="screen"/>
<link href="print.css" type="text/css" rel="stylesheet" media="print"/>
```

或者使用下列代码。

```
<link href="basic.css" type="text/css" rel="stylesheet" media="screen,print"/>
```

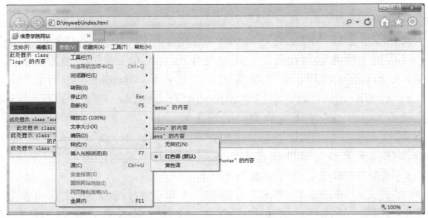

图 2-38　在浏览器内选择所需样式

如下的例子使用的是 style 元素中的 @import 命令导入外部的样式表文件，它需写在 style 元素的最开始。

```
<style type="text/css" media="all">
@import url("basic.css");
@import url("special.css");
p { font-size: 24px; font-style: italic;}
@import url("mystyle.css"); /* 此句无效，将被忽略 */
</style>
```

也可以指定媒体类型，使用下列代码。

```
@import url("basic.css") screen,print;
```

在外部 CSS 文件中也可以使用 @import 导入另外的样式表文件。

【说明】

大中型网站可能会有较多的样式表文件，需要有良好的管理方法，管理原则如下。

① 按照不同的功能模块将样式放在不同的文件内。例如，基本的样式规则（如字体控制、颜色等）文件，表单样式表文件，控制版面布局的样式表文件，某个栏目专用的样式表文件等。

② 分目录放置。将针对不同媒体的样式表文件放置在不同的文件夹中。例如，在CSS文件夹内建立针对不同媒体的子文件夹用来存放对应的样式表文件。

3）内联样式（也称行内样式）。使用 style 属性将 CSS 规则直接定义在 body 元素内的特定的 HTML 标签中，例如：

```
<p style= "color:#00f;"> 我显示为蓝色 </p>
```

但不能应用在 body 元素以外的标签上，例如，<title>、<head> 等。

【说明】

内联样式的优先级最高，但建议少用，因为其写法虽然直观，但无法体现层叠样式表的优势，一般只在代码调试时使用。

項目3 PROJECT 3
网页内容编排

 项目概述

本项目是在上一个项目网站主页布局的基础上，在各个区中编排内容，包含如下 4 个任务：

① 通用 CSS 规则定义和页头内容编排。定义通用 CSS 规则并编排页头各个区内容、定义 CSS 规则处理效果。

② 页中内容编排。编排页中各个区内容、定义 CSS 规则处理效果。

③ 页脚内容编排和头部元素插入。编排页脚内容、定义 CSS 规则处理效果，设置网页关键字为"信息技术学院，信息学院"和网站作者，并给主页添加背景音乐。

④ CSS 规则优化。优化 CSS 规则并将优化后的 CSS 规则存放到外部样式表文件中使用。

网站主页的浏览效果，如图 3-1 所示。

图 3-1　网站主页的浏览效果

知识能力目标

○ 理解常见网页元素的属性、HTML 代码。
○ 掌握超链接的类型和路径。
○ 掌握网页元素常见效果的 CSS 规则定义。
○ 能插入常见元素并设置属性。
○ 能定义 CSS 规则处理网页元素。
○ 能制作幻灯片。
○ 能制作选项卡。
○ 能优化 CSS 规则并会使用样式表文件。

预备知识

1．插入网页元素

常见的网页元素包括文本（含段落、标题、列表、预格式化等）、图像、媒体（如 Flash 动画、音乐、视频等）、超链接、表格、表单等。

插入网页元素可通过"插入"面板各个选项组中的按钮进行，也可通过菜单命令进行，或者直接在代码视图中编写代码。

2．文本

（1）段落

网页中的文本一般以段落的形式存在，每个段落可以包含一行或多行文本。段落是块级元素，段落标签是 <p>，典型的 HTML 代码如下。

<p> 具体的文字内容 </p>

（2）标题

网页中不同的内容一般需要有不同的标题，标题常用来强调段落要表现的内容。通常先显示标题，然后再显示相关的内容。网页中可以包含多个标题，标题以加粗形式显示。在网页中标题可以分成 6 个级别，即标题 1、标题 2，……，标题 6。每级标题的字号并没有一个实际上的固定值，它是由浏览器决定的，给标题定义的级别只决定了标题之间的相对大小。通常而言，标题 1 最大，标题 6 最小。

标题是块级元素，标题标签是 <h1>、<h2>、……、<h6>，典型的 HTML 代码如下。

<h1> 一级标题文字 </h1>
<h2> 二级标题文字 </h2>

（3）预格式化

预格式（也称已编排格式）文本是指在网页中能保留空格和换行符的一段文本，例如，用来表示计算机源代码的一段文本。

预格式化是块级元素，预格式标签是 <pre>，典型的 HTML 代码如下。

```
 <pre>
var  i;
var  s=0;
for(i=1;i<=10;i++)
    {s=s+i;}
</pre>
```

（4）列表

列表的本质是多个段落，即将多个段落按一定顺序排列就形成了列表。

列表分为项目列表（即无序列表）、编号列表（即有序列表）2种类型。前者用项目符号（例如，环形、球形、矩形等）来标记无序的项目，而后者用编号来记录项目的顺序，并可指定编号类型和起始编号。

列表是块级元素，项目列表标签是 <ul>，编号列表标签是 <ol>，列表项标签均是 <li>。

例如，有如下项目列表。

- Dreamweaver
- Photoshop
- Animate

其 HTML 代码如下。

```
<ul>
  <li>Dreamweaver</li>
  <li>Photoshop</li>
  <li>Animate</li>
</ul>
```

又如，有如下编号列表。

1．页面布局
2．内容编排
3．浏览测试

其 HTML 代码如下。

```
<ol>
  <li> 页面布局 </li>
  <li> 内容编排 </li>
  <li> 浏览测试 </li>
</ol>
```

列表还可以嵌套，例如，有如下嵌套列表。

- Dreamweaver
  1．Dreamweaver4.0
  2．DreamweaverCS
  3．DreamweaverCC
- Photoshop
- Animate

其 HTML 代码如下。

```
<ul>
  <li>Dreamweaver
    <ol>
      <li>Dreamweaver4.0</li>
      <li>DreamweaverCS</li>
```

```
        <li>DreamweaverCC</li>
      </ol>
    </li>
    <li>Photoshop</li>
    <li>Animate</li>
  </ul>
```

3．图像

图像是网页中最常见的元素之一，它的格式与优化与网页制作的关系最为密切。

（1）图像格式

图像可以直接插入到网页中，也可以通过 CSS 设置成元素的背景。作为内容显示的图像应该直接插入到网页中，装饰性的图像应该设置成元素的背景。

图像格式不同，其适用的场合也不太相同。目前浏览器支持的常见图像格式有以下几种。

1）JPEG 图像。JPEG 文件的扩展名通常为 .jpg。

JPEG 文件是按联合图像专家组（Joint Photographic Experts Group，JPEG）制定的压缩标准产生的压缩格式，属于 J-PEG File Interchange Format，可以用不同的压缩比对文件压缩，这是到目前为止比较好的图像压缩技术，但属于有损压缩。

JPEG 图像支持真彩色，大部分照片和颜色丰富的图像一般使用这种格式。

有时，为了减少浏览者的等待时间，节约服务器空间以及带宽流量，牺牲一些质量也是可以忍受的，况且对于最高质量的压缩比，是几乎看不出图像损失的，因此 JPEG 格式的文件是网页中最常出现的图像格式之一。

2）GIF 图像。GIF 文件的扩展名是 .gif。

GIF 是图形交换格式（Graphics Interchange Format，GIF），它是由 CompuServe 公司设计的。GIF 分为 2 种版本，即 87a 及 89a。存储格式由 1b 到 8b。它是专用于网络传输的文件格式。GIF 支持 24 位彩色、"索引色"格式文件，并由一个最多 256 种颜色的调色板实现，图像大小最多是 64K×64K 个像素点。

GIF 的特点可以归纳如下。

①LZW 压缩：此种压缩为无损压缩，对图像没有损失。

②交错屏幕绘图：显示的图像从网络下载时，先显示一个粗略的图像，然后逐步增加精度显示，但这种格式会增加文件大小，而且也不能存储 Alpha 通道。

③支持透明通道：GIF89a 格式支持一个 Alpha 通道，因此可以制作背景透明的图像，以方便放置在不同的位置。

④多图像的定序或覆盖：GIF89a 格式可实现动画效果，它是制作 2D 的动画软件 Animator 早期支持的文件格式，它被广泛用来制作动画，它不需要安装播放插件就可以在各种浏览器中显示。GIF 动画的原理就是在一个文件内存储多帧（Frame）图像，然后按顺序显示，同时还可以设置每帧的持续时间。

3）PNG 图像。PNG 文件的扩展名是 .png。

PNG 是便捷网络图像（Portable Network Graphic，PNG），它结合了 GIF 和 JPEG 格式的优点，具有存储形式丰富的特点。

PNG 最大色深 48b，采用无损压缩方案存储，并能够显示带透明度的 Alpha 通道。

4）SVG 矢量图像。SVG 文件的扩展名是 .svg。

SVG（Scalable Vector Graphics，SVG）可缩放矢量图形是基于 XML、用于描述二维矢量图形的一种图形格式，每个矢量均分配了颜色、形状、曲线和线条的厚度。SVG 是 W3C 于 2003 年 1 月 14 日确定的网络矢量图形标准。SVG 严格遵从 XML 语法，并用文本格式的描述性语言来描述图像内容，因此是一种和图像分辨率无关的矢量图形格式，它能制作出高质量的矢量图形，并可对用户动作做出不同响应，例如，高亮、声效、特效、动画等。目前大多数浏览器（如 Internet Explorer 9+、Firefox、Opera、Chrome、Safari 等）都支持它。

与其他图像格式相比，SVG 的优势如下。

①可通过文本编辑器创建和修改。

②可被搜索、索引、脚本化。

③不失真地伸缩。

④在任何分辨率下均可被高质量地打印。

⑤文件小下载快。

下面的例子是一个简单的绘制圆的 SVG 文件的例子。

```
<svg  xmlns="http://www.w3.org/2000/svg"  xmlns:xlink="http://www.w3.org/1999/xlink"    width="300" height="200"  viewBox="0  0  300  200">

 <circle cx="100" cy="50" r="40" stroke="black" stroke-width="2" fill="rgba(255,255,0,0.6)"/>

 <rect  x="200"  y="150"  width="50"  height="40"  fill="#ff0000"/>

</svg>
```

4 种格式的图像特性比较，见表 3-1。

表 3-1 图像特性比较

	GIF 格式	JPEG 格式	PNG 格式	SVG 格式
压缩比例	较小	从大到小有多种选择	更大的压缩比	更大的压缩比，缩放不失真
最多支持的颜色	256 色	全彩（16M 色）	全彩（16M 色）或更高	全彩（16M 色）
Alpha 通道	GIF89a 有背景透明功能	无	带有透明度	带有透明度
动画	GIF89a 有	无	有	有

（2）图像与优化

网页文件存放在服务器中，访问者使用浏览器来访问这些文件。当一个网页被浏览时，服务器就会与访问者的浏览器建立连接，每个连接表示一个并发。

当页面包含很多图像时，图像并不是一个一个地显示的，服务器会产生多个连接同时发送文本和图像以提高浏览速度，页面中的图像越多服务器的并发连接数量就越多。当图像或页面被服务器发送后服务器就关闭连接以用于与其他请求者建立连接。

在网络速度比较低的时代，一般会将大的图像切分成多个小图像，也就是同时建立多个连接，从而提高图像的显示速度，而对于背景图像，则尽量使用小图像重复显示。这种处理方式虽然可以提高图像的显示速度，但是对于服务器（或防火墙）而言，同一时间内可接受的连接数是有限度的。一个网页内并发连接数越多，服务器在同一时间内可接受的用户数越低。例如，如果某个服务器最大可接受的并发连接数为 50，而某个网页中的连接数为10，那么，用一时间服务器可以接受的用户数就是 5。

但是，并发连接数的增大会影响服务器系统内存的消耗、CPU 的负载等多方面。因此，在网络速度已经大幅提升的今天，不再推荐采用切分图像的处理方法，而是要降低网页内的并发连接数。

目前比较流行的制作方法之一，就是将不重复且颜色数比较少的背景图像全部放置在一个图像文件内，然后通过设置 background-position 属性控制图像的位置来显示所需的背景。这样做，减少了并发连接数，但同时也要注意服务器的流量问题，要尽量减少图像的字节数以节约流量。因此，并不是将所有图像都放在一个文件内就是最佳方案，还是要结合实际情况来定。

（3）图像的 HTML 代码

图像是行内元素，图像标签是 <img>，没有结束标签。典型的 HTML 代码如下。

`<img src="myphoto.gif" alt=" 我的剧照 " title=" 我的剧照 " />`

其中，src 属性用于设置图像文件的 URL，alt 属性用于设置图像不能显示或禁止显示时的替换文本，title 属性用于设置鼠标指向图像时鼠标旁的提示信息。

4．媒体

媒体可使网页更生动、更富表现力。媒体是行内元素。插入到网页中的常见媒体如下。

（1）Flash 动画

Flash 动画的扩展名是 .swf，它是一种高质量的矢量动画，它体积小、单画面逼真、音质优美。

在网页中也可插入由 FlashPaper 转换而成的 .swf 格式的文件。FlashPaper 是一款工具软件，能够将 .doc、.xls、.html、.txt、.jpg 等格式的文件转换为 .swf、.pdf 格式的文件。文件格式转换成 .swf 插入到网页中后，可以脱离文件原有的应用程序环境在浏览器中浏览。

Flash SWF 使用 <object> 标签插入到网页中，其内部代码比较复杂，一般使用自动生成的代码即可。

（2）Flash Video

Flash Video 即流媒体，该格式文件的扩展名是 .flv。FLV 是随着 Flash MX 的推出发展而来的一种视频格式。该格式的文件体积小、加载速度快、支持在线播放，清晰的 FLV 视频 1min 在 1MB 左右，一部电影大约 100MB，是普通视频文件体积的 1/3。再加上 CPU 占用率低、视频质量良好等特点使其在网络上盛行，目前网上的著名视频共享网站一般均采用 FLV 格式的文件提供视频。

Flash Video 使用 <object> 标签插入到网页中，其内部代码比较复杂，一般使用自动生成的代码即可。

（3）动画合成

动画合成是一种 HTML5 动画，文件扩展名是 .oam（实际上是 zip 格式文件）。HTML5 动画要包含诸多 html、js、css 以及图片等资源文件，不易交换和传播，通过 Adobe Edge Animate、Adobe Animate CC 等工具将其发布成 .oam 格式的文件，可以方便地集成在其他环境中，例如，网页、Adobe 的数字出版方案 DPS、Wordpress 等。

（4）HTML5 Audio

在网页中可直接播放音频文件，例如，背景音乐等。目前网页中常见的音频文件格式

有 .mp3、.wav、.ogg 等。典型的 HTML 代码如下。

```
<audio controls autoplay loop>
    <source src="loveyou.mp3" type="audio/mp3">
</audio>
```

（5）HTML5 Video

在网页中可直接播放视频文件，目前网页中常见的视频文件格式有 .mp4、.ogg、.webm 等。典型的 HTML 代码如下。

```
<video width="600" height="400" controls autoplay loop >
    <source src="demo.mp4" type="video/mp4">
</video>
```

要在浏览器中正常播放各种媒体，浏览器端必须安装与各个媒体相对应的播放器。例如，播放 Flash 动画可以使用 Flash Player，一些浏览器（如 IE 等）已内置了 Flash Player，播放 Flash 动画可使用 Flv Player，播放 mp4 可使用 Windows Media Player 等。

5．超链接

超链接（或称超级链接、链接）是互联网的魅力所在。通过单击网页中的超链接，浏览者就能在信息的海洋中尽情遨游。

（1）超链接的类型

根据链接所用对象的不同可将超链接划分为以下 3 种。

① 文本链接：用文本作为链接对象进行链接。

② 图像链接：用图像作为链接对象进行链接。

③ 图像映射（或图像地图）：用图像中的某块区域作为链接对象进行链接。

根据链接目标的不同可将超链接划分为以下 6 种。

① 网页链接：链接到一个网页。

② 非网页链接：链接到一个非网页文件，例如，图像文件、word 文件、rar 文件等。

③ 锚记链接：链接到同一网页或不同网页中指定的位置。

④ 电子邮件链接：链接到电子邮件发送界面。

⑤ 空链接：不链接到具体的目标。

⑥ 脚本链接：链接到脚本程序。

根据链接范围的不同可将超链接划分为以下 2 种。

① 内部链接：链接到同一站点内的文档。

② 外部链接：链接到不同站点内的文档（需包含协议，例如，http://、ftp:// 等）。

（2）文件路径

在互联网中，每个文件都有一个唯一的网址。然而，当创建内部链接时，一般不必指定被链接文件的完整 URL，可直接指定一个相对于当前文档的相对路径。

文件的路径可分为 3 种。

1）绝对路径。绝对路径是指文件的完整 URL（包含所使用的传输协议，例如，http://、ftp:// 等），创建外部链接时必须使用绝对路径。例如，http://www.163.com/page/car.html 是一个绝对路径。

2）文档相对路径。文档相对路径是指以当前文档所在位置为起点到被链接文件经由的路径，常用于内部链接中。例如，image/myphoto.gif、index.html、../fyjj.html 均是文档相对路径（"…"表示父文件夹）。

指定文档相对路径，其实质是省去了当前文档与被链接文件的绝对路径中相同的部分，只留下不同的部分。

3）根相对路径。根相对路径是指从站点根文件夹开始到被链接文件经由的路径，它以代表站点根文件夹的正斜杠开头。例如，/page/car.html 就是指站点根文件夹下 page 子文件夹中的 car.html 文件的根相对路径。当两个文件之间的路径关系比较复杂时可使用它，避免多个".."或子文件夹的使用，而对结构比较简单的 Web 站点，没有必要使用。

（3）超链接的 HTML 代码

链接是行内元素，链接标签是 <a>，典型的 HTML 代码如下。

`<a href="index.html" title=" 指向主页 "> 主页 </a>`

其中，href 属性用于设置链接文件的 URL，不限于网页文件，例如，help.doc、javascript:window.close();、http://www.163.com 均可。title 属性设置鼠标指向链接时鼠标旁的提示信息。

项目分析

本项目是在定义通用 CSS 规则的基础上，按照页头、页中、页脚、头部元素、背景音乐的顺序，在 Dweamweaver 设计视图中直接编排所包含的内容，包括通过"插入"面板插入 HTML 标签或内容、通过"属性"面板设置基本格式标签、通过"CSS 设计器"面板定义 CSS 规则，最后对 CSS 规则进行优化并分开存放到通用和专用外部样式表文件中，通用样式表文件可用于后续项目中的其他网页。其中页头、页中、页脚内容的编排包括：

1）在网站 Logo 和标志图片区中插入网站 Logo 图像、标志图片，采用 <h1>、<img>、<a>、<span> 标签编排内容。

2）在日期和导航菜单区中插入网页的保存日期和星期、导航菜单。而导航菜单包括首页、分院概况、教学管理、继续教育、支部工作、技术服务 6 个栏目，各个栏目的链接网页暂时设置为空，采用项目列表 <ul>、<li>、<a>、<strong> 标签编排内容。

3）欢迎条区显示欢迎词。

4）分院风采区插入由多幅图像组成的幻灯片，采用 <h2> 和第三方 .swf 动画文件实现。

5）教学服务区包括 3 个链接式图片，分别链接到顶岗实习平台、等考查询、教务系统，采用 <table>、<img>、<a> 标签编排内容。

6）兄弟分院链接区采用项目列表，包含多个分院文本链接，链接到对应的分院网址，均采用绝对路径，采用 <ul>、<li>、<a> 标签编排内容。

7）分院简介区只显示部分简介内容，而 more 图像链接到 xiBuGaiKuang /fyjj.html，采用 <h2>、<p>、<img>、<a> 标签编排内容。

8）新闻通知区为选项卡，包含 2 个选项卡"新闻"、"通知"，分别放置若干条信息标题和发布日期，其右下角的 more 图像分别链接到 newsmore1.asp 和 newsmore2.asp，采用

jQuery UI 框架的选项卡构件编排内容。

9）学生活动区水平显示若干学生活动图片和相应的描述性标题，采用 <ul>、<li>、<img>、<a>、<strong> 标签编排内容。

10）页脚包含副导航（设为首页、收藏本站、站长信箱、版权声明、注册、登录、留言等），以及分辨率要求、版权信息、联系方式等内容，采用 <ul>、<li>、<hr>、<a>、<address>、<strong> 标签编排内容。

项目实施

任务 1　通用 CSS 规则定义和页头内容编排

在 Dreamweaver 设计视图中打开上一项目所创建的网站主页 index.html。

1．通用 CSS 规则定义

由于主页中所有的标题 h2（例如，分院风采、分院简介等）的效果是类似的，因此定义 h2 元素选择器规则如下。

```
h2 {
    font-size: 1.1em;
    color: #FF0000;
    line-height: 30px; /* 因背景图像的高度是 30 px*/
}
```

给段落文本定义如下 p 元素选择器规则。

```
p {
    line-height: 1.3em;
    color: #000000;
}
```

为了去掉图像的默认边框、超链接的默认下划线效果，定义如下选择器规则。

```
img {
     border:0;
}
a{
     text-decoration:none;
}
```

为了去掉列表 ul 的列表项 li 的默认列表符号，定义如下 li 元素选择器规则。

```
li {
    list-style-type: none;
    list-style-position: outside;
}
```

【说明】

CSS规则列表属性用于设置列表元素的有关属性，各个属性在CSS属性"文本"类别中设置，如图 3-2所示。可设置的属性的含义如下。

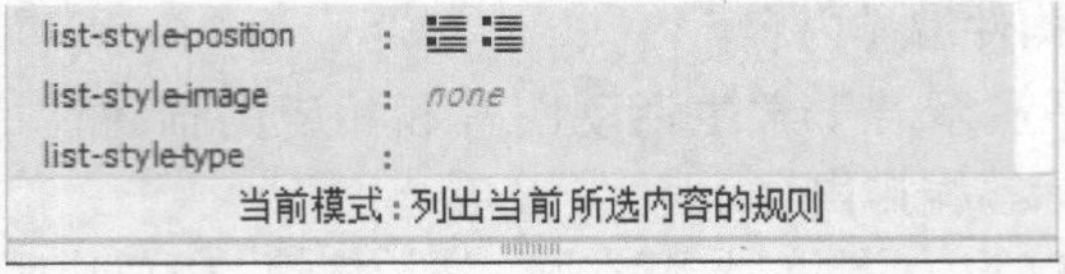

图 3-2　CSS 属性"文本"类别中的列表属性

1）list-style-type：设置列表项的标记样式，默认值disc。它只有在list-style-image属性的值未指定或为none或指定的值错误时才有效。它的取值如下。

①disc：实心的点。

②circle：空心的点。

③square：实心或空心的方块。

④decimal：从1开始的整数。

⑤lower-roman：小写罗马数字（i，ii，iii，……）。

⑥upper-roman：大写罗马数字（I，II，III，……）。

⑦lower-alpha：小写ASCII字母（a，b，c，……）。

⑧upper-alpha：大写ASCII字母（A，B，C，……）。

⑨none：不使用标记。

2）list-style-image：设置列表项的标记图像，默认值none。设置list-style-image属性会替代list-style-type属性，除非指定的值无效。但是，标记图像的显示方式和位置不能控制，因此，推荐设置li元素的背景图像。

3）list-style-position：设置列表项的标记位置，默认值outside。它的取值如下。

①inside：标记在li块框内，其后紧跟内容。

②outside：标记在li块框外。

列表属性的缩写属性为list-style，其3个子属性顺序任意，也可以省略部分子属性。例如：

```
li {list-style:none;}
li {list-style:inside url(image/arrow.gif)}
li {list-style:url(image/arrow.gif) outside square;}
```

2．页头内容编排

页头包含网站 Logo 和标志图片区、日期和导航菜单区、欢迎条区。

1）网站 Logo 和标志图片区。网站 Logo 和标志图片可以直接通过"插入"面板插入，而隐藏的网站名称需要进行特殊处理。

①插入网站名称。将光标定位于 div.logo 中，删除其中的默认内容后输入文字"信息技术学院"，然后选中文字，并在"属性"面板上的"格式"下拉列表框中选择"标题 1"，即设置为"标题 1"格式。

【说明】

①虽然图2-4中只有网站Logo而无网站名称，但是实际的HTML文档中应该包含网站名称，这样不仅利于搜索引擎搜索，而且当浏览器端不能显示图像时，浏览者也能知道所访问的是什么网站。而对于网页而言，网站名称可以看作是其顶级的标题，因此使用h1来放置网站名称是比较合适的选择。理论上讲，h1在HTML文档中只宜出现1次。

②要设置"标题1"格式，也可在选中文字后，单击"插入"面板"HTML"选项组中的"标题"下的"H1"按钮，或执行"插入"→"标题"→"标题1"命令。

③切换到代码视图可以看到，在body中自动生成的"标题1"的HTML代码。

`<h1> 信息技术学院 </h1>`

②插入网站 Logo。将光标定位于 div.logo 中的网站名称后，单击"插入"面板 HTML 选项组中的 Image 按钮，或执行"插入"→ Image 命令，弹出"选择图像源文件"对话框，如图 3-3 所示。

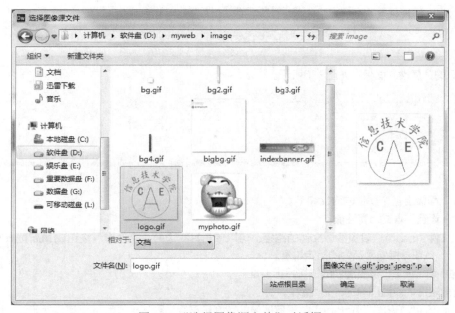

图 3-3 "选择图像源文件"对话框

选择网站 Logo 图像所在的文件夹和 Logo 图像文件后，在右边可预览到所选图像的效果，在"文件名"文本框中将会显示所选图像的文件名（也可以直接输入文件名），其他选项使用默认设置。

单击"确定"按钮，关闭"选择图像源文件"对话框，在 div.logo 中插入了网站 Logo 图像，如图 3-4 所示。再选中 Logo 图像，在"属性"面板上设置"链接"为 index.html，"目标"为"_self"，"替换"为"网站 Logo"，"标题"为 Logo。

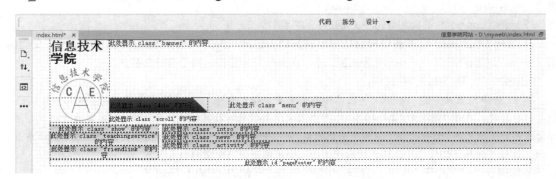

图 3-4 插入了网站名称和 Logo 的设计视图效果

【说明】

①在选择图像源文件时，如果所选的图像文件不在当前站点内，那么会弹出"文件复制询问"对话框，提示是否将文件复制到当前站点内，如图3-5所示。应该单击"是"按钮以便将所需文件复制到当前站点内的指定位置。

图 3-5 "文件复制询问"对话框

②图像的"属性"面板，如图3-6所示。

图 3-6 图像"属性"面板

"属性"面板上各个属性的含义如下。

a）ID：设置图像的id属性值。

b）源文件（src）：设置图像文件的路径。可以单击其右边的"文件夹"按钮 ▤ 重新选择文件，或单击"锚记"按钮 ◉ 指向网页中的指定位置。

c）链接（Link）：设置图像的链接目标网址。

d）圆角矩形：设置图像的class属性。

e）宽（width）和高（height）：设置图像的宽度和高度，默认单位为px，可以使用%。闭锁图标表示只要修改宽或高其中一个参数值就会自动按比例缩放另一参数值，开锁图标表示修改宽或高其中一个参数值不会影响另一参数值。单击闭锁或开锁图标会切换状态。

f）替换（alt）：设置显示在图像位置上的可选文字。当浏览器无法显示图像时显示这些文字。

g）标题（title）：设置鼠标停留在图像上方时鼠标旁的提示信息。

h）🔲 ⚙ ⬚ 🔲 ⬚ ◐ ⚠：分别为"编辑""编辑图像设置""从源文件更新""裁剪""重新取样""亮度和对比度""锐化"按钮，用来编辑当前图像。其中单击"编辑"按钮可启动Fireworks程序，并在弹出的"查找源"对话框中根据是否有对应的PNG文件选择"使用PNG"或"使用此文件"，修改完成后单击"完成"按钮返回Dreamweaver。

i）地图（map）：设置图像影射（地图）的名称。

j）目标（target）：设置链接目标显示的窗口，包括_blank（空白窗口）、_parent（父层窗口）、_self（当前窗口）、_top（顶层窗口）、new（特定窗口，需要自行命名）。

k）原始：设置图像的原始文件。

注意：如果设置的"宽"和"高"与图像的实际宽度和高度不符，在浏览器中图像可能不能正确显示（要恢复为原始值，单击"宽"或"高"标签）。可以改变这些值来缩放图像的显示大小，但不能减少下载时间，因为在缩放图像之前，浏览器要下载所有图像数据。调整Flash动画和PNG矢量图不会影响图像的显示质量，而调整位图（例如，GIF、JPEG格式的图像）的大小可能会使其变得粗糙或失真。

③切换到代码视图可以看到，在body中自动生成的图像的HTML代码如下。

```
<img src="image/logo.gif" alt=" 网站 Logo" width="120" height="120" title="Logo"/>
```

③定义 CSS 规则处理 <h1>。切换到代码视图可以看到，div.logo 中 h1 元素的 HTML 代码如下。

<h1> 信息技术学院 <a href="index.html" target="_parent"><img src="image/logo.gif" alt=" 网站 Logo" width="120" height="120" title="Logo"/></a></h1>

由于其中的网站名称是不需要在浏览器中显示出来的，因此，先将 h1 元素的行内内容"信息技术学院"用既没有特别语义又没有固有格式表现的元素 span 包裹起来。包裹后的 HTML 代码如下。

<h1><span> 信息技术学院 </span><a href="index.html" target="_parent"><img src="image/logo.gif" alt=" 网站 Logo" width="120" height="120" title="Logo"/></a></h1>

再定义如下选择器规则。

```
.logo h1 span {
    visibility: hidden;
}
```

此时，虽然在设计视图中仍然可以看到网站名称，但是在实时视图或浏览器中已经不再显示了，只是占用的空间仍然保留。浏览效果，如图 3-7 所示。

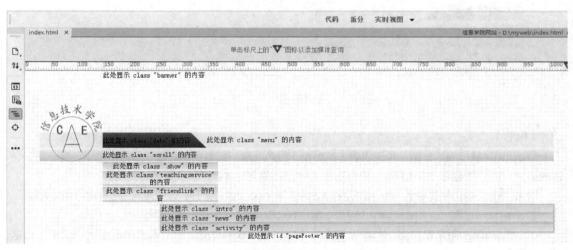

图 3-7 实时视图中的效果（1）

再将 h1 元素中的 span 元素与 <a> 元素对调位置，对调后 HTML 代码如下。

<h1><a href="index.html" target="_self"><img src="image/logo.gif" alt=" 网站 Logo" width="120" height="120" title="Logo"/></a><span> 信息技术学院 </span></h1>

此时，从实时视图效果中可以看到，网站名称占用的空间在 Logo 图像的下方，如图 3-8 所示。

再编辑 .logo 选择器规则，即增加 height 和 overflow 属性设置。

```
#pageHeader .logobanner .logo {
    width: 120px;
    float: left;
    height: 120px;
    overflow: hidden;
}
```

此时，实时视图效果，如图 3-9 所示。

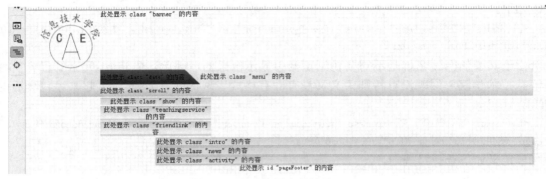

图 3-8　实时视图中的效果（2）

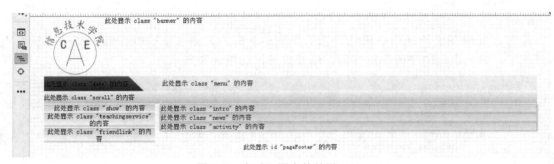

图 3-9　实时视图中的效果（3）

【说明】

①span常被作为"分割"用来包裹（或组合）行内元素，包裹后仍然是在原行内显示，它不具备特别的语义，也没有固定的格式表现，只有对它应用CSS规则时才会产生视觉上的变化。

因为Logo图像仍然要显示，所以必须将网站名称与Logo图像分割开，以便对网站名称进行单独处理。

②overflow（溢出）和visibility（可见）属性在CSS属性"布局"类别中。

overflow属性用来设置当一个块级元素的内容溢出元素的框时，是否裁剪掉多余的右边或下边区域，其取值如下。

a）visible（可见）：内容不被剪切，即它的内容可以在块框之外得到渲染。

b）hidden（隐藏）：内容被剪切，对于剪切区域之外的内容不提供滚动浏览。

c）scroll（滚动）：内容被剪切，并且无论内容是否溢出都会出现滚动条。

d）auto（自动）：取决于浏览器端，但是对于溢出的框应该提供一个滚动机制。

overflow属性是缩写属性，细分为overflow-x、overflow-y。

visibility属性用来设置元素的显示（visible）或隐藏（hidden），默认值visible。但元素隐藏后，其占用的空间仍然保留。

上述做法中，之所以要将span元素放到<a>元素的后面，是因为要针对div.logo利用"设置了宽和高的块级元素，当其中的内容超过宽和高决定的区域时，可使用overflow:hideen; 裁剪掉多余的右边或下边区域"的特性。为此，在.logo选择器规则中必须要设置width、height和overflow属性。

③display：在CSS属性"布局"类别中，用来设置元素是否显示或显示方式，典型的取值为none（不显示）、block、inline、list-item等。

④隐藏元素内容的方法通常有以下3种。

a）设置"text-indent:-9999 em;"：适用于块级元素内的首行内容。

b）设置"display:none;"：适用于所有元素，但隐藏的内容可能会被搜索引擎忽略。

c）设置"visibility: hidden;"：适用于所有元素，但隐藏的内容占用的空间仍然保留。

④ 插入标志图片并创建客户端图像地图。将光标定位于 div.banner 中，先删除其中的默认内容，再插入标志图片 indexbanner.gif，并设置宽为 860px，高保持不变，设置替换文本为"分院标志图片"。

创建客户端图像地图，即通过"属性"面板上的热点工具在图像 indexbanner.gif 上绘制2 个热点，并分别链接到学院主页（如 http://www.tzpc.edu.cn/）和网站主页 index.html，目标分别为 _blank、_self。

【说明】

① 图像地图是指已被划分为多个区域（称为热点）的图像，当浏览者单击某个热点时会发生某种动作，例如，打开一个新文件等。

客户端图像地图将超链接信息存储在HTML文档中，而不是像服务器端图像地图那样存储在单独的地图文件中。当浏览者单击图像上的热点时，相关URL被直接发送到服务器，这样使得客户端图像地图比服务器端图像地图反应速度快，因为服务器不必解释浏览者的单击位置。

② 在插入客户端图像地图时需要创建热点，并定义浏览者单击此热点时所打开的链接，创建热点的步骤如下。

a）在设计视图中选中图像。

b）在"属性"面板的"地图"文本框中为图像地图输入一个唯一名称，如图3-10所示。

图 3-10　图像地图的属性设置

c）执行下列操作之一。

■ 单击"圆形热点工具"按钮○后，用鼠标指针在图像上拖动创建圆形热点。

■ 单击"矩形热点工具"按钮□后，用鼠标指针在图像上拖动创建矩形热点。

■ 单击"多边形热点工具"按钮♡后，用鼠标指针在图像上各个选定点上单击定义不规则形状的热点，最后单击"指针热点工具"▶封闭此形状。

d）热点创建后出现热点"属性"面板，如图3-11所示。在"链接"文本框中输入链接文件的路径，在"目标"下拉列表框中选择一个窗口或输入窗口名称，在"替换"文本框中输入在纯文本浏览器或手动下载图像的浏览器中显示的替换文本。有些浏览器在浏览者将指针滑过热点时将此文本显示为工具提示。

图 3-11　热点"属性"面板

e）完成绘制图像地图后，在文档中的空白区域单击更改"属性"面板。

③对图像地图上热点进行操作的方法如下。

a）选择图像地图上的热点：使用"指针热点工具"单击热点（按住<Shift>键击要选择的其他热点可同时选择多个热点）。

b）移动图像地图上的热点：选择热点后直接将此热点拖动到新区域，或按方向键<↑>、<→>、<↓>、<←>将热点向选定方向一次移动1 px，按<Ctrl+↑>、<Ctrl+→>、<Ctrl+↓>、<Ctrl+←>组合键将热点向选定方向一次移动10 px。

c）调整热点大小：选择热点后拖动热点选择器手柄可更改热点的大小或形状。

2）日期和导航菜单区。日期可通过"插入"面板直接插入，导航菜单由各个菜单项组成，各个菜单项可设置成项目列表格式，并通过设置 li 左浮动制作成水平菜单。

① 插入日期。将光标定位于 div.date 中，先删除其中的默认内容，再单击"插入"面板 HTML 选项组中的"日期"按钮📅，或执行"插入"→ HTML →"日期"命令，弹出"插入日期"对话框，如图 3-12 所示。

图 3-12 "插入日期"对话框

在各个选项中选择所需格式，并选中"储存时自动更新"复选框。单击"确定"按钮，在网页中插入了当前日期和星期。

重新编辑 .date 选择器规则或再新建一个 .date 选择器规则，以增加 color 属性，使日期和星期显示成白色。现再新建一个 .date 选择器规则如下。

```
#pageHeader .nav .date {
    color: #FFFFFF;
}
```

【说明】

①选中"储存时自动更新"复选框是为了记录当前文档的最后更新日期和星期，否则只能记录插入时的日期和星期。如果需要根据浏览者访问的时间实时显示，则需要编写JavaScript脚本实现，这将在以后的内容中加以解决。

②切换到代码视图可以看到，在body中自动生成的日期和星期的代码如下。

`<!-- #BeginDate format:fCh2 -->2017 年 4 月 7 日 星期五 <!-- #EndDate -->`

③同一个选择器可多次定义，并按照层叠规则作用于对应的元素上。

② 插入导航菜单各菜单项。将光标定位于 nav.menu 中，先删除其中的默认内容，再依次输入各个菜单项的名称：首页、分院概况、教学管理、继续教育、支部工作、技术服务，并在每个名称后按 <Enter> 键。

再选中所有菜单项，单击"属性"面板上的"项目列表"按钮≣，或单击"插入"面板 HTML 选项组中的"项目列表"按钮ul，或执行"插入"→ HTML →"项目列表"命令，将各个菜单项设置成项目列表格式。

此时，在设计视图中的效果，如图 3-13 所示。

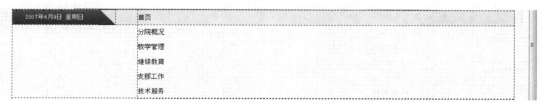

图 3-13　导航菜单的设计视图效果

【说明】

①切换到代码视图可以看到，在body中自动生成的HTML代码如下。

```
<ul>
    <li> 首页 </li>
    <li> 分院概况 </li>
    <li> 教学管理 </li>
    <li> 继续教育 </li>
    <li> 支部工作 </li>
    <li> 技术服务 </li>
</ul>
```

②要设置项目列表格式，也可先单击"属性"面板上的"项目列表"按钮 ，或单击"插入"面板 HTML选项组中的"项目列表"按钮ul，或执行"插入"→HTML→"项目列表"命令，再依次输入各个列表项的名称，并在每个名称后按<Enter>键。

③默认情况下，项目列表的每个列表项前有默认列表标记，由于在"通用CSS规则定义"内容中已经定义CSS规则去除了默认列表标记，所以此处不显示默认列表标记。

④设置列表项属性的方法是先将光标置于列表中的任意位置，然后单击"属性"面板上的"列表项目"按钮，并在弹出的"列表属性"对话框中进行设置，如图3-14所示。

各个选项的含义如下。

图 3-14　"列表属性"对话框

a）"列表类型"：重新设置列表类型。

b）"样式"：设置列表的样式。

c）"开始计数"：设置编号列表的开始计数值。

d）"新建样式"：设置当前光标位置开始的列表项所用的列表样式。

e）"重设计数"：设置当前光标位置开始的列表项的开始计数值。

⑤创建多级（即嵌套）列表的方法是先创建外层列表，再将光标置于列表中希望嵌套的列表项中（如果有多个列表项需要嵌套，应该选中这些列表项），然后单击"属性"面板上的"缩进"按钮（如果希望将嵌套的列表项提高级别，需先选中这些列表项，再单击"凸出"按钮）。

③给导航菜单各菜单项设置链接。通过"属性"面板分别给各个菜单项加上超链接，其中"首页"的"链接"（a 的 href 属性）为 index.html，"标题"（title 属性）为"首页"，"目标"（target 属性）为 _self。其余各菜单项的"链接"网址为 # 或 javascript:;，"标题"为相应菜单项名，"目标"为 _blank 或留空。

此时，在设计视图中的效果，如图3-15所示，图中链接文字均显示为蓝色。

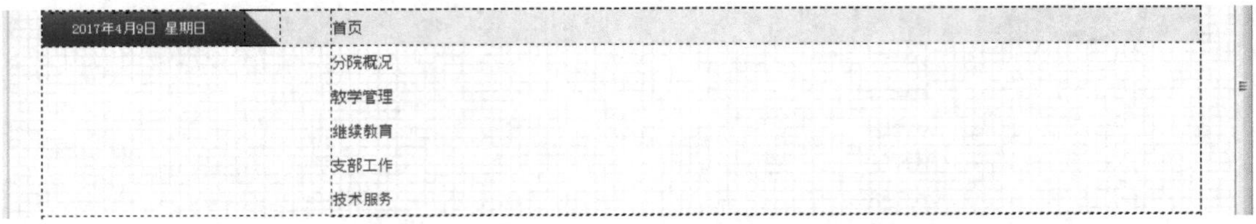

图 3-15　设置有超链接的导航菜单的设计视图效果

【说明】

①切换到代码视图可以看到，在body中自动生成的HTML代码如下。

```
<ul>
    <li><a href="index.html" title=" 首页 " target="_self"> 首页 </a></li>
    <li><a href="#" title=" 分院概况 " target="_blank"> 分院概况 </a></li>
    <li><a href="#" title=" 教学管理 " target="_blank"> 教学管理 </a></li>
    <li><a href="#" title=" 继续教育 " target="_blank "> 继续教育 </a></li>
    <li><a href="#" title=" 支部工作 " target="_blank"> 支部工作 </a></li>
    <li><a href="#" title=" 技术服务 " target="_blank"> 技术服务 </a></li>
</ul>
```

②代码中的"<a href="index.html" title="首页" target="_self">首页</a>"为超链接的HTML代码。target表示链接文档的载入位置，其取值如下。

a）_self：默认值，链接文档的载入位置为当前浏览器窗口或框架。

b）_blank：链接文档载入到新的未命名浏览器窗口。

c）_top：链接文档载入到整个浏览器窗口。

d）_parent：如果是嵌套的框架，则链接文档载入到父框架或浏览器窗口中，如果不是嵌套的框架，则等同于_top。

链接网址为#表示空链接。当在网页中放置链接文本时，如果链接文件还没有创建，那么可暂时给其添加空链接（#或javascript:;），在文件创建后再更改。#与javascript:;的区别如下。

a）#：当浏览者单击链接文本时将会跳转到当前页面顶部。

b）javascript:;：当浏览者单击链接文本时，不会发生任何跳转。

④定义 CSS 规则处理项目列表和链接。在设计视图下，将光标定位于任一菜单项中，先后通过文档编辑窗口状态栏的标签选择器选中 li、a，再通过"CSS 设计器"面板定义如下 CSS 规则。

```
.menu ul li {
    float: left;
    padding-left: 2.5em;
    padding-right: 2.5em;
}
.menu ul li a {
    color: #FF0000;
}
.menu ul li a:hover {
    text-decoration: underline;
}
```

此时，在设计视图中的效果，如图 3-16 所示。当鼠标移到某一菜单项上时显示出下画线。

图 3-16　导航菜单的设计视图效果

【说明】

① 通过文档编辑窗口状态栏的标签选择器或DOM面板可以选择当前元素或其父元素、祖先元素。

② 使多个列表项水平排列的方法是定义float:left（左浮动）、display:inline（转化为行内元素）或 display:inline-block（转换成行内块元素）等CSS属性，但定义display:inline-block后在设计视图中看不出任何效果。

③ 通过"CSS设计器"面板添加的包含选择器只包含距离当前元素最近的最多3个选择器，可根据需要在代码视图中添加更多选择器，例如，".menu ul li a"中的.menu就是在代码视图中添加上去的，以限定相应CSS规则的适用范围。

⑤ 设置菜单项文本"首页"的强调显示效果。在设计视图中，选择导航菜单的菜单项文本"首页"，在其对应的"属性"面板上单击 **B** 按钮使其以重点强调效果（表现为加粗形式）显示，如图 3-17 所示。

图 3-17　导航栏菜单项文本"首页"的属性设置

【说明】

B 和 *I* 按钮分别用来设置重点强调和强调效果，一般以加粗和倾斜形式表现，其对应的标签分别为 <strong> 和 <em>，但可通过定义CSS规则修改其默认表现。

3）欢迎条区。欢迎条中的内容比较简单，即一行欢迎词。

将光标定位于div.scroll中，先删除其中的默认内容，再输入"欢迎光临信息技术学院！"。其滚动效果的制作方法在后面章节中讲解。

编辑 .scroll 选择器规则，增加 "clear:left;" 声明，增加声明后的 CSS 规则如下。

```
#pageHeader .scroll {
    height: 25px;
    margin-top: 1px;
    clear: left;
}
```

或者

```
#pageHeader .scroll {
    font-size: 0.9em;
    line-height: 25px;
    background-image: -webkit-linear-gradient(270deg,rgba(255,255,0,1.00) 0%,rgba(255,153,0,0.6) 100%);
    background-image: -moz-linear-gradient(270deg,rgba(255,255,0,1.00) 0%,rgba(255,153,0,0.6) 100%);
    background-image: -o-linear-gradient(270deg,rgba(255,255,0,1.00) 0%,rgba(255,153,0,0.6) 100%);
```

```
background-image: linear-gradient(180deg,rgba(255,255,0,1.00) 0%,rgba(255,153,0,0.6
) 100%);
clear: left;
}
```

【说明】

如果前一个元素的浮动属性（可能）对当前元素的布局产生影响，那么需借助于clear属性清除。上述规则中之所以使用"clear: left;"是因为前一个元素的浮动属性（即导航菜单的li元素定义了float属性）对当前元素产生了负面影响：当在浏览器中放大文字字号浏览时，"欢迎光临信息技术学院！"的左边有浮动元素显示，如图3-18所示。

图3-18 文字字号放大后的浏览效果

任务 2 页中内容编排

页中包含左列的分院风采区、教学服务区、兄弟分院链接区，以及右列的 3 块主要内容区即分院简介区、新闻通知区、学生活动区。

1. 分院风采区

分院风采区包含标题和幻灯片。标题采用"标题 2"格式，幻灯片可根据实训素材中提供的初始 Flash 动画文件 pixviewer.swf 和多幅图像制作完成。

1）插入标题。将光标定位于div.show 中，先删除其中的默认内容，再输入"分院风采"，并通过"属性"面板设置成"标题 2"格式。

2）插入幻灯片。先准备好6幅 JPEG 格式的图像，并放入当前站点中的 image 子文件夹中。

将光标定位于标题"分院风采"的下方，再单击"插入"面板 HTML 选项组中的 Flash SWF 按钮，或执行"插入"→ HTML → Flash SWF 命令，在弹出的"选择 SWF"对话框中选择制作幻灯片用的初始 Flash 动画文件 pixviewer.swf（复制到站点中的 image 子文件夹中），弹出"对象标签辅助功能属性"对话框，如图 3-19 所示。然后在弹出的对话框的"标题"文本框中输入"幻灯片式动画"。

单击"确定"按钮，在网页中插入了初始 Flash 动画。再通过"属性"面板设置动画的"宽"为"210"，"高"为"150"（高度值包含了图像说明性标题的高度在内），背景为"#66FFFF"，并单击"参数"按钮在弹出的对话框中添加参数 FlashVars，其值类似于如下形式。

图3-19 "对象标签辅助功能属性"对话框

pics=1.jpg|2.jpg|3.jpg|4.jpg|5.jpg|6.jpg&links=1.html|2.html|3.html|4.html|5.html|6.html&texts= 标题 1|标题 2|标题 3| 标题 4| 标题 5| 标题 6&borderwidth=210&borderheight=130&textheight=20

其中，pics 参数的值是组成幻灯片的各个图像的路径，要包含所在的子文件夹，例如，image\show1.jpg 等，各个路径间以"|"分隔开。links 参数的值是各个图像所链接文档的路径，若无链接文档可用＃代替。texts 参数的值是各个图像的说明性标题。borderwidth 和 borderheight 参数的值分别是幻灯片中图像的显示宽度和高度，textheight 是图像说明性标题区域的高度。

保存网页，此时弹出"复制相关文件"对话框，如图 3-20 所示，单击"确定"按钮后自动将相关文件复制到站点内，并自动创建了 Scripts 子文件夹。

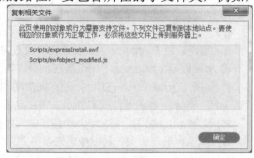

图 3-20 "复制相关文件"对话框

【说明】

① 要在当前元素的下方插入另一个元素，通常要先选中当前元素（即先将光标置于该元素内任一位置，再通过状态栏的标签选择器选择当前元素对应的标签），再按方向键<↓>键将光标移到当前元素的下方，然后才能插入另一个元素。如果要在代码视图中插入，则只要直接将光标置于当前元素的结束标签右侧，再插入另一元素就可以了。

② 插入Flash动画后，由于在文档编辑状态下无法直接显示Flash动画，所以在插入位置只显示一个灰色的Flash对象占位符，并在其左上角显示Flash标识和眼睛图标，单击"睁开的眼睛"图标可以编辑动画不能播放时的替代内容，而单击"闭上的眼睛"图标又可以隐藏替代内容，如图3-21所示。

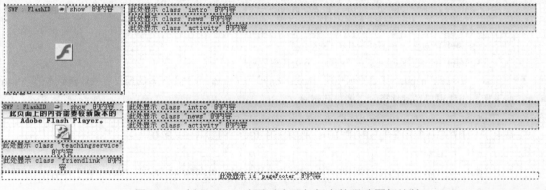

图 3-21 插入 Flash 动画后睁开与闭上的眼睛图标比较

③ Flash动画的"属性"面板，如图3-22所示。

图 3-22 Flash 动画"属性"面板

"属性"面板上各个属性的含义如下。

a）SWF：设置id属性。

b）宽（width）和高（height）：设置宽度和高度，单位为px（无须输入），可以使用%。

c）文件（movie）：设置Flash动画文件路径。

d）源文件（source）：设置Flash动画源文件路径。

e）背景颜色（bgcolor）：设置Flash动画区域的背景颜色。

f）class（类）：设置class属性。

g）"编辑"按钮：单击此按钮后打开Flash软件对动画进行修改。

h）垂直边距（vspace）：设置在垂直方向上与其他元素之间的间距。

i）水平边距（hspace）：设置在水平方向上与其他元素之间的间距。

j）品质（quality）：在Flash动画播放期间控制抗失真。设置越高，Flash动画的观看效果就越好。"低品质"表示更看重速度而非外观，"高品质"表示更看重外观而非速度。

k）比例（scale）：指Flash动画缩放后是否保持原来的宽高比，其取值如下。

■ 默认：显示全部，若缩放后未保持原来的宽高比，则边界的部分区域将显示出背景颜色。

■ 无边框：按实际的宽和高缩放，且不显示边框。

■ 严格匹配：按实际的宽和高缩放。

l）对齐（align）：设置与行内其他元素的对齐方式，建议使用CSS规则中的vertical-align属性设置。

m）wmode：设置背景透明状态。

n）"参数"按钮：设置可选参数。

o）自动播放、循环复选框：设置是否自动或循环播放。

在上述属性中，align、hspace、vspace已被HTML5废弃，建议用CSS替代。

④切换到代码视图可以看到，在body中自动生成的Flash动画的HTML代码如下。

```
<object classid="clsid:D27CDB6E-AE6D-11cf-96B8-444553540000" width="210" height="150" id="FlashID" title="幻灯片式动画">
        <param name="movie" value="image/pixviewer.swf" />
        <param name="quality" value="high" />
        <param name="wmode" value="opaque" />
        <param name="swfversion" value="6.0.65.0" />
        <!-- 此 param 标签提示使用 Flash Player 6.0 r65 和更高版本的用户下载最新版本的 Flash Player。如果您不想让用户看到该提示，请将其删除。 -->
        <param name="expressinstall" value="Scripts/expressInstall.swf" />
    <!-- 下一个对象标签用于非 IE 浏览器。所以使用 IECC 将其从 IE 隐藏。 -->
        <!--[if !IE]>-->
        <object data="image/pixviewer.swf" type="application/x-shockwave-flash" width="210" height="150">
        <!--<![endif]-->
        <param name="quality" value="high" />
        <param name="wmode" value="opaque" />
        <param name="swfversion" value="6.0.65.0" />
        <param name="expressinstall" value="Scripts/expressInstall.swf" />
    <!-- 浏览器将以下替代内容显示给使用 Flash Player 6.0 和更低版本的用户。 -->
        <div>
            <h4> 此页面上的内容需要较新版本的 Adobe Flash Player。</h4>
            <p><a href="http://www.adobe.com/go/getflashplayer"><img src="http://www.adobe.com/images/shared/download_buttons/get_flash_player.gif" alt="获取 Adobe Flash Player" /></a></p>
        </div>
        <!--[if !IE]>-->
```

```
        </object>
        <!--<![endif]-->
    </object>
```

⑤在代码视图中，还可以看到在头部head中自动添加了如下代码。

`<script src="Scripts/swfobject_modified.js"></script>`

在body的最后自动添加了如下代码。

`<script type="text/javascript">swfobject.registerObject("FlashID");</script>`

它们用于调用自动复制的相关文件中的代码。

同时，从设计视图中可以看到，在文档选项卡标题的下面包含一行内容，显示与当前文档相关的文件名称，如图3-23所示。

图3-23　文档选项卡上显示相关文件名称

3）定义如下CSS规则处理标题和幻灯片。

```
#main h2{                              /* 页中所有的 h2 效果相同 */
    text-shadow:1px  1px  2px #FF6600;   /* 参数表示水平阴影、垂直阴影、模糊距离、阴影颜色 */
}
    .leftside h2{           /* 标题"教学服务"和"兄弟分院"也需要同样的效果 */
        letter-spacing: 1em;
        text-indent: 1em;        /* 因为添加字母间隔时是在每个字母的右边添加的 */
}
    .leftside .show #FlashID {/* 初始动画的 id 为 FlashID/
    margin-top: 2px;  }
```

此时，在浏览器中幻灯片的预览效果，如图3-24所示。

图3-24　幻灯片的预览效果

【说明】

由于div.leftside中三个区的标题效果均相同，所以统一定义了包含选择器.leftside .show h2，即在通过标签选择器选中"分院风采"标题并在"CSS设计器"面板上添加选择器时将自动生成的包含选择器.leftside .show h2修改为.leftside h2。

2. 教学服务区

教学服务区包含3幅链接式图片，可采用列表或表格方式编排图片。此处采用后者。

1）插入标题。将光标定位于div.techingservice中，先删除其中的默认内容，再输入"教学服务"，并通过"属性"面板设置成"标题2"格式。

2）插入表格 Table。将光标定位于标题"教学服务"下方，单击"插入"面板 HTML 选项组的 Table 按钮▦，或执行"插入"→ Table 命令，弹出 Table 对话框进行设置，如图 3-25 所示。单击"确定"按钮，在当前位置插入了 3×1 的表格。此时，设计视图中的效果，如图 3-26 所示。

图 3-25　Table 对话框　　　　　　图 3-26　插入了表格的教学服务区设计视图效果

【说明】

① 表格主要用于分类或罗列数据，也可用于简单的排版。

② 切换到代码视图可以看到，在body中自动生成的表格的HTML代码如下。

```
<table width="100%" border="0" cellspacing="0" cellpadding="0" summary=" 用表格排版链接式图片 ">
    <caption> 链接式图片 </caption>
    <tbody>
        <tr>
        <td> </td>
        </tr>
        <tr>
        <td> </td>
        </tr>
        <tr>
        <td> </td>
        </tr>
    </tbody>
</table>
```

从中可以看到，表格标签是<table>，表格行标签是<tr>，表格单元格标签是<td>，表格标题标签是<caption>，表格主体内容标签是<tbody>，还可以自行添加表格头部标签<thead>、表格脚部标签<tfoot>。一般而言，表格的行数与配对的<tr>与</tr>个数相当，每行的单元格数与配对的<td>与</td>个数相当。

单元格又分为标题单元格和标准单元格。标题单元格标签是<th>，其中的内容通常以加粗形式表现，普通单元格就是<td>。

表格标题显示在表格上方的中央位置。summary属性表示表格摘要，它在浏览器中不会显示出来。

③表格插入后，可通过"属性"面板进行修改，如图3-27所示。

图3-27 表格"属性"面板

表格"属性"面板上部分属性的含义如下。

a）cellpadding：即单元格内边距，它用来设置单元格中内容外框与单元格边框之间的距离。

b）cellspacing：设置单元格与单元格之间的距离。

c）border：设置表格的外边缘宽度。

d）align：设置表格的水平对齐方式。在HTML5中，该属性不被支持。

e）⦿、Iↄ按钮：单击按钮后可删除表格中所有明确指定的列宽或行高属性，这样单元格就可以根据其中的内容自动调整到最合适的宽度或高度。

f）⦿、⦿按钮：单击按钮后可将表格的宽度单位转换成px或%。

g）原始档（FW）：设置生成当前表格的Fireworks文件路径。如果当前表格不是通过Fireworks生成，则文本框留空。

当光标定位于某个单元格中或选中一行或多行后，"属性"面板会显示当前单元格或选中行的属性，如图3-28所示。

图3-28 单元格和行"属性"面板

从单元格和行的"属性"面板上可以看到，除了左下角的标注不同外，其余完全一样。其实，指定的各个属性都是附加在单元格上的。"属性"面板的上半部分与页面中普通文本所用的"属性"面板完全相同，下半部分各个属性的含义如下。

a）⦿、⦿按钮：分别用来合并、拆分单元格。

b）水平（align）：设置单元格中内容的水平对齐方式。

c）垂直（valign）：设置单元格中内容的垂直对齐方式。

d）宽（width）：设置单元格的宽度。

e）高（height）：设置单元格的高度。

f）不换行（nowrap）：设置单元格中内容在超过单元格宽度时是否自动换行。

g）背景颜色（bgcolor）：设置单元格的背景颜色。

h）标题：将单元格设置为标题单元格（标签为<th>），即其中内容以加粗形式表现。

④表格、行、单元格的各个属性并不被HTML5支持，建议使用CSS实现类似的表现。

3）插入图片。在表格各行的单元格中依次插入 3 幅图片，通过"属性"面板调整图片宽度和高度，并分别链接到顶岗实习平台、等考查询、教务系统，或留空，"目标"均为 _blank。

4）定义如下 CSS 规则处理表格标题和图片。

```
.teachingservice table caption {
    display: none;     /* 隐藏标题的显示 */
}
tbody tr td {
    text-align: center;
    height: 40px;
    vertical-align: middle; /* 设置单元格内内容的垂直对齐 */
}
```

此时，教学服务区在设计视图中的效果，如图 3-29 所示。

教学服务区实时视图效果，如图 3-30 所示。

图 3-29　教学服务区设计视图效果　　　图 3-30　教学服务区实时视图效果

3．兄弟分院链接区

兄弟分院链接区包含标题和各个分院名链接。标题采用"标题 2"格式，各个分院名可设置成项目列表格式，并通过设置 li 左浮动且宽度为 33.3% 使每行只显示 3 个分院名。

1）插入标题。将光标定位于 div.friendlink 中，先删除其中的默认内容，再输入"兄弟分院"，并通过"属性"面板设置成"标题 2"格式。

2）插入项目列表。将光标定位于标题"兄弟分院"的下方，依次输入各个兄弟分院的名称，并设置成项目列表格式。

此时，兄弟分院区在设计视图中的效果，如图 3-31 所示。

图 3-31　兄弟分院区的设计视图效果（1）

3）创建超链接。给各个分院名加上超链接，分别链接到分院网址，且目标均为 _blank。

4）定义如下 CSS 规则处理项目列表。

```
.friendlink li a {
    color: #000000;
}
```

```
.friendlink ul li {
    float: left;
    width: 33.3%;
    line-height: 2em;
}
```

此时，兄弟分院区在设计视图中的效果，如图 3-32 所示。

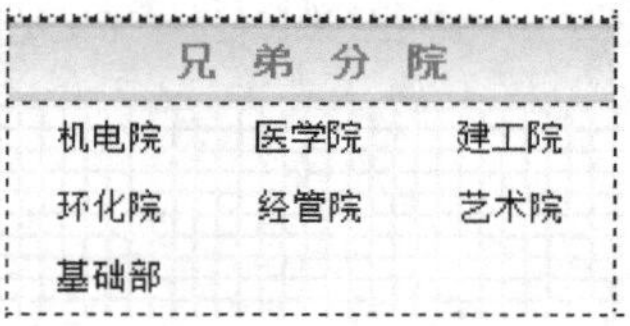

图 3-32　兄弟分院区的设计视图效果（2）

4．分院简介区

分院简介区包含标题、分院简介内容、"更多 …"链接。标题采用"标题 2"格式并设置背景图像，分院简介内容是一段文字，"更多 …"链接可用图像链接实现并放置在分院简介区右下方。

1）插入标题。将光标定位于 div.intro 中，先删除其中的默认内容，再输入"分院简介"，并通过"属性"面板设置成"标题 2"格式。

2）插入分院简介具体内容。在标题"分院简介"下方输入具体内容，并通过"属性"面板设置成"段落"格式。

3）插入"更多 …"链接。在分院简介具体内容的最后按 <Enter> 键以便开始新的段落，再插入图像 more.gif，同时将图像链接到 xiBuGaiKuang/fyjj.html，目标为 _blank。

此时，分院简介区在设计视图中的效果，如图 3-33 所示。

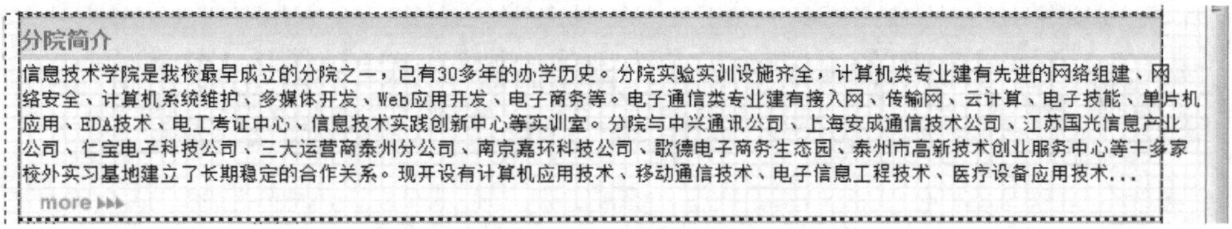

图 3-33　分院简介区的设计视图效果（1）

【说明】

键盘上的<Enter>键称"硬回车"，用于开始新的段落，通常浏览器会在两个相邻的段落间插入一些垂直间距；<Shift+Enter>组合键称"软回车"或"换行符"，指段内分行，即简单地开始新的一行，标签为"
"；<wbr>标签是"软换行"，表示当浏览器窗口或父级元素足够宽（没必要换行）时则不换行，而宽度不够时主动在此换行。

插入"软回车"也可单击"插入"面板HTML选项组中的"字符：换行符"按钮↵实现。

4）定义如下 CSS 规则处理分院简介区。

```
.rightcontent .intro h2 {
    background-image: url(image/bigbg.gif);
    background-repeat: no-repeat;
```

```
    background-position: 0px -50px;
    letter-spacing: 0.5em;
    padding-left: 2em;
}
```

切换到代码视图，分别给分院简介具体内容和"更多…"链接所在的标签 <p> 增加 class 属性"class="detail""class="more""，并定义如下类选择器规则。

```
.rightcontent .intro .detail {
    font-size:0.9em;
    text-indent: 2em;
    padding: 0.5em;
}
.rightcontent .intro .more {
    text-align: right;
    margin-bottom: 0.2em;
}
```

此时，分院简介区在设计视图中的效果，如图 3-34 所示。

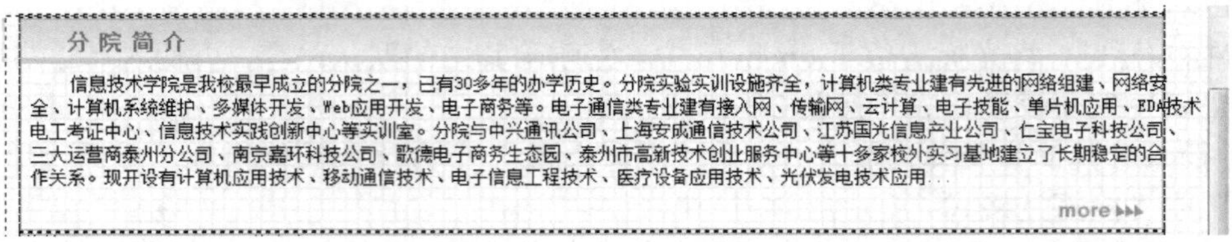

图 3-34　分院简介区的设计视图效果（2）

分院简介区在实时视图中的效果，如图 3-35 所示。

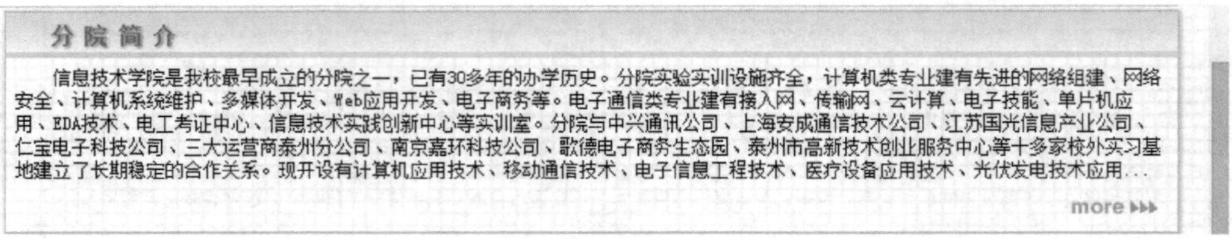

图 3-35　分院简介区的实时视图效果

【说明】

①在.rightcontent .intro h2选择器规则中使用坐标值设置了背景图像位置"background-position: 0px -50px;"，这是因为标题"分院简介"的背景图像位于bigbg.gif中，其坐标为（0，50）。具体使用方法参见"项目2→项目实施→任务2页面布局细化→2. 细化页头header#pageHeader中的3个div→（2）日期和导航菜单区div.nav的细化"中的有关背景图像属性的说明。

②默认情况下，带有超链接的图像会显示蓝色边框，可定义CSS规则去除。

5. 新闻通知区

新闻通知区插入的是选项卡面板，可通过 jQuery UI 框架中的选项卡构件实现。

1）插入选项卡构件。将光标定位于div.news 中，先删除其中的默认内容，再单击"插入"面板 jQuery UI 选项组中的 Tabs 按钮，或执行"插入"→ jQuery UI → Tabs 命令，就可在网页中插入选项卡构件，如图 3-36 所示。

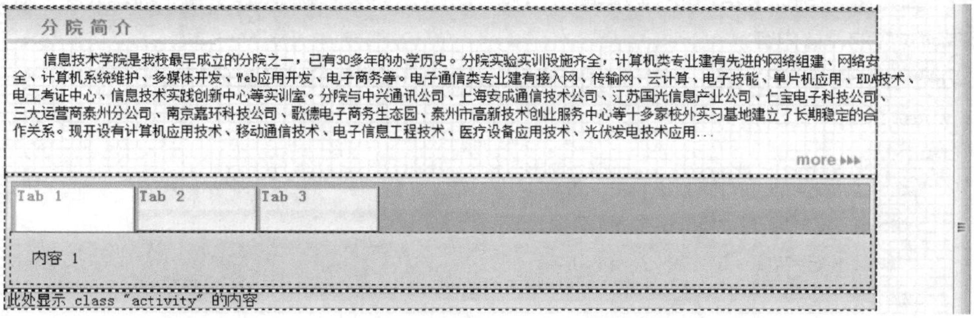

图 3-36　插入了 jQuery UI 选项卡构件的效果图

保存当前文档后，则会弹出"复制相关文件"对话框，如图 3-37 所示。单击"确定"按钮，自动将相关文件复制到当前站点内自动创建的 **jQueryAssets** 子文件夹中。

图 3-37　"复制相关文件"对话框

【说明】

①jQuery UI框架是建立在jQuery JavaScript库上的一组用户界面交互、特效、构件（Widget）、主题等。无论是创建高度交互的Web应用程序还是仅仅向页面添加一个日期选择器等，jQuery UI都是一个完美的选择。jQuery UI包含了许多维持状态的构件，因此，它与典型的jQuery插件使用模式略有不同，所有的jQuery UI构件使用相同的模式。

jQuery UI构件包括选项卡、可折叠区块、日期输入器、进度条、对话框、自动完成文本框、滑块、按钮组、单选按钮组、复选框按钮组等。构件是一个页面元素，通过启用用户交互来提供更丰富的用户体验，它由以下3部分组成。

a）构件结构：用来定义构件组成的HTML代码块。

b）构件样式：用来指定构件外观的CSS规则。

c）构件行为：用来控制构件如何响应用户事件的jQuery，例如，显示或隐藏构件内容，更改构件外观，与构件交互等。

每个构件都与唯一的用来设置构件外观的CSS文件和赋予构件功能的jQuery文件相关联。当在已保存的文档中插入构件时，Dreamweaver会在当前站点中创建一个jQueryAssets子文件夹，并将相应的jQuery、CSS、图像文件保存到其中，同时自动将这些文件链接到所在的HTML文档。

jQuery UI框架主要面向专业网页设计制作人员或高级非专业网页设计制作人员。它不应当用作企业级网站开发的完整Web应用框架（尽管它可以与其他企业级页面一起使用）。

② 选项卡构件从表现形式上看由多个选项卡面板组成，每个面板包括导航菜单项文本和内容面板；从HTML代码上看由选项卡头和多个内容面板组成，选项卡头放置导航菜单，每个内容面板放置与各个导航菜单项对应的具体内容。

③ 切换到代码视图可以看到，在body中自动生成的选项卡构件的HTML代码如下。

```
<div id="Tabs1">
    <ul>
      <li><a href="#tabs-1">Tab 1</a></li>
      <li><a href="#tabs-2">Tab 2</a></li>
      <li><a href="#tabs-3">Tab 3</a></li>
    </ul>
    <div id="tabs-1">
      <p>内容 1</p>
    </div>
    <div id="tabs-2">
      <p>内容 2</p>
    </div>
    <div id="tabs-3">
      <p>内容 3</p>
    </div>
  </div>
```

其中，导航菜单采用项目列表格式组织，而每个内容面板均为一个div元素。同时，在头部head中增加了如下代码。

```
<link href="jQueryAssets/jquery.ui.core.min.css" rel="stylesheet" type="text/css">
<link href="jQueryAssets/jquery.ui.theme.min.css" rel="stylesheet" type="text/css">
<link href="jQueryAssets/jquery.ui.tabs.min.css" rel="stylesheet" type="text/css">
<script src="jQueryAssets/jquery-1.11.1.min.js"></script>
<script src="jQueryAssets/jquery.ui-1.10.4.tabs.min.js"></script>
```

而在body的script元素中也增加了如下代码。

```
$(function() {
    $( "#Tabs1" ).tabs();
});
```

2）编辑选项卡构件。将鼠标指针停留在选项卡构件上，待出现蓝色轮廓后，单击构件左上角的标志，"属性"面板上出现选项卡构件设置选项，如图3-38所示。

选择"面板"选项组中的"Tab3"并单击按钮"➖"以删除"Tab3"选项卡面板，并设置"活动面板"为"0"（即"Tab1"），其余选项根据需要设置。再在文档编辑区中依次选择各个选项卡面板的导航菜单项文本并将默认内容"Tab1""Tab2"分别更改为"分院新闻""分院通知"。

在标题"分院新闻"上单击鼠标（如果其右边出现眼睛图标，则单击眼睛图标），在出现的内容面板上先删除默认内容，再以项目列表格式输入6条新闻的标题和发布日期，各个新闻标题的链接网址均为javascript:;，目标均为 _blank。然后，将光标定位于项目列表下方，通过"属性"面板设置"段落"格式，并在该段落中插入图像 more.gif，同时链接到newsmore1.asp，目标为 _blank。

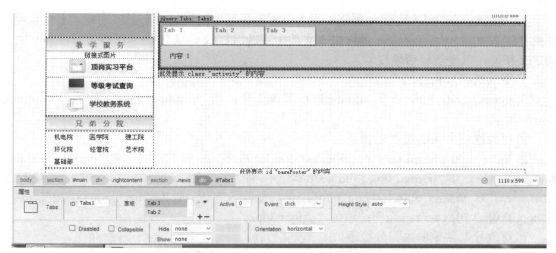

图3-38　jQuery UI 选项卡构件的蓝色轮廓和"属性"面板

"分院通知"选项卡目标的处理方法与"分院新闻"类似。

此时，在设计视图中的效果，如图3-39所示。

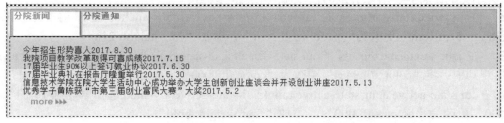

图3-39　添加了内容的选项卡构件的设计视图效果

【说明】

选项卡构件的"属性"面板，如图3-40所示，各个属性的含义如下。

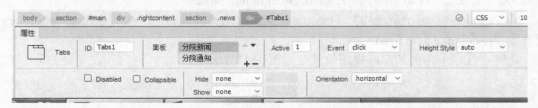

图3-40　选项卡构件的"属性"面板

①面板：显示、添加、删除、排列各个选项卡面板。

②Active：设置初始显示的活动面板的序号。

③Event：设置选中某一面板的事件，包括click、mouseover。

④Height Style：设置各个内容面板中内容高度不同时，内容面板的高度风格是用空白填充高度低的内容面板（fill）还是保留原样（content、auto）。

⑤Disabled和Collapsible：是否禁用选项卡和折叠面板。

⑥Hide和Show：用于将面板的隐藏和显示制成动画的效果。

⑦Orientation：设置选项卡是水平方向还是垂直方向。

3）更改选项卡构件的 CSS 规则。在"CSS 设计器"面板的"全部"选项卡上或直接在外部样式表文件中进行更改。在样式表文件中更改时建议对原有 CSS 属性进行注释，再重新定义新值，以便于日后恢复。

①更改选项卡构件的内边距。

在 jquery.ui.tabs.min.css 的 .ui-tabs 选择器规则中：将"padding:.2em"更改为"padding: 0em"。

②更改选项卡头的边框、背景。

在 jquery.ui.theme.min.css 的 .ui-widget-header 选择器规则中：将"border: 1px solid #e78f08"更改为"border: 0px solid #e78f08"；将"background: #f6a828 url("images/ui-bg_gloss-wave_35_f6a828_500x100.png") 50% 50% repeat-x"更改为"background: url(../image/bigbg.gif) 0px -50px no-repeat"；添加"height:30px;"。

③更改导航菜单的内、外边距。

a）在 jquery.ui.tabs.min.css 的 .ui-tabs .ui-tabs-nav 选择器规则中：将"padding: .2em .2em 0"更改为"padding: 0"。

b）在 .ui-tabs .ui-tabs-nav li 选择器规则中：将"margin: 1px .2em 0 0"更改为"margin: 0"。

④更改导航菜单项锚记链接的内边距、行高、颜色。

a）在 jquery.ui.tabs.min.css 的 .ui-tabs .ui-tabs-nav .ui-tabs-anchor 选择器规则中：将"padding: .5em 1em"更改为"padding: 0 1em"；添加"line-height: 25px"。

b）在 jquery.ui.theme.min.css 的 .ui-state-default a,.ui-state-default a:link,.ui-state-default a:visited 选择器规则中：将"color: #1c94c4"更改为"color: #ff0000"；添加"font-weight: normal"。

c）在 .ui-state-active a,.ui-state-active a:link,.ui-state-active a:visited 选择器规则中：将"color: # eb8f00"更改为"color: #ff0000"，添加"font-weight: bold"。

⑤更改内容面板的边框、背景、内边距。

a）在 jquery.ui.theme.min.css 的 .ui-widget-content 选择器规则中：将"border:1px solid #ddd; background: #eee url("images/ui-bg_highlight-soft_100_eeeeee_1x100.png") 50% top repeat-x;"更改为"border:0px solid #ddd; background: none;"。

b）在 jquery.ui.tabs.min.css 的 .ui-tabs .ui-tabs-panel 选择器规则中：将"padding: 1em 1.4em"更改为"padding: 0.5em 0.4em"。

此时，选项卡构件的实时视图效果，如图 3-41 所示。

图 3-41 选项卡构件的实时视图效果（1）

【说明】

选项卡构件CSS规则的主要选择器的功能，见表3-2。

表 3-2　选项卡构件 CSS 规则的主要选择器的功能

选择器名	功能
.ui-widget	选择选项卡构件
.ui-widget .ui-widget	选择嵌套的选项卡构件
.ui-widget-content	选择内容面板
.ui-widget-header	选择选项卡头
.ui-state-default,.ui-widget-content .ui-state-default, .ui-widget-header .ui-state-default	选择内容面板或选项卡头的默认状态
.ui-state-active,.ui-widget-content .ui-state-active, .ui-widget-header .ui-state-active	选择内容面板或选项卡头的活动状态
.ui-state-highlight,.ui-widget-content .ui-state-highlight, .ui-widget-header .ui-state-highlight	选择内容面板或选项卡头的高亮状态（即鼠标位于其上时）
.ui-state-disabled,.ui-widget-content .ui-state-disabled, .ui-widget-header .ui-state-disabled	选择处于禁用状态的内容面板或选项卡头
.ui-tabs	选择选项卡构件
.ui-tabs .ui-tabs-nav	选择导航菜单
.ui-tabs .ui-tabs-nav li	选择导航菜单列表项
.ui-tabs .ui-tabs-nav .ui-tabs-anchor	选择导航菜单列表项文本锚记链接
.ui-tabs .ui-tabs-nav li.ui-tabs-active	选择处于活动状态的导航菜单列表项
.ui-tabs-collapsible .ui-tabs-nav li.ui-tabs-active .ui-tabs-anchor	当面板折叠时，选择处于活动状态的导航菜单列表项的文本锚记链接
.ui-tabs .ui-tabs-panel	选择内容面板

4）定义如下 CSS 规则处理内容面板。

```
#tabs-1 ul li, #tabs-2 ul li {
    line-height: 1.3em;
    background-image: url(image/arrow.gif);
    background-repeat: no-repeat;
    background-position: left center;
    border-bottom-width: 1px;          /* 设置列表项的下边框 */
    border-bottom-style: dotted;
    border-bottom-color: #66CCFF;
    padding-left: 2em;                 /* 箭头图标距离链接标题的距离 */
}
#tabs-1 li a, #tabs-2 li a {
    color: #000000;
    display: inline-block;      /* 转换为行内块 */
    width: 35em;
    margin-right: 5em;          /* 链接标题的右边空 5 em 后显示日期 */
    white-space: nowrap;        /* 禁止内容换行 */
    overflow-x: hidden;         /* 链接标题文字数超过 35 个后，多余字自动隐藏 */
    text-overflow:ellipsis;     /* 链接标题文字数超过 35 个后，用省略号处理 */
}
#tabs-1 li a:hover, #tabs-2 li a:hover {
    color: #FF0000;
    position: relative;
    left: 1px;
    top: 1px;
}
```

切换到代码视图，给各个内容面板上 more.gif 图像所在的标签 <p> 均增加 class 属性"class="more""，以便定义如下类选择器进行处理。

```
#main .news .more {    /* 处理 more 图像 */
    margin-bottom: 0.2em;
    padding-left: 42em;
}
```

此时，选项卡构件的实时视图效果，如图 3-42 所示。

分院新闻	分院通知	
⊙ 今年招生形势喜人		2017.8.30
⊙ 我院项目教学改革取得可喜成绩		2017.7.15
⊙ 17届毕业生90%以上签订就业协议		2017.6.30
⊙ 17届毕业典礼在报告厅隆重举行		2017.5.30
⊙ 信息技术学院在院大学生活动中心成功举办大学生创新创业座谈会并开设创业…		2017.5.13
⊙ 优秀学子黄陈获"市第三届创业富民大赛"大奖		2017.5.2
		more ▶▶▶

图 3-42　选项卡构件的实时视图效果（2）

【说明】

①让列表项显示小图标既可以通过设置list-style-image属性实现，也可通过设置background-image属性实现，但前者位置固定，难以调整，而后者可通过添加padding-left属性进行调整。

②由于a元素是行内元素，其width属性无效，通过设置display:inline-block后，既可使其在一行内显示，又具有块级元素的特征。

要显示固定字数的一行内容，必须同时使用以下3条声明。

```
width: 35em; /* 根据需要设置具体值 */
white-space: nowrap;
overflow-x: hidden;
```

③position、left、top等属性位于CSS规则"布局"类别中。

a）position（定位）：用来设置元素的定位方式，它不被继承，其取值如下。

■　static（静态）：默认值，无特殊定位。此时，top、right、bottom、left属性无效。

■　absolute（绝对）：将元素从文档流中拖出，并使用top、right、bottom、left属性进行定位，而其堆叠顺序由z-index属性决定。

■　relative（相对）：依据top、right、bottom、left属性在文档流中自己的静态位置上进行偏移。

■　fixed（固定）：元素在浏览器窗口（即视口）内的位置固定不变。

b）top：设置元素框的边距的顶边相对于该元素包含块的顶边向下的偏移量（包含块是一个矩形，它为其里面的元素提供尺寸和位置计算的参考。相对定位或静态定位元素的包含块由距其最近的块级、单元格或行内块祖先元素的内容框创建；而绝对定位元素的包含块由距其最近的position属性为absolute、position、fixed的祖先元素补白框创建，若不存在则为html元素；固定定位元素的包含块为html元素）。

c）right：设置元素框的边距的右边相对于该元素包含块的右边向左的偏移量。

d）bottom：设置元素框的边距的下边相对于该元素包含块的下边向上的偏移量。

e）left：设置元素框的边距的左边相对于该元素包含块的左边向右的偏移量。

上述top、right、bottom、left属性均不被继承，且均可取负值，表示向相反方向偏移，而百分比是基于包含块的宽度（对left、right而言）或高度（对top、bottom而言）。但当同时指定了left和right（均不是auto）时，将发生过度约束。此时如果包含块的direction属性为ltr，那么将以left为准；如果包含块的direction属性为rtl，那么将以right为准；如果同时指定了top、bottom（均不是auto），那么将以top为准。

f）overflow：缩写属性，包括overflow-x、overflow-y两个子属性，设置当一个块级元素的内容溢出元素的框时是否裁剪掉多余的右边或下边区域，其取值如下。

- visible（可见）：内容不被剪切，即它的内容可以在块框之外得到渲染。
- hidden（隐藏）：内容被剪切，对于剪切区域之外的内容不提供滚动浏览。
- scroll（滚动）：内容被剪切，并且无论内容是否溢出都会出现滚动条。
- auto（自动）：取决于浏览器端，但是对于溢出的框应该提供一个滚动机制。

6．学生活动区

学生活动区包含标题、"更多…"链接和若干活动图片。标题采用"标题2"格式、左浮动并设有背景图像，"更多…"链接可用图像链接实现并通过右浮动放置在标题行的最右方，活动图片可通过项目列表组织并设置 li 左浮动，而各个图片标题可放置在 strong 元素中并可通过设置其为块级元素而使其显示在图片下方。

1）插入标题和图像 more.gif。将光标定位于 div.activity 中，先删除其中的默认内容，再输入"学生活动"，并通过"属性"面板设置成"标题2"格式。

在标题"学生活动"后按 <Enter> 键另外开始新的段落，再插入图像 more.gif，同时将图像链接到 newsmore3.asp，目标为 _blank。

2）插入学生活动图片和图片标题。在图像 more.gif 后按 <Enter> 键，再单击"属性"面板上的"项目列表"按钮⫶⫶设置格式为项目列表，每个列表项是 1 幅学生活动图片和图片标题，共 8 个列表项。

每幅图片均链接到 #，目标均为 _blank。

将每个图片标题通过"属性"面板上的"粗体"按钮 **B** 设置成特别强调格式。

此时，学生活动区在设计视图中的效果，如图 3-43 所示。

图 3-43　学生活动区的设计视图效果（1）

3）定义 CSS 规则处理学生活动区。由于学生活动区标题的效果类似于分院简介区标题的效果，所以可以用分组选择器实现，即切换到代码视图，在 .rightcontent .intro h2 选择器后添加 "，" 和 .rightcontent .activity h2，添加后的 CSS 规则如下。

```
.rightcontent .intro h2,.rightcontent .activity h2 {
    background-image: url(image/bigbg.gif);
    background-repeat: no-repeat;
    background-position: 0px -50px;
    letter-spacing: 0.5em;
    padding-left: 2em;
}
```

在代码视图中,给学生活动区 more.gif 图像所在的标签 <p> 增加 class 属性 "class="more"",再定义如下 CSS 规则。

```
.rightcontent .activity h2 {
    float: left;
    width: 174px;              /* 因元素浮动后其宽度自动等于其中内容的宽度 */
}
.rightcontent .activity .more {
    float: right;          /* 图像右浮动 */
    margin-top: 0.2em;
}
```

定义如下 CSS 规则处理学生活动图片。

```
.activity ul {
    clear: both;          /* 使学生活动图片列表另起一行显示 */
    height: 95px;
    overflow: hidden;      /* 只显示一行图片 */
}
.activity ul li {
    float: left;
    text-align: center;
}
.activity li strong {
    display: block;        /* 转换为块级元素，以便另起一行显示 */
    font-weight: normal;    /* 显示为正常磅值 */
    line-height: 16px;
}
.activity li img {
    width: 100px;
    height: 70px;
    border: 1px solid #CCCCCC;
    margin-top: 2px;
    margin-right: 1px;
    margin-left: 1px; }
```

此时，学生活动区在设计视图中的效果，如图 3-44 所示。

图 3-44　学生活动区的设计视图效果（2）

学生活动区实时视图效果，如图 3-45 所示。

图 3-45　学生活动区的实时视图效果

任务 3　页脚内容编排和头部元素插入

1．页脚内容编排

页脚由副导航、水平线、版权信息等内容组成。副导航可通过项目列表组织，并设置 li 为行内元素 inline 使其显示在同一行内，各个列表项之间可通过 CSS 规则的边框属性显示出垂直分隔线。水平线插入后需定义 CSS 规则进行处理。版权信息等内容是多段文本。

（1）插入副导航

将光标定位于 footer#pageFooter 中，先删除其中的默认内容，再插入项目列表，列表项分别为站长信箱、版权声明、注册、登录、留言。然后创建如下链接。

1）"站长信箱"链接到 mailto:zhangsan@163.com。

2）"版权声明""注册""登录""留言"均链接到 javascript:;。

【说明】

①上述的"事件过程"代码表示发生单击事件后，执行相应的过程代码。

②超链接网址可以是文件路径、带 mailto: 引导的电子邮件地址、以 javascript: 引导的 JavaScript 代码。

③在网页中创建电子邮件链接可方便浏览者反馈意见。当浏览者单击电子邮件链接时，可直接打开浏览器默认的"新邮件"对话框，如图 3-46 所示。

图 3-46　"新邮件"对话框

创建电子邮件链接，也可在选中链接文本后，单击"插入"面板HTML选项组中的"电子邮件链接"按钮，或执行"插入"→HTML→"电子邮件链接"命令，在弹出的"电子邮件链接"对话框中进行设置，如图3-47所示。但这种方法只适用于链接对象是文本，而不适用于图像。

图 3-47　"电子邮件链接"对话框

（2）插入水平线

光标定位于副导航下方，单击"插入"面板"常用"选项组中的"水平线"按钮，或执行"插入"→HTML→"水平线"命令，就可以在网页中插入一条水平分隔线。

【说明】

① 如果在设计视图中选某个元素有困难，那么可直接在代码视图中选中该元素的代码。此时，再切换到设计视图就可以发现该元素被选中了。

水平线的HTML代码为"<hr>"，它是块级空元素，无结束标签。

②水平线的"属性"面板，如图3-48所示。"属性"面板上各个属性的含义如下。

图 3-48　水平线"属性"面板

a）水平线：设置水平线的id属性。

b）宽（width）：设置水平线的宽度。

c）高（size）：设置水平线的高度。

d）对齐（align）：设置水平线的水平对齐方式。

e）阴影（noshade）：设置水平线是否有阴影效果。

在HTML5中，水平线的width、size、align、noshade属性均不被支持，所以应该定义CSS规则来处理水平线。

（3）插入版权信息等内容

光标定位于水平线下方，按<Enter>键，再输入3段文本建议浏览网站时要使用的浏览器、版权声明、联系信息等，其中联系信息在代码视图中放入<address>标签中。此时，页脚在设计视图中的效果，如图3-49所示。

图 3-49　页脚的设计视图效果（1）

【说明】

①版权符号©是特殊字符，代码为"©"。还有常用的不换行空格，代码为" "。

特殊字符与普通字符是有区别的，它无法从键盘中直接输入。在HTML中，任一特殊字符均有两种表达方式，一种称作数字参考，一种称作实体参考。

数字参考是用数字表示的特殊字符。它由前缀"&#"加上数值和后缀";"组成。例如：

©　　　　　　　对应于特殊字符©

®　　　　　　　对应于特殊字符®

实体参考是用名称来表示的特殊字符。它由前缀"&"加上名称和后缀";"组成，其表示形式为"&name;"。例如：

©　　　　　　　对应于特殊字符©

®　　　　　　　对应于特殊字符®

实体参考比数字参考要容易记忆，但并不是所有浏览器都能正确识别实体参考。因此，对于一些不常见的字符，应该使用数字参考。

除"插入"面板HTML选项组中提供的特殊字符外，还有一些特殊字符可借助于中文输入法进行，即打开中文输入法（例如，搜狗拼音输入法等），右击输入法图标上的"软键盘"图标，在弹出的快捷菜单中选择所需的命令（例如，"数学符号"等），然后就可输入这些软键盘中的字符了。

②联系信息、联系方式应该位于<address>标签中。

（4）定义如下 CSS 规则处理页脚区

```css
#pageFooter {
    padding-top: 1em;
}
#pageFooter ul li {
    display: inline;      /* 设置为行内元素，以便各个列表项在一行内显示 */
    line-height: 1.3em;
    font-size: 1em;       /* 重新设置字号，屏蔽 # pageFooter 的 0.9em 字号 */
    border-left-width: 1px;/* 每个列表项显示出 1px 宽的左边框 */
    border-left-style: solid;
    border-left-color: #66CCFF;
    padding-left: 0.5em;  /* 各列表项保留 0.5em 的左内边距 */
}
#pageFooter ul li:first-child {
    border-left-width: 0px;   /* 消除第 1 个 li 的左边框，或直接使用 border:0;*/
}
#pageFooter hr {
    border-top-width: 1px;/* 水平线的显示效果为阴影状，所以应处理上边框 */
    border-top-style: solid;
    border-top-color: #FFCC00;
    margin-top: 5px;
    margin-bottom: 5px;
}
#pageFooter li a {
    text-decoration: none;
```

```
    color: #FF0000;
}
#pageFooter li a:hover {
    text-decoration: underline;
}
#pageFooter address{
    font-style: normal;
}
```

此时，页脚在设计视图中的效果，如图 3-50 所示。

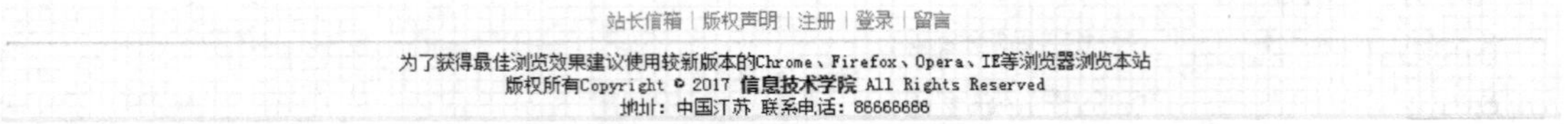

站长信箱 | 版权声明 | 注册 | 登录 | 留言

为了获得最佳浏览效果建议使用较新版本的Chrome、Firefox、Opera、IE等浏览器浏览本站
版权所有Copyright © 2017 信息技术学院 All Rights Reserved
地址：中国江苏 联系电话：88666666

图 3-50　页脚的设计视图效果（2）

【说明】

当设置li的display属性值为inline时，显示时会在各个列表项的右边保留1个空格的空间，可以在代码视图中通过删除相邻li元素之间的回行和空格加以消除，如下列代码所示。

```
<ul>
    <li><a href="javascript:;" onclick="this.style.behavior='url(#default#
homepage)';this.setHomePage('http://xxy.tzpc.edu.cn/');"> 设 为 首 页 </a></li><li><a href="javascript:window.external.
addFavorite ('http://dzx.tzpc.edu.cn',' 信 息 技 术 学 院 ');"> 收藏本站 </a></li><li><a href="mailto:zhangsan@163.com">
站长信箱 </a></li><li><a href="javascript:;"> 版权声明 </a></li>
    </ul>
```

此处并没有这样做，而是采用了补救方法，即给各个列表项 li 增加了 0.5em（1 个空格的大小）的左内边距，使得相邻两个列表项间的显示效果为"空格—竖线边框—空格"，同样达到了美观效果。

2．在主页中插入头部元素

头部元素包括 meta（元数据）、title（标题）、base（基础）、link（连接）、style（样式）等元素。

（1）插入 Keywords（关键字）和说明

单击"插入"面板 HTML 选项组中的 Keywords 按钮，或执行"插入"→ HTML → Keywords 命令，在弹出的 Keywords 对话框中进行设置，如图 3-51 所示。

图 3-51　Keywords 对话框

再单击"插入"面板 HTML 选项组中的"说明"按钮，或执行"插入"→ HTML →"说明"命令，在弹出的"说明"对话框中进行设置，如图 3-52 所示。

图 3-52 "说明"对话框

【说明】

① 关键字和说明可用于搜索引擎搜索网站时用，但其权重较低。各个元素在搜索引擎中的权重情况可参见"HTML元素对搜索引擎的权重比例"中的内容。

② 各个关键字应保证内容言简意赅，否则一些限制关键字长度的搜索引擎就会忽略所有的关键字。在输入多个关键字时，各个关键字之间以英文的","分隔。要修改关键字或说明内容，可直接在代码视图中修改。

③ 切换到代码视图可以看到，在头部head中自动生成的HTML代码如下。

```
<meta name="keywords" content=" 信息技术学院, 信息学院 ">
<meta name="description" content=" 信息技术学院是我校最早成立的分院之一，办学实力雄厚。">
```

④ 关于meta。关键字和说明属于meta，meta是用来向服务器提供当前页面信息的，例如，字符编码、关键字、说明、作者、版权信息、页面的失效日期、刷新间隔等。它包含如下3个属性。

a）http-equiv（HTTP标题属性）：取值为content-type、expires、refresh、set-cookie。

b）name（页面描述属性）：取值为keywords、description或自定义的名称（如author、generator、copyright、revised、createdate、documentID、level等）。

c）content：存放的是实际的信息，用以对http-equiv属性或name属性做进一步的说明。

例如：

```
<meta http-equiv="Content-Type" content="text/html; charset=gb2312">
<meta http-equiv="refresh" content="5;URL=index.html">
<meta name="keywords" content="Flash,Photoshop">
<meta name="description" content=" 个人网站 ">
<meta name="author" content=" 张三 ">
<meta name="level" content="Beginner">
```

⑤ 头部head还包含title、base、link、style等元素。

a）title：设置页面标题。浏览器通常将标题显示在标题栏或状态栏上，当把文档加入浏览器中的链接列表、收藏夹或书签列表中时，标题将成为该文档链接的默认名称。

b）base：定义当前页面中所有链接的默认基准地址或默认目标，任何一个文档中最多有一个。<base>标签包含href和target这两个属性，href是基础URL，target指定所有链接的文档都应该在其中打开的框架或窗口。例如，如果使用"<base href="http://www.163.com" target="_blank">"，那么网页中所有的超链接地址在浏览时均会加上http://www.163.com的，且在新建浏览器窗口中打开超链接网页。

c）link：定义资源引用。

```
<link href="index.css" id="link1" rel="stylesheet" type="text/css" title=" 连接样式表 ">
```

其属性如下。

- href：资源引用的URL。
- id：设置当前连接的唯一标识符。
- title：说明连接的关系。
- rel：设置当前文档与href属性中所指文档之间的关系，可能的取值包括alternate、stylesheet、start、next、prev、content、index、glossary、chapter、section、subsection、appendix、help、bookmark等。要指定多个关系，用空格分开各个值即可。
- rev：指定当前文档与href属性中所指文档之间的反向关系，可能的取值同Rel一样。

d）style：定义CSS规则信息。它的type属性是必需的，取值为"text/css"。可选属性media（取值为screen、tty、tv、projection、handheld、print、braille、aural、all）表示此样式要应用的目标媒介。

（2）插入作者

单击"插入"面板 HTML 选项组中的 META 按钮，或执行"插入"→ HTML → Meta 命令，在弹出的 META 对话框中进行设置，如图 3-53 所示。

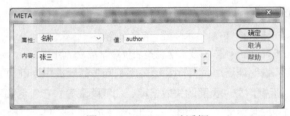

图 3-53　META 对话框

【说明】

切换到代码视图可以看到，在头部head中自动生成的HTML代码如下。

`<meta name="author" content=" 张三 " >`

3．在主页中插入背景音乐

（1）插入背景音乐

光标定位于页脚下方，单击"插入"面板 HTML 选项组中的"HTML5 Audio"按钮，或执行"插入"→ HTML →"HTML5 Audio"命令，就可在网页中插入 audio（音频）图标，如图 3-54 所示。

图 3-54　插入了音频的设计视图效果和"属性"面板

（2）设置属性

选择 audio 图标后，"属性"面板上显示出相关属性，如图 3-54 所示。选择 audio 源文件、设置 Preload 为 auto 并勾选 Autoplay、Loop 选项，即 audio 在浏览器中自动缓存、自动开始并循环播放。

【说明】

①切换到代码视图可以看到，在body中自动生成的audio的HTML代码如下。

```
<audio title=" 背景音乐 " preload="auto" controls autoplay loop >
   <source src="image/loveyou.mp3" type="audio/mp3">
   <source src="image/loveyou.ogg" type="audio/ogg">
   <source src="image/loveyou.wav" type="audio/wav">
   <p> 您的浏览器不支持 Audio 标签 </p>
</audio>
```

②audio的"属性"面板上可设置的属性含义如下。

a）源：设置音频文件源，目前支持3种格式：.ogg、.mp3、.wav。

b）Title（标题）：要在浏览器中显示的工具提示。

c）回退文本：浏览器不支持音频时要显示的文本。

d）Controls（控制面板）：是否显示音频播放控制面板。

e）Autoplay（自动播放）：设置一旦加载音频是否立即开始播放。

f）Loop（循环）：设置音频是否连续地重复播放。

g）Muted（静音）：设置音频轨道在播放期间是否关闭。

h）Preload（预加载）：指定在页面加载时用于高速缓存音频的方法。

i）Alt源：设置音频的替代文件源。

任务 4　CSS 规则优化

1. 优化 CSS 规则

CSS 规则是在网页设计制作过程中根据需要定义的，正因为如此，CSS 规则中的各个属性不可避免地出现冗余、不够简洁等现象，尤其是通过 Dreamweaver 的"CSS 设计器"面板定义 CSS 规则时更是如此。因此，为了使 CSS 规则简洁易读，也便于日后的维护、修改，应该对已经定义的 CSS 规则进行适当的优化。优化应在代码视图中进行。

（1）使用缩写

切换到代码视图，逐个检查主页头部 head 的 style 元素中的各个选择器规则，对可以缩写的各个规则属性进行缩写。

```
body,td,th {
    font-family: " 宋体 ", serif;
    font-size: small;
    color: #000000;
}
```

上面的代码可缩写为如下代码。

```
body,td,th {
    font: small " 宋体 ", serif;
    color: #000000;
}
```

下面的代码也可进行缩写。

```
body {
```

```
    background-color: #FFFFFF;
    background-image: url(image/bg.gif);
    background-repeat: repeat;
    margin-left: 0px;
    margin-top: 0px;
    margin-right: 0px;
    margin-bottom: 0px;
}
```

缩写后的代码如下。

```
body {
    background: #FFFFFF url(image/bg.gif) repeat;
    margin:0;
}
```

其余选择器规则按类似方法处理。

（2）删除冗余的设置

```
body {
    background: #FFF url(image/bg.gif) repeat;
    margin:0;
}
```

将上面代码中的"margin:0;"删除，因为在此之前已经定义的通配符选择器 * 的规则中包含了"margin:0;"。

其余选择器规则按类似方法处理。

（3）精简包含选择器

包含选择器中选择器的组合不要过于复杂，只要能生效且不会影响不相关的元素即可。

```
.menu ul li a:hover {
    text-decoration: underline;
}
```

将上面的代码精简为如下代码。

```
.menu li a:hover {
    text-decoration: underline;
}
```

如果 .menu 中只有 li 包含链接，则还可精简为：

```
.menu a:hover {
    text-decoration: underline;
}
```

其余包含选择器规则按类似方法处理。

（4）将可分组的规则分组书写

例如，可将如下代码合并。

```
.menu li a:hover {
    text-decoration: underline;
}
#pageFooter li a:hover {
    text-decoration: underline;
}
```

合并后的代码如下。

```
.menu li a:hover, #pageFooter li a:hover {
    text-decoration: underline;
}
```

按此方法处理有关选择器规则。

2．使用样式表文件

将网页中定义的 CSS 规则存放在外部样式表文件中，有以下优势。

1）使 HTML 文档简洁、易读，也便于搜索引擎搜索。

2）浏览器会先显示文档内容，然后再根据样式表文件中的 CSS 规则进行渲染，从而使浏览者可以更快地看到内容。

3）样式表文件独立于 HTML 文档，便于修改。

4）多个 HTML 文档可以引用同一个样式表文件，从而保持网站各个页面外观的统一。

5）同一个样式表文件，浏览器读入后放在缓存内，其他也链接了这个样式表文件的页面将不再读取服务器，减少了网络流量和服务器负担。

（1）创建通用样式表文件

1）创建空白样式表文件。执行"文件"→"新建"命令，在弹出的"新建文档"对话框中分别选择"新建文档"和 CSS，单击"创建"按钮创建一个空白样式表文件，如图 3-55 所示。

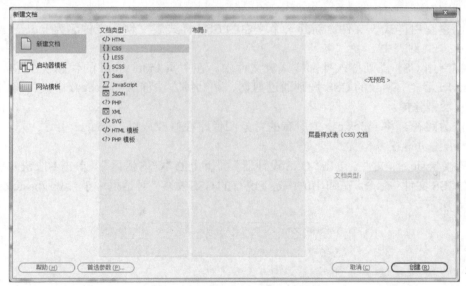

图 3-55 "新建文档"对话框

2）保存样式表文件。保存当前文档到站点根文件夹下的新建的 css 子文件夹中，文件名为 basic.css。

3）将通用 CSS 规则移入外部样式表文件中。在主页 index.html 的代码视图中，将头部 head 的 style 元素中的通用 CSS 规则通过剪切、粘贴等方法移入 basic.css 中（要放到 basic.css 中现有内容的下方）。即移动以下选择器对应的 CSS 规则。

①*。

②body,td,th。

③body。

④h2。

⑤p。

⑥img。

⑦a。

⑧li。

4）修改路径。因为 basic.css 存放在 css 子文件夹中，而原来定义的 CSS 规则嵌入在 index.html 代码中时，所有背景图像的路径均是以 image/ 引导的，所以需要将 basic.css 中所有的背景图像路径修改成以 ../image/ 引导。

将如下代码进行修改。

```
body {
    background: #FFFFFF url(image/bg.gif) repeat;
}
```

修改后的代码如下。

```
body {
    background: #FFFFFF url(../image/bg.gif) repeat;
}
```

其余选择器规则按类似方法处理。

（2）创建主页专用的样式表文件

1）创建空白样式表文件。新建一个空白的 CSS 样式表文件，文件名为 index.css，仍然保存到 css 子文件夹中。

2）将专用 CSS 规则移入外部样式表文件中。在主页 index.html 的代码视图中，将头部 head 的 style 元素中剩余的 CSS 规则通过剪切、粘贴等方法移入 index.css 中，再将内容为空的 style 元素删除掉。

3）修改路径。将 index.css 中所有的背景图像路径修改成以 ../image/ 引导。

（3）给主页链接外部样式表文件

1）链接 basic.css 文件。单击"CSS 设计器"面板上的"CSS 源区"，单击╋按钮并选择"附加现有的 CSS 文件"命令，在弹出的"链接现有的 CSS 文件"对话框中链接 css/basic.css 文件，如图 3-56 所示。

图 3-56 "链接现有的 CSS 文件"对话框

2）链接 index.css 文件。用同样的方法链接 css/index.css 文件。

【说明】

样式表文件的使用要根据实际情况进行，例如，大型网站为了防止主页加载后可能出现的样式渲染延迟的情况，会对其采用嵌入式样式表的方法。

归纳总结

本项目通过信息技术学院网站主页内容编排，讲述了网页元素的插入并定义 CSS 规则处理其表现。重点讲解了各种超链接、项目列表的使用、制作幻灯片、制作选项卡以及定义 CSS 规则进行处理，还介绍了图像、Flash 动画、表格等常见元素的插入，并通过属性面板设置元素的部分属性，同时也介绍了背景音乐及头部元素的插入、外部样式表文件的使用、CSS 规则的优化。常见网页元素在网页中使用的频率很高，应通过经常反复的练习熟练掌握其使用方法、属性设置以及用 CSS 规则处理其表现。

巩固与提高

1．巩固训练

在设计视图中打开学校网站主页 index.html，运用本项目所学的知识和技能对其编排内容。所需素材请参考学校现有网站进行搜集整理。

2．分析思考

1）常见的网页元素一般都可以通过"属性"面板设置属性，为什么还要定义 CSS 规则来处理？

2）是通过"CSS 设计器"面板定义、编辑 CSS 规则方便，还是直接在代码视图中定义、编辑方便？为什么？

3）如果网页中有两个区域需要使用不同的选项卡，如何实现？实际做一下。

4）如果一个带有边框的 div 设置的高度小于其中实际容纳内容的高度，那么在浏览时会出现什么现象？如何解决？实际做一下。由此可得出什么结论？

5）分别设定项目列表 li 为左浮动（float:left;）和行内元素（display:inline;），有何区别？

3．拓展提高

（1）版式与结构

一个具有良好结构的页面，只要通过 CSS 的浮动、定位等方法就能很容易地调整页面版式布局。这也正是结构与表现相分离的优点所在。例如，在网站主页 index.html 中，修改 CSS 规则如下。

```css
.leftside {
    float: right;          /* 修改处 */
    width: 220px;
    margin-top: 2px;
}
.rightcontent {
    float: left;           /* 修改处 */
    width: 750px;
    margin-right: 10px;  /* 修改处 */
}
```

此时，在浏览器中的浏览效果如图 3-57 所示。

图 3-57 只修改 CSS 文件即可实现版式的改变

（2）CSS 规则的"扩展"类别

"扩展"类别未显示在"CSS 设计器"面板上，其属性可直接在代码视图中添加，用于设置特殊效果。

1）page-break-before（之前分页）和 page-break-after（之后分页）：设置在块级元素的前面（before）还是后面（after）分页，它不被继承，适用于图像、页面。其取值如下。

①auto：默认值，不强迫也不禁止在元素的生成框之前（之后）分页。

②always：总是强迫在元素的生成框之前（之后）分页。

③avoid：避免在元素的生成框之前（之后）分页。

④left：在元素的生成框之前（之后）分 1 个或 2 个页，并使下一页成为一个左页。

⑤right：在元素的生成框之前（之后）分 1 个或 2 个页，并使下一页成为一个右页。

2）cursor（光标）：设置鼠标光标的外观，除 auto 外的关键字使用的都是系统图标，不同的操作系统、不同的浏览器端具体显示会有差异。其取值如下。

①auto：默认值。

②crosshair：十字线。

③default：基于平台的默认光标。

④pointer：指针光标，表示一个链接。

⑤move：表示正在移动某些东西。

⑥e-resize、ne-resize、nw-resize、n-resize、se-resize、sw-resize、s-resize、w-resize：表示正在移动某个边或角。

⑦text：表示可以选择文本，通常表现为 I 形光标。

⑧ wait：表示程序正忙，须要浏览者等待，通常表现为手表或沙漏。

⑨ help：光标下的对象有帮助内容，通常表现为问号或气球。

⑩ progress：进度指针，程序正在执行一些处理，但与 wait 不同，浏览者可继续与程序互动，通常表现为箭头、手表或沙漏。

⑪ [<url>,]*,keyword：指定一个或多个自定义的图像鼠标指针文件（后缀名为 .cur 或 .ani），后面再跟一个关键字以防止指定的图像文件失效，例如 cursor:url(cat.cur),url(dog.ani),pointer;。

3）filter（滤镜）：设置滤镜效果。类似于 Photoshop，滤镜能渲染对象，创造出艺术效果（例如，文本或图像的 3D、阴影、淡入淡出等）。值得注意的是，有些滤镜在表格和 AP DIV 中才有效果，而且它们只得到 IE 浏览器的支持。

项目4 PROJECT 4
通过直接编写代码制作网页

 项目概述

本项目是设计制作直接用 HTML 语言编写的分院概况栏各个网页，各个网页均包含纵向排列的页头、页中、页脚 3 个部分，水平居中对齐、宽 980px、无边框。其中页头纵向包含网站名称、导航菜单、标志图像；页中包含左右 2 列，左列纵向包含专题建设区、分院概况页面导航区，右列纵向包含当前位置标示区、具体内容显示区；页脚包含浏览器要求、版权信息等内容。所有内容都要定义 CSS 规则进行效果处理。本项目包含两个任务：

① 制作分院简介网页。浏览效果，如图 4-1 所示。

图 4-1　分院简介网页的浏览效果

② 制作分院概况栏其他网页，包括机构设置、现任领导、骨干教师三张网页。浏览效果类似分院简介网页的浏览效果。

 知识能力目标

- ⚪ 掌握 HTML 文档的基本结构和常用标签。
- ⚪ 理解 HTML 元素对搜索引擎的权重比例。
- ⚪ 掌握 HTML 文档的书写要求。
- ⚪ 能直接用 HTML 语言制作简单网页。
- ⚪ 能直接编写 CSS 规则处理元素的表现。
- ⚪ 能熟练使用外部样式表文件。

预备知识

1．HTML 文档结构

典型的 HTML5 文档结构如下（不包含每行前面的行号）。

```
1： <!doctype html>
2： <html>
3： <head>
4： <meta charset="utf-8">
5： <title> 网页标题 </title>
6： </head>
7： <body>
8：    body 中的各个元素和内容
9： </body>
10： </html>
```

1）代码第 1 行是用来声明文档类型是 HTML5，HTML5 统一使用"<!doctype html>"声明文档类型。doctype 是 document type 的简写。

如果使用的是 HTML4.01，则文档类型声明如下。其中 DTD 称为文档类型定义，它是一个 XML 文档，里面包含了文档的规则，浏览器就是根据定义的 DTD 解释当前页面的标签并展现出来。

<!DOCTYPE HTML PUBLIC "-//W3C//DTD HTML 4.01 Transitional//EN" "http://www.w3. org/TR/html4/loose.dtd">

或

<!DOCTYPE HTML PUBLIC "-//W3C//DTD HTML 4.01//EN" "http://www.w3.org/TR/ html4/strict.dtd">

如果使用的是 XHTML1.0，则文档类型声明如下。

<!DOCTYPE html PUBLIC "-//W3C//DTD XHTML 1.0 Transitional//EN" "http://www.w3. org/TR/xhtml1/DTD/xhtml1-transitional.dtd">

或

<!DOCTYPE html PUBLIC "-//W3C//DTD XHTML 1.0 Strict//EN" "http://www.w3.org/TR/xhtml1/DTD/xhtml1-strict.dtd">

如果使用的是 XHTML1.1，则文档类型声明如下。

<!DOCTYPE html PUBLIC "-//W3C//DTD XHTML 1.1//EN" "http://www.w3. org/TR/xhtml11/DTD/xhtml11.dtd">

上述声明中，Transitional（过渡）是要求非常宽松的 DTD，Strict（严格）是要求严格的 DTD，不能使用任何表现层的标识和属性。对初次尝试 Web 标准的制作者而言，可以选用过渡型的声明。但是对要提高或要使用 HTML5 的制作者而言，推荐使用严格的声明或 HTML5 统一的文档声明，然后再通过 W3C 校验来检查是否做到了表现与结构的分离。在严格的 DTD 或 HTML5 中，有些被 HTML 废弃的标签和属性将不起作用，例如，<font> 标签和 target 属性等。

在 HTML 中，必须要声明文档类型，以便于浏览器知道正浏览的文档是什么类型，并且声明要位于代码第一行。不指定文档类型或者代码错误，都将导致浏览器进入一种"怪异模式"，此时浏览器会根据自己的理解去解释 HTML 文档和 CSS。

注意：doctype 或 DOCTYPE 既不是 HTML 文档的一部分，也不是文档的一个元素，无需结束标签。

2）代码第 2 行是 HTML 文档开始标签，对 XHTML 文档而言还包括名字空间声明属性 xmlns=http://www.w3.org/1999/xhtml。名字空间声明属性是用来给文档做一个标志，以表明文档是属于谁的，其中 xmlns 是 XML namespace 的简写，http://www.w3.org/1999/xhtml 并不是指一个具体的文件，而是给出一个名字而已。由于 XHTML 不允许制作者自己定义标签，所以它的名字空间是相同的，即统一使用 http://www.w3.org/1999/xhtml。

3）从代码第 3 行到第 10 行可看作是由各个 HTML 元素组成的 HTML 文档树，该树有 1 个祖先即根元素，其他各元素依次向下排列。在文档树中，各元素之间的关系分为"父子""兄弟""祖先 / 后代" 3 种。文档树的结构如图 4-2 所示。

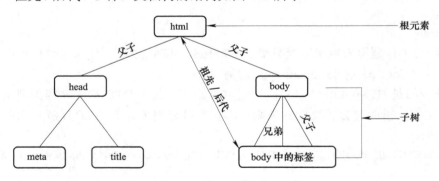

图 4-2　HTML 文档结构树

HTML 文档中所有元素都嵌套在 <html> 与 </html> 之间，元素可以有子元素，子元素嵌套在它们的父元素内。任何一个 HTML 文档都应该包含 html、head、body 元素，并且 title 元素放在 head 元素中。

4）代码第 4 行是用来定义 HTML 文档的语言编码的。所有版本的 HTML 都可以使用 <meta http-equiv= "Content-Type" content=" text/html; charset=utf-8"/>，但 HTML5 还可以使用 <meta charset = "utf-8" >。为了能被浏览器正确解释和通过 W3C 检验，所有的 HTML 文

档都必须声明它们所使用的语言编码。

5）代码第 5 行用来定义文档的标题，以便显示在浏览器的标题栏或状态栏上。

6）代码第 8 行是嵌套在 body 元素中的各个子元素（可分多行书写），这些子元素可以分成多层，每一层都可以包含多个元素。

2．HTML 标签

HTML 的标签可以查阅 HTML 标签手册。HTML 标签是有语义的。例如，<h1> 标签表示的是"一级标题"，<p> 标签表示的是"段落"，<ul> 标签表示的是"无序列表"，<table> 标签表示的是"表格"等。而一个 HTML 元素的存在就意味着被标记内容的那部分具有了相应结构化的意义，因此，要制作一个具有良好结构的页面，就应该按照内容来选择合适的 HTML 标签，而不是根据外观来选择。例如，不应该用 <div> 标签代替 <h1> 标签来标记标题。网页一旦有了良好的结构和语义，网页内容就自然容易地被搜索引擎抓取，网站的推广也就更加方便了。

3．HTML 元素对搜索引擎的权重比例

搜索引擎对于 HTML 元素重视程度各不相同，最普遍的评分标准如下。

1）内部链接文字 10 分。

2）文档标题 10 分。

3）域名 7 分。

4）h1、h2 标题 5 分。

5）每段首句 5 分。

6）路径或文件名 4 分。

7）相似度（关键词堆积）4 分。

8）每句开头 1.5 分。

9）加粗或斜体 1 分。

10）文本用法（内容）1 分。

11）标签的 title 属性 1 分。

12）图像的 alt 属性 0.5 分。

13）meta 描述（description 属性）0.5 分。

14）meta 关键词（keywords 属性）0.05 分。

因此，在制作页面时，合理地安排使用相应的标签和内容将会提高页面被搜索引擎收录的概率。

4．HTML 文档书写要求

HTML 文档书写时要满足一定的要求，否则将不能顺利通过 W3C 校验，在浏览器中显示时也会出现异常。基本要求如下。

1）HTML 文档一定要有正确的组织结构，所有的 HTML 元素应该正确地嵌套在 <html> 与 </html> 之间，各个元素的子元素也要正确地嵌套在它们的父元素内。在 HTML 文档中，html、head、body 元素必须出现，并且 title 元素必须位于 head 元素中。HTML 文档的基本结构如下。

```
<html>
    <head>……</head>
    <body>……</body>
</html>
```

2）HTML 元素要正确地嵌套使用。嵌套不正确经常发生在嵌套多层之后的标签中，见表 4-1。

表 4-1　HTML 元素的嵌套

错　　误	正　　确
\<p>\<strong> 内容 \</p>\</strong>	\<p>\<strong> 内容 \</strong>\</p>
\<ul>	\<ul>
\<li> 生产实训中心	\<li> 生产实训中心 \</li>
\<li> 实训室	\<li> 实训室
\<ul>	\<ul>
\<li> 模拟电路实训室 \</li>	\<li> 模拟电路实训室 \</li>
\<li> 单片机实训室 \</li>	\<li> 单片机实训室 \</li>
\<li> 网络编程实训室 \</li>	\<li> 网络编程实训室 \</li>
\</ul>	\</ul>
\<li> 技术服务公司 \</li>	\</li>
\</ul>	\<li> 技术服务公司 \</li>
	\</ul>

3）HTML 要求非空标签（即有结束标签）都要关闭，例如，\<p>\</p> 应成对出现，不应该缺少 \</p>。但对于没有结束标签的空标签，例如，\
、\<img>、\<input> 等，HTML5 以前的版本要求在空标签最后加上"/"来表示结束，即 \
、\<img ……/>、\<input……/> 等，在 HTML5.0 中可以不加"/"。

4）标签名和属性名要使用小写字母。因为 HTML 是 XML 的一种，而 XML 是区分大小写的。

5）属性值要加上英文单引号或双引号。

6）不要使用废弃的标签和属性。在 HTML5 中已废弃了 \<basefont>、\<big>、\<center>、\<font>、\<s>、\<strike>、\<tt>、\<u>、\<frameset>、\<frame>、\<noframes>、\<rb>、\<acronym>、\<isindex>、\<dir>、\<listing>、\<applet>、\<bgsound>、\<blink>、\<marquee>、\<nextid>、\<xmp>、\<plaintex> 等标签，也废弃了所有标签的 align 属性，\<link> 和 \<a> 的 rev 及 charset 属性，\<body> 的 alink、link、vlink、background、bgcolor、text 属性，\<table> 的 bgcolor、border、cellpadding、cellspacing、rules、width 属性，\<tr> 的 bgcolor、valign 等属性，\<td>\<th> 的 bgcolor、width、height、nowrap、valign 等属性，\<img> 的 hspace、vspace 属性，\<hr> 的 noshade、size、width 属性，\<iframe> 的 frameborder、scrolling、marginwidth、marginheight 属性等，并建议使用 CSS 替代。

7）灵活使用 title 属性和 alt 属性。title 属性用来为元素提供额外的说明信息，当鼠标指向具有 title 属性的元素时会在鼠标右下角显示 title 属性内设置的文本，例如，给链接、缩写等元素添加 title 属性将会增加网页的易用性。title 属性可用在除 \<html>、\<head>、

\<title\>、\<meta\>、\<script\>、\<param\>、\<base\> 等之外的所有标签上，但不是必需的。而 alt 属性用来给不能显示图像、窗体的浏览器端指定替换文本，替换文本的语言由 lang 属性指定。

8）正确使用 lang 属性。lang 属性几乎可以应用于所有的 HTML 标签，它指定了元素中内容的语言属性。语言属性的重要性在浏览器中容易被忽略，可是对语音辨识阅读器就很重要了，因为语音辨识阅读器就是根据语言属性来决定文字以何种语言念出的。

项目分析

本项目是在 Dreamweaver 代码视图中直接编写代码完成各个页面的设计制作。首先在文档头部进行"分院简介"网页的标题和链接外部通用样式表文件等初始设置，再在 \<section\> 中嵌套 \<header\>、\<section\>、\<footer\> 分别用作页头、页中、页脚并定义保存到当前文档中的 CSS 规则进行页面整体布局，然后依次细化页头、页中、页脚，选择合适的语义化标签、插入内容并根据设计要求定义 CSS 规则，最后优化 CSS 规则，并将 CSS 规则保存到外部样式表文件中，以用于分院概况栏其他网页的设计制作中。其他网页的设计制作采用复制"分院简介"网页后进行修改的方法完成。

项目实施

任务 1　制作分院简介网页

1．分院简介网页整体分析

由分院简介网页的设计图可以发现，主页从整体上分为页头、页中、页脚 3 部分，如图 4-3 所示。

1）页头包含网站名称区、导航菜单区、标志图像区。

2）页中由左右两列组成，左列包含专题建设区、分院概况页面导航区，右列包含当前位置标示区、具体内容显示区。

3）页脚包含分辨率要求、版权信息等内容。

网页主色调为蓝色系列，辅助色为红色和黄色，主要文字的颜色为黑色。

网页的整体布局是水平居中的，宽度为 980px，白色背景。导航菜单水平居中显示。页头导航菜单、页中的各个标题均包含背景图像，并且页中左列和右列均有细边框。

各个标题的字号统一，并比各个链接文字的字号稍大，内容文字和页脚的字号最小。

各主要部分的尺寸，如图 4-3 所示。

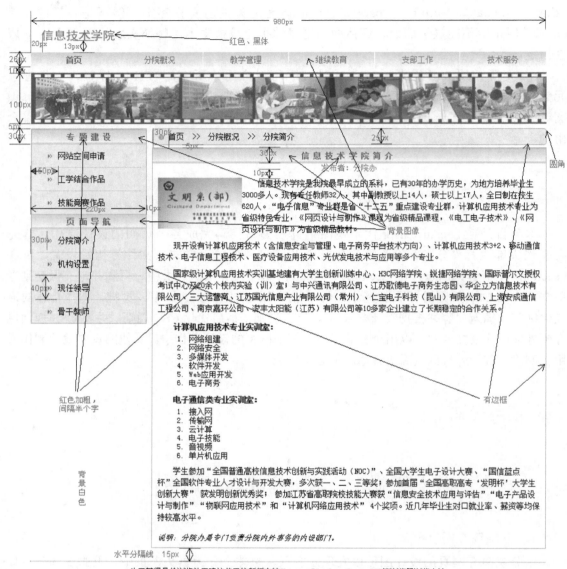

图 4-3　文档整体设计分析

2．文档初始设置

打开在项目 1 中创建的网页 xiBuGaiKuang/fyjj.html（若无，则需新建），并切换到代码视图。

注意：以下操作均应该通过在代码视图中直接编写代码完成。

1）将网页标题（即头部 head）的 title 元素中的内容修改为"分院概况 _ 分院简介"。

2）在 </head> 标签前输入如下链接外部样式表文件的代码。

```
<link  href="../css/basic.css" rel="stylesheet" type="text/css">
```

【说明】

编写代码时，在光标位置会出现编写代码时的自动提示窗口，如图4-4所示，可使用鼠标或按方向键 <↓>、<↑>键选择所需的代码并按<Enter>键，或者直接输入代码。

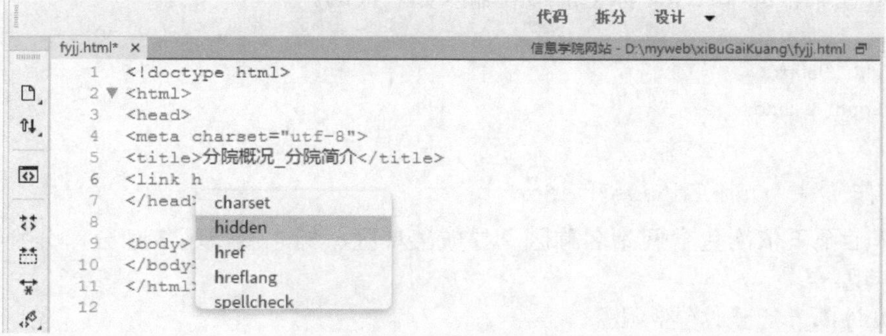

```
                                          代码   拆分   设计   ▼
 fyjj.html* ×                信息学院网站 - D:\myweb\xiBuGaiKuang\fyjj.html
      1    <!doctype html>
      2  ▼ <html>
      3    <head>
      4    <meta charset="utf-8">
      5    <title>分院概况_分院简介</title>
      6    <link h
      7    </head; charset
      8           hidden
      9    <body> href
     10    </body; hreflang
     11    </html; spellcheck
     12
```

图4-4　编写代码时的自动提示

3）在 </head> 标签前输入如下代码（指紧靠 </head> 标签前，本书中均做此约定）。

```
<style type="text/css">
body{
    background:#FFFFFF;   /* 去掉在 basic.css 中定义的 body 背景图像 */
}
</style>
```

【说明】

缩写属性background中如果只包含背景颜色，则背景图像使用默认值none。反之，如果只包含背景图像，则背景颜色使用默认值transparent。

3．页面整体布局

分院简介网页纵向包含页头、页中、页脚，且宽度均为 980px、均水平居中对齐。可先插入 section#wrap，再在其中插入 header、section、footer 分别用于页头、页中、页脚。这样，只需设置 section#wrap 的宽度等属性，而嵌套的页头、页中、页脚由于均是块级元素。因此，在水平方向上会自动充满其父元素 section#wrap 的内容区域并自动换行。

（1）页头、页中、页脚的整体结构化

在 <body> 与 </body> 之间输入如下代码。其中，section#wrap、header#pageHeader、section#main、footer#pageFooter 分别用作外层包裹、页头、页中、页脚。

```
<section id="wrap">
  <header id="pageHeader"></header>
  <section id="main"></section>
  <footer id="pageFooter"></footer>
</section>
```

【说明】

① 输入代码时应先输入配对的左、右标签，再在左、右标签之间输入嵌套元素的代码，这样可有效地防止漏掉右标签。

② 为了增加代码的可读性，可使用代码视图窗口左边的"缩进代码"按钮 ⊨、"凸出代码"按钮 ⊨ 对部分代码进行缩进或凸出。

（2）编写 CSS 规则

在 head 元素中的 </style> 标签前继续输入如下代码。

```
#wrap{
    width: 980px;
    margin: 0  auto;
}
```

4．制作页头 header#pageHeader

页头从上至下依次包含网站名称区、导航菜单区、标志图像区 3 部分，分别使用 div、nav、div 实现。

（1）页头部分的整体结构化

在页头 header#pageHeader 中输入如下代码，其中，div.logoname、nav.menu、div.banner 分别用作网站名称区、导航菜单区、标志图像区。

```
<div  class="logoname"></div>
<nav  class="menu"></nav>
<div  class="banner"></div>
```

（2）网站名称区 div.logoname 的结构化

网站名称区包含网站名称，并链接到网站首页。网站名称是页面的顶级标题，一般使用 <h1> 标签，而链接使用 <a> 标签实现。

在 div.logoname 中输入如下代码。

```
<h1><a  href="../index.html" title=" 前往 [ 信息技术学院 ] 首页 "> 信息技术学院 </a></h1>
```

（3）编写 CSS 规则处理网站名称区

在 head 元素中的 </style> 标签前继续输入如下代码。

```
#pageHeader .logoname {
    padding:1em  0;
}
#pageHeader .logoname h1{
    font:1.8em/1.6em  " 黑体 ", sans-serif;
    padding-left:20px;
}
#pageHeader .logoname h1  a{
    color:#FF0000;
}
```

此时，分院简介网页的实时视图效果如图 4-5 所示。

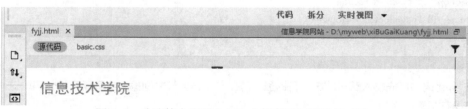

图 4-5　分院简介网页 fyjj.html 的实时视图效果（1）

【说明】

"font:1.8em/1.6em　"黑体",sans-serif;"中的1.6em是行高值，即当前字号计算值的1.6倍，而当前字号的计算值为1.8×13px≈23px，因此，行高=23px×1.6≈37px。

（4）导航菜单区 nav.menu 的结构化

导航菜单区为水平排列的导航菜单，可用项目列表实现，标签为 <ul> 和 <li>。而导航菜单中的"首页"栏目为重点强调效果，可使用 <strong> 标签实现。

在 nav.menu 中输入如下代码。

```
<ul>
    <li><a href="../index.html" title=" 首页 "><strong> 首页 </strong></a></li>
    <li><a href="fyjj.html" title=" 分院概况 "> 分院概况 </a></li>
    <li><a href="../jiaoXueGuanLi/tszy.html" title=" 教学管理 "> 教学管理 </a></li>
    <li><a href="../jiXuJiaoYu/jxjy.html" title=" 继续教育 "> 继续教育 </a></li>
    <li><a href="../zhiBuGongZuo/index.html" title=" 支部工作 "> 支部工作 </a></li>
    <li><a href=" ../JiShuFuWu/jsfw.html" title=" 技术服务 "> 技术服务 </a></li>
</ul>
```

（5）编写 CSS 规则处理导航菜单区

在 head 元素中的 </style> 标签前继续输入如下代码。

```
#pageHeader .menu{
        text-align:center;
        line-height:2em;
        height:2em;        }
#pageHeader .menu li{
        float:left;
        margin-left:1px;
        width:162px; /* 每个列表项总宽度为 162 px+1 px=163 px, 6 个列表项总宽度共 163 px*6=978 px*/
        background:#CCCCFF  url(../image/bg5.gif) repeat-x;
}
#pageHeader .menu li a{
        color:#FF0000;
}
#pageHeader .menu li a:hover{
        color:#FFFFFF;
        background-color:#3333CC;
        display:block;
}
```

为了去掉第 1 个列表项左边的边距（margin-left:1 px;），并使所有列表项宽度之和为 980 px，在 head 元素中的 </style> 标签前继续输入如下代码。

```
#pageHeader .menu li:first-child{
        margin-left:0;
        width:164px; /* 第 1 个列表项总宽度为 164 px*/
}
#pageHeader .menu li:last-child{
        width:163px; /* 最后 1 个列表项总宽度为 163 px*/
}
```

此时，分院简介网页的实时视图效果如图 4-6 所示。

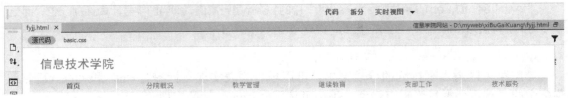

图 4-6 分院简介网页 fyjj.html 的实时视图效果（2）

（6）标志图像区 div.banner 的结构化

标志图像区只包含一幅图像，直接使用 <img> 标签实现。

在 div.banner 中输入如下代码。

```
<img src="../image/banner.gif" alt=" 标志图像 " />
```

（7）编写 CSS 规则处理标志图像区

在 head 元素中的 </style> 标签前继续输入如下代码。

```
#pageHeader .banner{
    padding-top:10px;    /* 或设置 margin-top:10 px;*/
    padding-bottom:5px;
    opacity: 0.7;          /* 设置元素的不透明度 */
    transition: all 1s ease; /* 设置属性变化的过渡效果 */
}
#pageHeader .banner:hover{
    opacity: 1.0;          /* 设置鼠标移到元素上时的不透明度 */
}
```

此时，分院简介网页的实时视图效果如图 4-7 所示。

图 4-7 分院简介网页 fyjj.html 的实时视图效果（3）

【说明】

① 在#pageHeader .menu选择器规则中必须要设置height属性，此处才能看到内边距效果。

② transition（转换、过渡）属性用来设置元素的CSS属性如何发生变化，它是一个简写属性，用于设置4个过渡用的属性。

a）transition-property：设置过渡效果的CSS属性的名称，取值为none、all、某个具体CSS属性或以逗号分隔的CSS属性列表。

b）transition-duration：设置完成过渡效果需要多少s或ms，0表示无效果。

c）transition-timing-function：设置速度效果的速度曲线，包括linear（匀速开始至结束）、

ease（慢速开始，然后变快，再慢速结束）、ease-in（慢速开始）、ease-out（慢速结束）、ease-in-out（慢速开始、慢速结束）、cubic-bezier(n,n,n,n)（贝塞尔曲线，n为0~1的值）。

d）transition-delay：设置过渡效果何时开始，即延迟时间，以s或ms计。

语法如下。

transition: transition-property transition-duration transition-timing-function transition-delay;

CSS属性变化往往发生在某个元素的不同状态上，例如，:hover、:focus等。

5．页中 section#main 制作

页中分为左、右两列，而右列从上至下还依次包含当前位置标示区、具体内容显示区。左列使用 aside、右列使用两个 section 实现。

（1）页中部分的整体结构化

在 section#main 中输入如下代码，其中，aside.sidebar、section.location、section.content 分别用作左列、当前位置标示区、具体内容显示区。

```
<aside class="sidebar">
</aside>
<section class="location">
</section>
<section class="content">
</section>
```

（2）编写 CSS 规则处理页中

在 head 元素中的 </style> 标签前继续输入如下代码。

```
#main .sidebar{
    width:218px;
    float:left;
    border:1px solid #66CCFF;
    background-color:#EEEEEE;
}
#main .location, #main .content{
    margin-left:230px;    /* 左边距 = 左列总宽度 + 左右列间的间距 */
    margin-bottom:5px;
    border:1px solid #66CCFF;
}
#main .location {
    border-radius:5px;    /* 设置圆角半径 */
}
```

此时，分院简介网页的实时视图效果如图 4-8 所示。

图 4-8　分院简介网页 fyjj.html 的实时视图效果（4）

【说明】

① 页中左右列所使用的布局设计方法称为两列宽度自适应的布局设计，即先设置左列左浮动（float:left;）以及其宽度值，再通过设置右列的左边距而不设置宽度（此时宽度为auto）实现右列宽度自适应父元素的布局。其中，右列的左边距要大于左列的总宽度。

当然，根据实际情况，也可将上述设置的左、右列反过来，即先设置右列右浮动（float:right;）以及其宽度值，再通过设置左列的右边距而不设置宽度（此时宽度为auto）实现左列宽度自适应父元素的布局。其中，左列的右边距要大于右列的总宽度。

② border-radius（圆角半径）：设置块级元素4个角的边框半径，它是属性border-top-left-radius（上边框左半径）、border-top-right-radius（上边框右半径）、border-bottom-left-radius、border-bottom-right-radius的缩写。特别地，当边框半径大于等于块级元素宽度或高度中较小者的一半时，较小者方向将显示成半圆形。

（3）左列 aside.sidebar 的结构化

左列从上至下包含专题建设区和分院概况页面导航区，均可使用 section 并在其中依次嵌套 h2 和 nav 实现，而 nav 中又嵌套 ul。

在 aside.sidebar 中输入如下代码。

```
<section class="nav1">
    <h2> 专题建设 </h2>
    <nav>
      <ul>
        <li><a href="#" title=" 网站空间申请 "> 网站空间申请 </a></li>
        <li><a href="#" title=" 工学结合作品 "> 工学结合作品 </a></li>
        <li><a href="#" title=" 技能竞赛作品 "> 技能竞赛作品 </a></li>
      </ul>
    </nav>
  </section>
  <section class="nav2">
    <h2> 页面导航 </h2>
    <nav>
      <ul>
        <li><a href="fyjj.html" title=" 分院简介 "> 分院简介 </a></li>
        <li><a href="jgsz.html" title=" 机构设置 "> 机构设置 </a></li>
        <li><a href="xrld.html" title=" 现任领导 "> 现任领导 </a></li>
        <li><a href="ggjs.html" title=" 骨干教师 "> 骨干教师 </a></li>
      </ul>
    </nav>
  </section>
```

（4）编写 CSS 规则处理左列

在 head 元素中的 </style> 标签前继续输入如下代码。

```
#main .sidebar h2 {
    text-align:center;
    background:url(../image/bg2.gif) repeat-x;
```

```
        font-size:1.1em;
        letter-spacing:0.5em;
        text-indent:0.5em;
}
#main .sidebar li{
        line-height:3em;
        border-bottom:1px  dotted  #66CCFF;
        margin:0  10px;
        background:url(../image/redarrow.gif) no-repeat 20px center;
        padding-left:40px;
}
#main .sidebar li:last-child{
        border-bottom:0;      /* 去掉最后一个列表项的下边框 */
}
#main .sidebar a{
        color:#000000;
}
#main .sidebar a:hover{
        color:#FF0000;
        text-decoration:underline;
}
```

此时，分院简介网页的实时视图效果如图 4-9 所示。

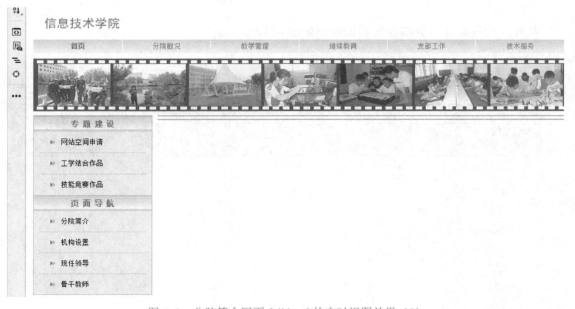

图 4-9　分院简介网页 fyjj.html 的实时视图效果（5）

（5）当前位置标示区 section.location 的结构化

当前位置标示区只包含标题链接，直接使用 <h3>、<a> 标签实现。

在 section.location 中输入如下代码。

```
<h3><a href="../index.html" title=" 首页 "> 首页 </a> >> <a href="fyjj.html" title=" 分院概况 "> 分院概况 </a> >> <a href="fyjj.html" title=" 分院简介 "> 分院简介 </a></h3>
```

（6）编写 CSS 规则处理当前位置标示区

在 head 元素中的 </style> 标签前继续输入如下代码。

```
#main .location{
    background:#EEEEEE;
    line-height:2em;
}
#main .location h3{
    font-size:1em;
    font-weight:normal;   /* 设置非加粗显示 */
    background:url(../image/orangeball.gif) no-repeat 10px center;
    padding-left:30px;
}
#main .location a{
    color:#000000;
}
#main .location a:hover{
    color:#FF0000;
    text-decoration:underline;
}
```

此时，分院简介网页的实时视图效果如图 4-10 所示。

图 4-10 分院简介网页 fyjj.html 的实时视图效果（6）

【说明】

也可以将#main .location a和#main .location a:hover的规则分别与#main .sidebar a和#main .sidebar a:hover的规则合并，使用如下分组选择器实现。

```
#main .sidebar a, #main .location a{
    color:#000000;
}
#main .sidebar a:hover,#main .location a:hover{
    color:#FF0000;
    text-decoration:underline;
}
```

（7）具体内容显示区 section.content 的结构化

具体内容显示区包含分院简介文章，可使用 <article> 标签实现，文章一般由包含标题、作者、日期等内容的文章头、文章详细内容、相关信息组成，可分别使用 <header>、<p>、<aside> 标签实现，而文章中的标题、图像、若干段文字介绍、列表等内容，可分别使用<hi>(i=1～6)、<img>、<p>、<ul>（含 <ol> 或 <li>）标签实现。

在 section.content 中输入如下代码。

```
<article>
<header>
    <h3> 信息技术学院简介 </h3>
    <p class="author"> 发布者：分院办 </p>
</header>
    <p class="text"><img src="../image/bian.jpg" alt=" 分院荣誉 " class="intro" />信息技术学院是我院最早
成立的系科，已有 30 年的办学历史，为地方培养毕业生 3000 多人。现有专任教师 32 人，其中副教授以上 14 人，
硕士以上 17 人，全日制在校生 620 人。"电子信息"专业群是省"十二五"重点建设专业群，计算机应用技术
专业为省级特色专业，《网页设计与制作》课程为省级精品课程，《电工电子技术》、《网页设计与制作》为省
级精品教材。</p>
    <p class="text">......</p>
    <h4> 计算机应用技术专业实训室： </h4>
    <ol>
        <li> 网络组建 </li>
        <li> 网络安全 </li>
        <li> 计算机系统维护 </li>
        <li> 多媒体开发 </li>
        <li> 软件开发 </li>
        <li>Web 应用开发 </li>
        <li> 电子商务 </li>
        <li> 嵌入式开发 </li>
        <li> 物联网应用 </li>
    </ol>
    <h4> 电子通信类专业实训室： </h4>
    <ol>
    <li> 接入网 </li>
```

```
                <li> 传输网 </li>
                <li> 云计算 </li>
                <li> 电子技能 </li>
                <li> 音视频 </li>
                <li> 单片机应用 </li>
                <li>EDA 技术 </li>
                <li> 电工考证中心 </li>
                <li> 信息技术实践创新中心 </li>
            </ol>
            <p>……</p>
            <p>……</p>
            <aside>
                说明：分院办是专门负责分院内外事务的内设部门。
            </aside>
        </article>
```

【说明】

① 虽然可以对各级标题选用相同的标题标签并通过定义CSS规则使其有不同的表现，但建议按照语义化的要求选用合适的标题标签，例如，一级标题选用<h1>、二级标题选用<h2>等。在选用列表标签时也是如此，即无序列表选用<ul>，有序列表选用<ol>。

② 给<p>标签增加class="author"、class="text"属性是为了便于定义不同的类选择器规则对其应用，因为具体内容显示区中不止一个<p>标签，所以不适宜直接定义元素选择器规则。对<img>的处理方法类似。

（8）编写 CSS 规则处理具体内容显示区

在 head 元素中的 </style> 标签前继续输入如下代码。

```
#main  .content  article  {
      background:  url(../image/bg2.gif)  repeat-x;
      padding:0  10px;
}
#main  .content  article  h3  {
      font-size:  1.1em;
      color:  #FF0000;
      line-height:  30px;
      text-align:  center;
      letter-spacing:  0.5em;
}
#main  .content  article  p.author  {
      font-size:  0.9em;
      color:#999999;
      text-align:  center;
      margin-bottom:  10px;
}
```

```
#main .content article img.intro {
    float: left;        /* 使具体内容从图像右边开始显示 */
}
#main .content article p.text {
    font-size: 0.9em;
    text-indent: 2em;
    padding-bottom: 10px;
    line-height: 1.5em;
}
#main .content article h4 {
    font-size: 1em;
    line-height: 2em;
    text-indent: 2em;
}
#main .content article ol li {
    list-style-type: decimal;
    margin-left: 4em;
}
#main .content article ol {
    margin-bottom: 10px;
}
#main .content article aside {
    margin-top:10px;
    margin-bottom: 10px;
    font-style:italic;
}
```

此时，分院简介网页页中的实时视图效果如图 4-11 所示。

【说明】

对行内元素定义CSS规则设置浮动属性将转化为块级元素。上述的行内元素img已经转化成了块级元素。

6．页脚 footer#pageFooter 制作

（1）页脚的结构化

页脚包含水平线、若干段文字内容、强调的内容"信息技术学院"，可使用 <hr>、<p>、<em> 标签实现。

在 footer#pageFooter 中输入如下代码。

```
<hr>
<p> 为了获得最佳浏览效果建议使用较新版本的 Chrome、Firefox、Opera、IE 等浏览器浏览本站 </p>
<p> 版权所有 Copyright &copy; 2017 <em> 信息技术学院 </em> All Rights Reserved</p>
<p><address> 地址：中国江苏 联系电话：86666666</address></p>
```

图 4-11　分院简介网页 fyjj.html 页中的实时视图效果

【说明】

虽然强调的内容"信息技术学院"，也可以选用<span>标签并定义CSS规则处理其显示效果，但是不符合语义化标签选用的要求。

（2）编写 CSS 规则处理页脚

在 head 元素中的 </style> 标签前继续输入如下代码。

```
#pageFooter {
    clear:both;
    padding-top: 10px;
}
#pageFooter hr {
    border-top:solid 1px #FFCC00;
    margin-bottom: 10px;
}
#pageFooter p {
```

```
        font-size: 0.9em;
        text-align: center;
}
#pageFooter p em {
        font-style: normal;
        font-weight: bold;
}
#pageFooter address{
        font-style: normal;
        text-align:center;
}
```

此时，分院简介网页页脚的实时视图效果如图4-12所示。

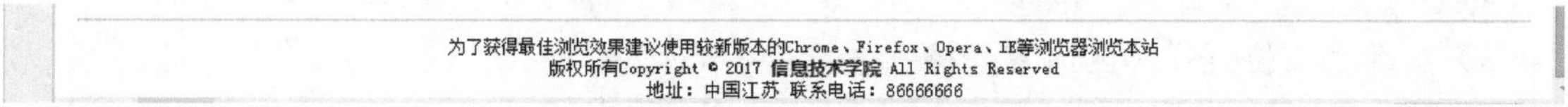

图4-12 分院简介网页 fyjj.html 页脚的实时视图效果

【说明】

#pageFooter { }规则中的"clear:both;"是为了使页脚另起一行显示，因为左列为float:left，所以当页中右列高度小于左列高度时，页脚将会显示在右列下方位置。

也可使用如下伪元素定义。

```
#pageFooter::before {
    content:"";
    display: block;
    height:10px;
    clear:both;
}
```

7．优化 CSS 规则

按照上一个项目所讲的 CSS 规则优化方法对分院简介网页中的 CSS 规则进行优化。由于 CSS 规则是直接在代码视图中编写的，因此优化时重点从删除冗余的规则属性设置、使用分组选择器等方面进行。

8．使用样式表文件

（1）创建空白样式表文件

新建一个空白的 CSS 样式表文件，文件名为 common.css，保存到 CSS 子文件夹中。

（2）将 CSS 规则移入外部样式表文件中

将头部 head 的 style 元素中的 CSS 规则通过剪切、粘贴等方法移入 common.css 中，再将内容为空的 style 元素删除掉。

（3）修改路径

检查 common.css 中所有的背景图像路径是否是以 ../image/ 引导，若不是则进行修改。

（4）给分院简介网页链接外部样式表文件

在 </head> 标签前输入如下代码。

```
<link href="../css/common.css" type="text/css" rel="stylesheet" />
```

任务 2　制作分院概况栏其他网页

分院概况栏其他网页与分院简介网页结构相同，不同之处为页面标题、当前位置指示区和具体内容显示区中的内容，因此，可直接根据分院简介网页制作。

1．制作机构设置网页

1）将分院简介网页 fyjj.html 另存为 jgsz.html，仍保存到 xiBuGaiKuang 子文件夹中。

2）更改页面标题。在 jgsz.html 网页文档的代码视图中，将

```
<title> 分院概况 _ 分院简介 </title>
```

更改为

```
<title> 分院概况 _ 机构设置 </title>
```

3）更改当前位置指示区内容。将

```
<section class="location">
    <h3><a href="../index.html" title=" 首页 "> 首页 </a> >> <a href="fyjj.html" title=" 分院概况 "> 分院概况 </a> >> <a href="fyjj.html" title=" 分院简介 "> 分院简介 </a></h3>
</section>
```

更改为

```
<section class="location">
    <h3><a href="../index.html" title=" 首页 "> 首页 </a> >> <a href="fyjj.html" title=" 分院概况 "> 分院概况 </a> >> <a href="jgsz.html" title=" 机构设置 "> 机构设置 </a></h3>
</section>
```

4）更改具体内容显示区中的内容。将 `<section class="content">` 与 `</section>` 之间的代码删除，并输入如下代码。

```
<article>
  <header>
    <h3> 分院机构 </h3>
    <p class="author"> 发布者：分院办 </p>
  </header>
<p class="text">
    <img src="../image/fyxz.gif" alt=" 分院行政 " />
    <br>
    <br>
    <img src="../image/dzz.gif" alt=" 党总支 " />
  </p>
</article>
```

此时，机构设置网页页中的实时视图效果如图 4-13 所示。

因为插入的图像是行内元素，所以不能直接通过设置其 CSS 属性 text-align 为 center 以使其在具体内容显示区的 `<p class="text"></p>` 中水平居中显示。为此，可先给 p.text 增加 class 属性 textcenter，再设置 .textcenter 选择器规则 "text-align:center"。因此，先将

```
<p class="text">
```

修改为

```
<p class="text textcenter">
```

再在 </head> 标签前输入如下代码。

```
<style type="text/css">
      .textcenter{ text-align:center; }
</style>
```

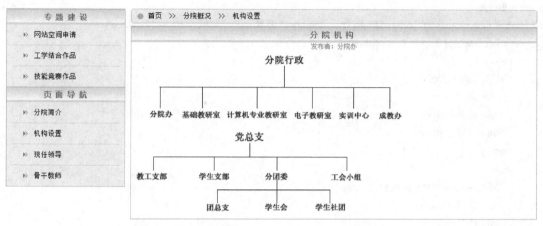

图 4-13　机构设置网页 jgsz.html 页中的实时视图效果（1）

此时，机构设置网页页中的实时视图效果如图 4-14 所示。

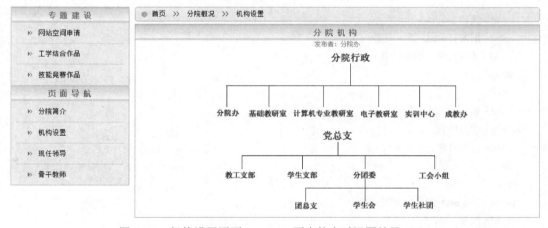

图 4-14　机构设置网页 jgsz.html 页中的实时视图效果（2）

【说明】

可以给标签的class属性设置两个以上的值，并以空格分隔开，再分别定义各个类选择器样式，通过这种方法可以简化各个类选择器样式中的属性个数，同时也方便特定类选择器在其他标签中的重复使用。例如，上述定义的.textcenter可直接用于有水平居中要求的其他块级元素中，即只需给该块级元素增加值为textcenter的class属性即可。

2．制作现任领导网页

制作现任领导网页 xrld.html 与制作机构设置网页的前 3 个步骤类似，而在第 4 个步骤中，

将 \<section class="content"\> 与 \</section\> 之间的代码删除后输入如下代码。

```
<article>
  <header>
     <h3> 领导分工情况 </h3>
     <p class="author"> 发布者：分院办 </p>
  </header>
<table cellspacing="0" cellpadding="0" summary=" 领导分工一览表 " class="thintable">
<caption> 领导分工一览表 </caption>
  <tr>
     <th> </th>
     <th> 姓名 </th>
     <th> 职务 </th>
     <th> 分管工作 </th>
  </tr>
  <tr>
     <th rowspan="3"> 分院行政 </th>
     <td> 领导 1</td>
     <td> 院长 </td>
     <td> 主持分院全面工作 </td>
  </tr>
  <tr>
     <td> 领导 2</td>
     <td> 副院长 </td>
     <td> 主管教学、继续教育 </td>
  </tr>
  <tr>
     <td> 领导 3</td>
     <td> 院长助理 </td>
     <td> 主管科研、实训 </td>
  </tr>
  <tr>
     <th rowspan="2"> 党总支 </th>
     <td> 领导 4</td>
     <td> 书记 </td>
     <td> 主持党务全面工作 </td>
  </tr>
  <tr>
     <td> 领导 5</td>
     <td> 副书记 </td>
     <td> 主管学生、组织发展工作 </td>
  </tr>
  </table>
</article>
```

此时，现任领导网页页中的实时视图效果如图 4-15 所示。

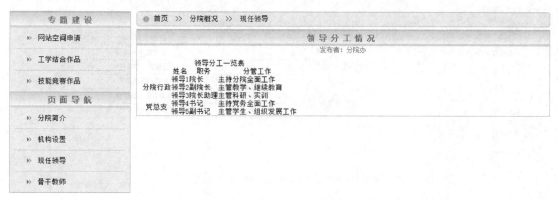

图 4-15　现任领导网页 xrld.html 页中的实时视图效果（1）

再在 </head> 标签前输入如下代码。

```
<style type="text/css">
table.thintable{
    width:40em;
    margin:0  auto;            /* 使表格水平居中对齐 */
    border-collapse: collapse; /* 合并表格边框 */
    margin-bottom: 10px;
}
table.thintable  th,table.thintable  td{
    border:1px  solid  #0000FF;
    line-height:2em;
    text-align:center;
}
table.thintable  th{
    font-weight:bold;
    background-color:#CCCCCC;
}
    table.thintable  caption{
    display:none;              /* 隐藏表格标题 */
}
</style>
```

此时，现任领导网页页中的实时视图效果如图 4-16 所示。

【说明】

单元格的rowspan属性表示当前单元格跨越的表格行数，此时在后续行应省去有关单元格代码。例如，当rowspan为3时，在后续两行中应省去与当前单元格位于同一列的单元格。

单元格的colspan属性表示当前单元格跨越的表格列数，此时在当前行中应省去有关单元格代码。例如，当colspan为3时，在当前行中应省去后续的两个单元格。

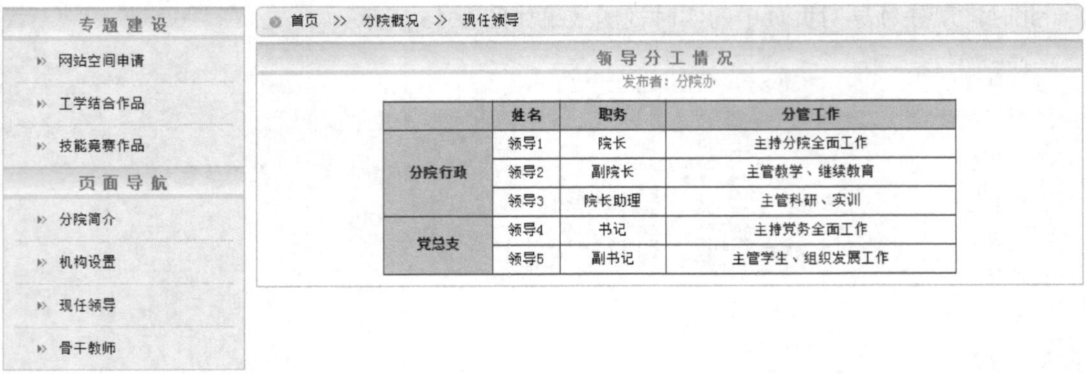

图 4-16　现任领导网页 xrld.html 页中的实时视图效果（2）

3．制作骨干教师网页

制作骨干教师网页 ggjs.html 与制作现任领导网页的步骤类似，请自行制作。

骨干教师网页页中在实时视图中的效果，如图 4-17 所示。

图 4-17　骨干教师网页 ggjs.html 页中的实时视图效果

归纳总结

本项目通过直接用 HTML 语言编写分院概况栏各个网页代码，讲述了 HTML 标签的使用和 CSS 规则的编写，重点讲解了 <section>、<header>、<footer>、<nav>、<aside>、<article>、<div>、<h1>、<h2>、<h3>、<strong>、<em>、<p>、<ul>、<ol>、<li>、<a>、<img>、<table>、
、<hr>、<address>、<style>、<link> 等标签的使用，同时也加深了对 CSS 规则的理解以及应用的熟练程度。

结构要以内容为基础，而不是以表现为基础，即要按照语义来选择标签。同时，相同的内容其结构化的结果也不是唯一的，因为不同的制作者考虑问题的角度不同，从而会形成不同的结构。同样，实现表现（或美化）的方法也不是唯一的。

网页的结构化和美化不是一次性完成的，中间可能要反复修改。也许刚开始编写的结构代码有不合理的地方，会给后期制作造成困难，这时就需要修改结构。有时候很难实现的设计效果，也许可以换作简单些的效果，毕竟内容是浏览者最关心的，而不是花哨的渐变背景或阴影。只有多做多实践才能积累经验，少走弯路。

 巩固与提高

1．巩固训练

设计制作直接用 HTML 语言编写的学校网站学校概况栏各个网页。所需素材请参考学校现有网站搜集整理。

2．分析思考

1）在现任领导网页 xrld.html 中，表格的标题单元格如果选用 <td> 标签并定义有关 CSS 规则同样能实现预期效果，为什么这里选用的是 <th> 标签呢？

2）考虑到浏览者可能会使用浏览器提供的放大缩小文字功能来调整文字大小，在常用的 CSS 规则属性中，哪些属性值的单位宜选用 em，哪些宜选用 px？

3）在分院简介网页 fyjj.html 中，将 CSS 规则放到了外部样式表文件中，这么做有什么好处？而在机构设置网页 jgsz.html 等网页中新定义的 CSS 规则又放到了相应网页中，为什么？

4）在机构设置网页 jgsz.html 的具体内容显示区中插入的图像能否通过定义 CSS 规则"img{display:block; margin:0 auto;}"使其水平居中对齐？实际做一下。

5）如何布局包含 3 列的网页，要求各列具有弹性宽度？

3．拓展提高

3 行 3 列宽度自适应的布局设计

HTML 代码如下。

```
<section id="wrap">
    <header id="header">……页头……</header>
    <sidebar id="sidebar1">……侧栏 1……</sidebar>
    <sidebar id="sidebar2">……侧栏 2……</sidebar>
    <section id="content">……主要内容……</section>
    <footer id="footer">……页脚……</footer>
</section>
```

由于左、右 2 列宽度固定，因此可以设置左列左浮动、右列右浮动，而中间列（主要内容区）则通过设置左、右边距而不设置宽度（此时宽度为 auto）实现其宽度自适应父元素的布局，CSS 规则如下。

```
#wrap {
    width: 980px;
    margin:0 auto;
    ……
    }
#header {    ……    }
#sidebar1 {
    width: 200px;
    float: left;
    ……
```

```
    }
#sidebar2  {
    width:  180px;
    float:  right;
    ……
    }
#content  {
    margin-left:210px  ;    /* 左边距＝侧栏 1 宽 200 px＋距侧栏 1 的间距 10 px*/
    margin-right:190px  ;  /* 右边距＝侧栏 2 宽 180 px＋＋距侧栏 2 的间距 10 px*/
    margin-bottom:10px;
    ……
    }
#footer  {
    clear:both;              /* 或 clear:left;，使页脚另起一行显示 */
    ……
    }
```

3 行 3 列自适应布局效果，如图 4-18 所示。

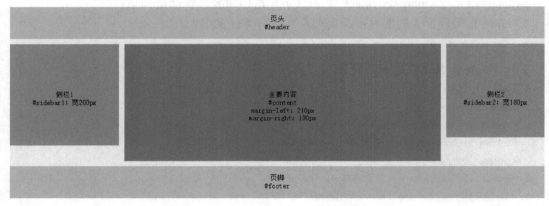

图 4-18　3 行 3 列自适应布局效果

【说明】

上述CSS规则中所有长度均可使用以em或%为单位的数值。

项目5 PROJECT 5 使用模板制作网页

 项目概述

本项目是用模板技术设计制作教学管理栏系列网页，要求如下：

①创建各网页所用的模板。创建模板 teach.dwt，要求包含纵向排列的页头、页中、页脚，均水平居中对齐、宽 980px、无边框。页头、页中左列、页脚的具体内容与分院概况栏"分院简介网页"（xiBuGaiKuang/fyjj.html）中对应的页头、页中左列、页脚类似，而页中右列具体内容显示区留空。模板 teach.dwt 的设计视图效果，如图 5-1 所示。

图 5-1 模板 teach.dwt 的设计视图效果

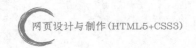

② 根据模板制作各个网页。根据模板 teach.dwt 制作教学管理栏各个网页（即特色专业 tszy.html、教研活动 jyhd.html、课程标准 kcbz.html、实践教学 sjjx.html、实训基地 sxjd.html、顶岗实习 dgsx.html 共 6 个网页）并保存到 jiaoXueGuanLi 子文件夹中。同时要根据各个网页的具体情况设置网页标题、当前的位置指示，并对具体内容显示区进行内容编排。根据网页具体内容显示区中内容的多少决定页脚是否显示。

知识能力目标

- 了解资源面板的功能。
- 掌握模板、可编辑区域和可选区域。
- 理解可编辑区域和可选区域的 HTML 代码。
- 能创建、修改模板。
- 能创建可编辑区域和可选区域。
- 能创建基于模板的网页并更新模板文件。
- 能创建锚记和锚记链接。

预备知识

1. 模板概述

模板是一种特殊的网页文档，它是用来作为创建其他网页文档的基础文档。模板也可被理解成一种模型，利用它可方便地制作出很多类似的页面，这些页面与模型之间保持着特殊的关联关系。模板在制作具有统一风格的网页（例如，具有相同的布局方式和类似的网页元素）中起着重要的作用。利用模板可以避免重复地在每个页面中插入或修改相同的内容，一旦需要修改这些网页中的相同内容或改版网站，只需改变模板就能自动更新所有基于该模板创建的网页，这使得网页的创建和维护变得轻松快捷，从而可大大提高了工作效率，简化了网站的维护工作。

在根据模板创建的网页中，有些元素内容不可编辑，有些元素内容可以编辑修改。

2. 资源面板

Dreamweaver 提供的模板功能被作为一种资源集成在"资源"（Assets）面板上，如图 5-2 所示。

图 5-2 "资源"面板的模板功能

"资源"面板包含了当前网站中的各种资源，例如，"图像""颜色""URLs""媒体""脚本""模板""库"等。为了避免内容过于庞杂，除了"模板"和"库"外，对"图像""颜色""URLs""媒体""脚本"等资源又添加了一个"收藏"（favorite）选项，"收藏"选项中的内容是这些资源中的精选成分，可以将任何资源项目添加到"收藏"选项中，如图 5-3 所示。

图 5-3　"资源"面板上的"收藏"选项

"模板"和"库"均可以减轻网页制作中的重复劳动，但"库"侧重于局部，而"模板"则从整体上减少网页制作、网站管理更新时的重复劳动，也有助于更好地定义网站的整体风格。

项目分析

本项目设计制作的教学管理栏系列网页布局类似，所以采用模板方法制作。由于所用模板网页的布局类似于"分院简介"网页（xiBuGaiKuang/fyjj.html），因此采用将现有网页"另存为模板"后进行修改的方法进行，根据教学管理栏系列网页的共性和个性在模板中创建可编辑区域、可选区域。然后，根据设计的模板制作教学管理栏各个网页，同时根据各个网页的具体情况设置网页标题、编排相关内容。

项目实施

1．创建各网页所用模板

（1）创建模板

1）根据现有网页创建模板。由于要创建的模板类似于分院概况栏各个网页效果，因此采用"另存为模板"的方法。

打开分院简介网页 fyjj.html，单击"插入"面板"模板"选项组中的"创建模板"按钮，或执行"文件"→"另存为模板"命令，弹出"另存模板"对话框，如图 5-4 所示。在"另存为"文本框输入模板名 teach，其他选项使用默认设置，单击"保存"按钮，弹出"更新链接确认"对话框，如图 5-5 所示。单击"是"按钮，生成了不包含任何可编辑区域的模板 teach.dwt。

图 5-4 "另存模板"对话框

图 5-5 "更新链接确认"对话框

【说明】

① 所有模板均集中存放在站点根文件夹下系统自动创建的Templates子文件夹中，如图5-6所示。

图 5-6 自动创建的 Templates 子文件夹

② 如果要新建一个不是根据现有网页创建的空模板，那么可先单击"资源"面板左边的"模板"按钮，再在右边显示的"模板"子面板上单击右下角的"新建模板"按钮。此时在模板列表区中增加一空模板，在"名称"列文本输入框中给模板命名，如图5-7所示。

图 5-7 新建空模板

　　或者执行"文件"→"新建"命令，弹出"新建文档"对话框，如图5-8所示。在左边的类别中选择"新建文档"，"文档类型"列表框中选择"HTML模板"，"布局"列表框中选择"无"，其他选项使用默认设置。单击"创建"按钮后，则在文档编辑窗口会显示一个空模板文档，保存时会弹出"无可编辑区域"对话框，如图5-9所示。单击"确定"按钮，弹出"另存模板"对话框，在"另存为"文本框中输入模板名称，这样就创建了一个不包含任何可编辑区域的已命名的空模板。

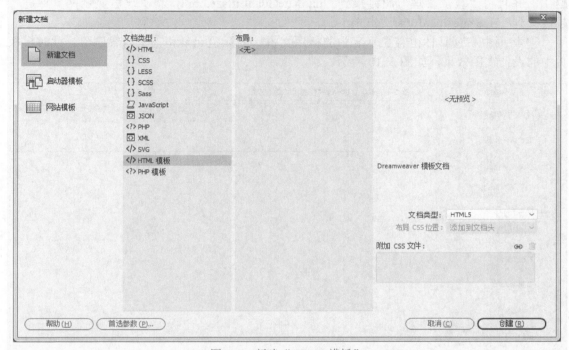

图 5-8　新建"HTML 模板"

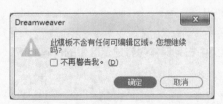

图 5-9　"无可编辑区域"对话框

　　③ 在默认情况下，模板中不包含任何可编辑区域，即在根据此模板创建的网页中所有结构内容均不可修改。因此，必须根据需要在模板中创建若干可编辑区域。

　　2）模板初始设置。

　　① 将模板 teach.dwt 标题更改为"这是教学管理模板"。该标题以后仍可在根据模板创建的网页中进行修改。

【说明】

　　如果模板teach.dwt尚未在文档编辑窗口打开，则可在"模板"子面板的"模板列表"中双击所需打开的模板（或选择模板后，单击右下角的"编辑"按钮 ）。

②将页中左列"页面导航"下的 4 个页面标题删除，然后添加"教学管理"栏目下的 6 个页面标题，即特色专业、教研活动、课程标准、实践教学、实训基地、顶岗实习，并分别超链接到 ../jiaoXueGuanLi/tszy.html、../jiaoXueGuanLi/jyhd.html、../jiaoXueGuanLi/ kcbz.html、../jiaoXueGuanLi/sjjx.html、../jiaoXueGuanLi/sxjd.html、../jiaoXueGuanLi/dgsx.html。

③将页中右列当前位置指示区中的内容修改为"首页 >> 教学管理 >> 这里显示网页标题"，并且将"教学管理"超链接到 ../jiaoXueGuanLi/tszy.html，将"这里显示网页标题"超链接到 ../jiaoXueGuanLi/tszy.html。

④将页中右列具体内容显示区中的标题文本、副标题元素和正文内容删除。此时模板页中的设计视图效果，如图 5-10 所示。

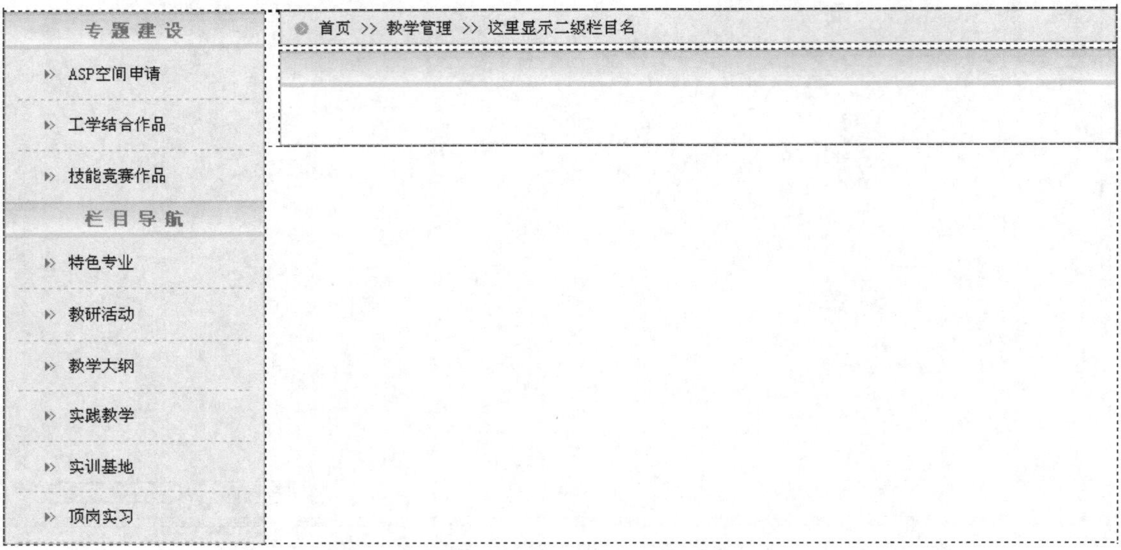

图 5-10　模板页中的设计视图效果

【说明】

切换到代码视图可以看到，页中右列具体内容显示区中的代码如下。

```
<section class="content">
  <article>
    <header>
      <h3> </h3>
    </header>
    <p class="text"> </p>
  </article>
</section>
```

（2）创建可编辑区域

1）选择超链接"这里显示网页标题"，单击"插入"面板"模板"选项组中的"可编辑区域"按钮 ，或执行"插入"→"模板"→"可编辑区域"命令，创建可编辑区域，名称为 location，如图 5-11 所示。

此时，在设计视图中的效果如图 5-12 所示。

图 5-11　新建可编辑区域

图 5-12　新建的可编辑区域 location

【说明】

① 创建可编辑区域时，可以先选择文档中的元素或其中的部分内容（例如，部分文字、图像、超链接、段落、标题、标签等），然后再创建。也可以不选择任何元素或内容而直接创建，此时会自动在页面中添加以该可编辑区域名字为其初始内容的可编辑区域，例如，直接插入的可编辑区域EditRegion1，如图5-13所示。

图 5-13　直接插入的可编辑区域 EditRegion1

② 可编辑区域创建后，在其左上方显示可编辑区域标志，可以单击它选中该可编辑区域。

③ 取消可编辑区域的方法是先单击待删除的可编辑区域的左上方标志，选择"工具"→"模板"→"删除模板标记"命令。

④ 可编辑区域location的HTML代码如下。

```
<!-- TemplateBeginEditable name="location" -->
  <a href="../jiaoXueGuanLi/tszy.html"> 这里显示网页标题 </a>
<!-- TemplateEndEditable -->
```

⑤ 默认情况下，在头部head中会自动创建两个可编辑区域，分别用于存放title和style等元素，其HTML代码如下。

```
<!-- TemplateBeginEditable name="doctitle" -->
  此处存放 title 元素
<!-- TemplateEndEditable -->
```

以及

```
<!-- TemplateBeginEditable name="head" -->
  此处存放 style 等元素
<!-- TemplateEndEditable -->
```

2）在页中右列具体内容显示区中的标题位置直接创建可编辑区域，名称为 content_title，在

内容位置直接创建的可编辑区域，名称为 content。此时，在设计视图中的效果，如图 5-14 所示。

图 5-14　新建的多个可编辑区域

再新建保存到 common.css 中的 CSS 规则如下。

```
#main .content ul li {
    list-style-type: circle;
    margin-left: 60px;
    line-height: 1.5em;
}
```

【说明】

上述可编辑区域的HTML代码如下。

```
<section class="content">
    <article>
        <header>
            <h3><!-- TemplateBeginEditable name="content_title" --> 此处放内容标题 <!-- TemplateEndEditable --></h3>
        </header>
        <!-- TemplateBeginEditable name="content" --> 此处显示具体内容 <!-- TemplateEndEditable -->
    </article>
</section>
```

（3）创建可选区域

可选区域用于由条件控制区域的显示与否。

选择页脚 footer#pageFooter，单击"插入"面板"模板"选项组中的"可选区域"按钮，或执行"插入"→"模板"→"可选区域"命令，打开"新建可选区域"对话框创建可选区域，"名称"为 footer，如图 5-15 所示。

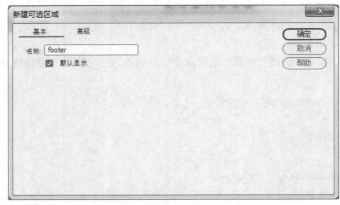

图 5-15　"新建可选区域"对话框

此时，在设计视图中的效果如图 5-16 所示。

图 5-16 新建的页脚可选区域

【说明】

①上述使用 按钮创建的可选区域只可由条件控制区域的显示与否，而如果使用 按钮创建的可选区域则是可编辑的可选区域，即此时不仅可由条件控制区域的显示与否，而且当条件满足时还可对该区域进行编辑。

②如果需要修改可选区域footer，可单击其左上方的标志If footer，此时"属性"面板上会显示"编辑"按钮，如图5-17所示。单击"编辑"按钮后会重新显示"新建可选区域"对话框，可根据需要对可选区域进行修改。

图 5-17 可选区域"属性"面板

③可选区域的HTML代码如下。

```
<!-- TemplateBeginIf cond="footer" -->
    此处显示内容
<!-- TemplateEndIf -->
```

而在头部head中生成的对应的模板参数代码如下。

```
<!-- TemplateParam name="footer" type="boolean" value="true" -->
```

在基于模板创建的网页中，如果不需要显示页脚，那么只要通过一定的方法设置显示条件不满足即可，即将模板参数中的value设置为false。

④在"新建可选区域"对话框中，"高级"选项卡用于自行设置条件。

2．根据模板制作各个网页

（1）对现有网页应用模板

1）在文档编辑窗口打开项目1创建的特色专业网页jiaoXueGuanLi/tszy.html。在"模板"子面板上选中模板teach，单击左下方的 应用 按钮将teach.dwt模板应用到tszy.html网页上。

【说明】

①当将模板应用于一个已有内容的现有网页上时，会弹出"不一致的区域名称"对话框提示当前内容的放置位置，如图5-18所示。此时，可选择模板中的一个可编辑区域放置当前内容，或者舍弃当前内容。

②在应用了模板的网页HTML代码中，只有可编辑区域的内容和模板参数未灰化，可以修改，其余内容全部灰化，即锁定了。

图 5-18 "不一致的区域名称"对话框

2）修改 tszy.html 网页的标题为"教学管理_特色专业"，删除可编辑区域 location 中的原有内容并输入"特色专业"，删除可编辑区域 content_title 中的原有内容并输入"计算机应用技术专业特色"。

3）先删除可编辑区域 content 中的原有内容，然后输入有关专业特色的具体内容，并使用定义列表，即先分别输入专业各个特色的标题和具体介绍内容，每个标题和具体介绍内容均为一段，然后选中这些段落，右击并在弹出的快捷菜单中执行"列表"→"定义列表"命令。此时，特色专业网页页中在设计视图中的效果，如图 5-19 所示。

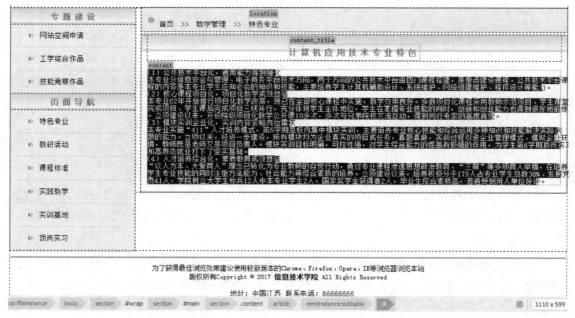

图 5-19 特色专业网页 tszy.html 页中的设计视图效果

【说明】

①定义列表是用来定义一系列术语以及相关的说明，是块级元素。定义列表标签是<dl>，每个被说明的术语标签是<dt>，每个说明标签是<dd>，在dd元素中的内容可以是段落、回车、图像、链接或其他的列表等。

上述定义列表的HTML代码如下。

```
<dl>
    <dt>（1）公共技术平台化，通用能力得到强化 </dt>
    <dd> 本专业分信息安全与管理、电子商务平台技术方向，两个方向的公共技术平台由四门课程搭建，
是重点建设课程。公共技术平台课程的内容是本专业学生应知必会的知识和技能，主要培养学生计算机辅助设计、
系统维护、网络组建维护、程序设计等能力。</dd>
    <dt>（2）核心课程项目化，项目化教学成效显著 </dt>
    <dd> 本专业 02 年开始推行项目化教学改革，现已在全部核心课程中实施，教学效果良好。多数项目化
课程采用教师示范项目、学生课堂完成项目、学生课后完成项目三线并行，充分体现学生主体地位，学生在掌
握专业技能的同时，创新和创业能力也得到很好地锻炼。立项建设以来，开设院级项目化教学公开课 10 多次，
多次与兄弟院校交流互动，得到同行专家的高度肯定。</dd>
    <dt>（3）模块实训企业化，实训内容紧贴岗位需求 </dt>
    <dd> 本专业实施 &ldquo;411&rdquo; 人才培养模式，第 5 学期是校内集中模块实训，主要培养专业核心
技能和综合运用多种知识和技能解决实际问题的能力。立项以来，经进一步建设，所有模块均为企业真实的项目或
任务，真题真做，实训过程引进企业管理模式、模拟企业环境，教师既是老师又是项目负责人。模块实训目标明确，
可控性强，对学生综合能力的提高有极强的作用，为学生第 6 学期顶岗实习和高质态就业打下了坚实基础。</dd>
    <dt>（4）人才培养综合化，素质教育成效显著 </dt>
    <dd>&ldquo; 以人为本、大爱育人 &rdquo; 理念已转化为专业教师的自觉行动，通过专业课程渗透思
想政治教育、&ldquo; 三帮 &rdquo; 等多项育人举措，在培养学生专业技能的同时注重方法能力、社会能力等综
合素质的培养。立项建设以来，培养积极分子 179 人占专业学生总数 30%、发展党员 41 人，学院树立大学生标
兵 12 人中本专业学生 2 人，国家奖学金获得者 2 人，毕业生综合素质高，普遍受到用人单位好评。</dd>
</dl>
```

②定义列表在浏览时各个标题和对应的详细内容是全部展开显示的，如果使用<details>和
<summary>标签则可以只显示标题而折叠详细内容，当用户单击标题时才会展开显示详细内容，再次单
击标题时又会折叠详细内容。

<details>标签用于描述细节内容，<summary>标签为<details>定义标题，应配合使用。但
<details>标签目前还没有得到所有主流浏览器的支持。示例代码如下：

```
<details>
    <summary>（1）公共技术平台化，通用能力得到强化 </summary>
    本专业分信息安全与管理、电子商务平台技术方向，两个方向的公共技术平台由四门课程搭建，是重点
建设课程。公共技术平台课程的内容是本专业学生应知必会的知识和技能，主要培养学生计算机辅助设计、系
统维护、网络组建维护、程序设计等能力。
</details>
```

4）给定义列表新建保存到 tszy.html 网页中的 CSS 规则如下。

```
<style type="text/css">
#main .content dl dd {
    line-height: 1.5em;
    text-indent: 2em;
    font-size: 0.9em;
}
#main .content dl dt {
```

```
        line-height: 1.5em;
    }
</style>
```

此时，特色专业网页页中的实时视图效果如图 5-20 所示。

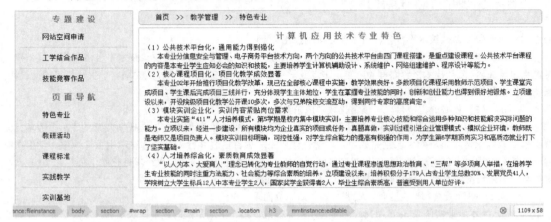

图 5-20 "特色专业"网页 tszy.html 页中的浏览效果

（2）根据模板制作各个网页

1）执行"文件"→"新建"命令，弹出"新建文档"对话框，如图 5-21 所示，在左边的类别中选择"网站模板"，"站点"列表框中选择当前站点，第三列的列表框中选择 teach 模板，单击"创建"按钮后即可根据模板 teach.dwt 创建一个新的网页。

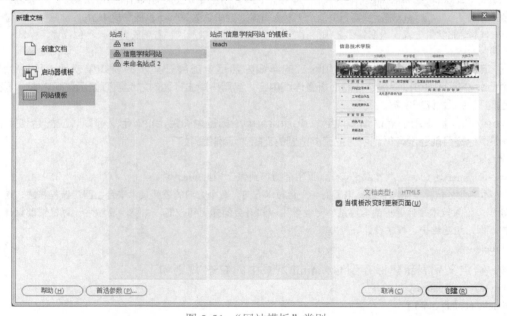

图 5-21 "网站模板"类别

【说明】

① 建议选中图5-21中的"当模板改变时更新页面"复选框，这样，当对模板修改后将会弹出"更新模板文件"对话框提示是否更新相关页面，如图5-22所示。

图 5-22　"更新模板文件"对话框

② 如果某一根据模板创建的网页想与模板脱离关系而变成普通网页，则可以执行"工具"→"模板"→"从模板中分离"命令。

2）将网页保存到 jiaoXueGuanLi 子文件夹中，文件名为 jyhd.html。修改网页标题为"教学管理 _ 教研活动"，删除可编辑区域 location 中的原有内容并输入"教研活动"，再超链接到 jyhd.html，删除可编辑区域 content_title 中的原有内容并输入"本学期教研活动计划"。

3）先删除可编辑区域 content 中原有内容，然后输入各个教研室的名称并设置成项目列表，再在其下方依次输入各个教研室的教研活动计划标题和内容。

将光标定位于第一个教研活动计划标题后，插入命名锚记，即切换到代码视图，输入如下代码。

```
<a id="anchor1"></a>
```

此时在设计视图中会出现对应的命名锚记。用同样的方法，在其他教研活动计划标题后插入命名锚记，id 分别设置成 anchor2、anchor3 等。

再将教研室名称项目列表中的各个列表项文本分别超链接到对应的锚记，即在"属性"面板的"链接"下拉列表框中分别输入"#anchor1""#anchor2"等。

此时，教研活动网页页中在设计视图中的效果，如图 5-23 所示。

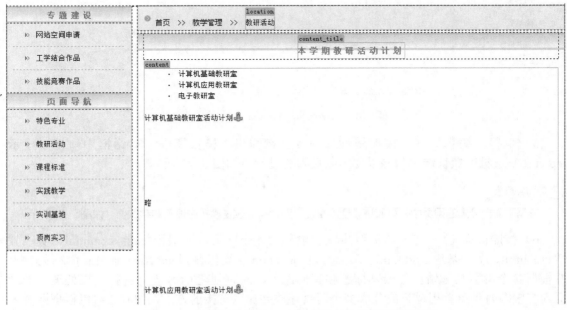

图 5-23　教研活动网页 jyhd.html 页中的设计视图效果

【说明】

① 锚记是指文档中设置的位置标记,该位置标记拥有一个名称以便引用。锚记链接常用在长文档中实现快速跳转,例如,可用来跳转到当前文档或不同文档中特定的主题或位置,以加快信息检索速度。

在同一网页中创建锚记链接时,链接网址由"#"和"锚记名"组成,例如,#anchor。如果要超链接到另一网页中的某一锚记,则链接网址由"网页名""#""锚记名"组成,例如,page.html#anchor。

② 在jyhd.html网页中,为了使浏览者有更好的体验,还可以再在教研室名称项目列表开始处插入一个锚记,同时在各个教研活动计划内容结尾处插入"返回"链接,以便返回到教研室名称项目列表开始处。

4)根据需要创建保存到 jyhd.html 中的 CSS 规则如下。

```
<style type="text/css">
#main .content .teachingplan {/* 项目列表 ul 的 class 属性值为 teachingplan*/
    margin-bottom: 300px;
}
</style>
```

此时,教研活动网页页中在浏览器中的浏览效果,如图 5-24 所示。

图 5-24　教研活动网页 jyhd.html 页中的浏览效果

5)执行"编辑"→"模板属性"命令,在弹出"模板属性"对话框中取消"显示footer"复选框的默认选中状态以便隐藏页脚的显示,如图 5-25 所示。

【说明】

在基于模板创建的网页中,可通过"模板属性"对话框修改在模板中设置的参数值,如图5-25所示。

6)按照前面1)～5)的类似步骤创建其余 4 个网页,即课程标准 kcbz.html、实践教学 sjjx.html、实训基地 sxjd.html、顶岗实习 dgsx.html,均保存到 jiaoXueGuanLi 子文件夹中,并根据各个网页具体情况修改其标题和其他内容,同时创建 CSS 规则进行效果处理。当网页内容较多时仍可采用锚记或分成多个网页存放并加以链接的方法,同时还可以根据网页内容的多少决定是否隐藏页脚的显示。

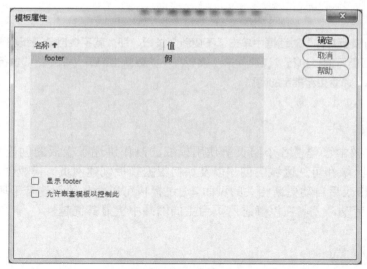

图 5-25 "模板属性"对话框

（3）更新模板文件

将模板 **teach.dwt** 页中左列的标题"页面导航"更改为"二级页面导航"，然后保存。保存时自动弹出"更新模板文件"对话框，如图 5-26 所示。

图 5-26 "更新模板文件"对话框

单击"更新"按钮后，会自动更新基于此模板创建的所有网页，更新完成后弹出"更新页面"对话框显示更新状态，如图 5-27 所示。

图 5-27 "更新页面"对话框

【说明】

如果在"更新模板文件"对话框中单击"不更新"按钮，那么就不会自动更新基于此模板创建的所有网页了，但以后仍可通过执行"工具"→"模板"→"更新当前页"命令，或执行"工具"→"模板"→"更新页面"命令更新指定的网页。

归纳总结

本项目通过教学管理栏各个网页所使用模板的制作讲述了模板的创建和使用方法。重点讲解了可编辑区域和可选区域的创建以及如何根据模板创建网页。模板创建后还可以随时根据需要修改，修改后自动更新相关的页面。通过模板可以轻易地创建若干风格一致的网页，从而减少了重复劳动，尤其在以静态网页为主的网站中更显其优越性。

巩固与提高

1. 巩固训练

1）创建继续教育栏各个网页所用的模板，并根据此模板创建各个网页。

2）创建学校网站教学科研栏各个网页所用的模板，并创建基于此模板的各个网页。所需素材请参考学校现有网站搜集整理。

2. 分析思考

1）如果在 Dreamweaver 外更改了基于模板创建的某个网页中的代码，那么网页能否正常浏览？当更新模板文件时会出现什么情况？实际做一下。

2）要想修改基于模板创建的某个网页锁定区域中的内容，有哪些方法？

3）某个公司已有一个网站，但因为没有使用模板，每次改版更新工作量都较大。如果现在创建模板，那么该如何处理各个网页呢（假定各个网页的页头、页脚基本类似）？

3. 拓展提高

（1）如何创建嵌套模板

嵌套模板是指一个模板的可编辑区域基于另一模板。创建步骤如下。

1）创建基础模板。

2）新建一个基于此基础模板的网页，并保存该网页为模板（即嵌套模板）。

3）在嵌套模板中，在基础模板的可编辑区域中定义新的可编辑区域。

嵌套模板继承基础模板的属性，若改变基础模板，嵌套模板也会自动更新，所有基于基础模板和嵌套模板的网页都会改变。

根据嵌套模板创建的网页可在基础模板和嵌套模板的所有可编辑区域中输入内容。

（2）如何使标签属性可编辑

在模板中可改变标签的部分属性，方法是：在模板中先选择需要改变属性的标签，然后执行"工具"→"模板"→"令属性可编辑"命令，并根据需要设置，再在根据模板创建的网页中执行"编辑"→"模板属性"命令对属性进行编辑。

项目6 制作包含内联框架的网页

PROJECT 6

 项目概述

本项目是设计制作包含内联框架的技术服务栏主页，要求如下：

① 设计制作应用了内联框架的技术服务栏主页，包含页头、页中、页脚 3 个部分。页头和页脚类似于"分院简介"网页（**xiBuGaiKuang/fyjj.html**）的页头和页脚。页中包含左、右 2 列。左列纵向包含专题建设区（放置网站空间申请、工学结合作品、技能竞赛作品 3 个链接），页面导航区（放置技术服务栏的 4 个二级页面标题，即培训考核、网站建设、网络组建、软件开发）。右列纵向包含当前位置标示区、显示在内联框架中的技术服务概况。要求左列中各个二级页面标题链接的网页在内联框架中显示。以上有关内容要求定义 CSS 规则处理效果。使用了内联框架的主页浏览效果，如图 6-1 所示。

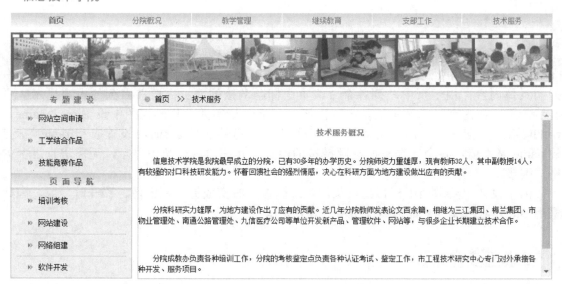

图 6-1 技术服务栏主页的浏览效果图

②在主页中制作交换图像效果。要求当鼠标移到页头的标志图像上时变成另一幅图像jsfwbiaozhi.gif，移开时复原。

 知识能力目标

○ 理解内联框架及其属性、HTML 代码。
○ 能在网页中插入内联框架并设置属性。
○ 能在内联框架中显示超链接网页。
○ 能制作交换图像效果。

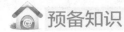 预备知识

1．内联框架

内联框架（iframe）是网页中的一块区域，是存放其他网页文档的容器。显示在内联框架中的网页文档并不是内联框架本身的构成部分。

使用内联框架的最常见情况就是网页中包含了导航栏，而导航栏的各个链接网页显示在内联框架中。iframe 是行内元素。

2．交换图像

交换图像（Rollover Image），也称鼠标经过图像，是指当鼠标指针经过原始图像上时，会改变成另一幅图像显示。

如果用于创建交换图像的两幅图像大小不同，那么当鼠标指针经过原始图像上时，显示的第二幅图像的大小会自动调整成与原始图像一致。

项目分析

本项目设计制作的技术服务栏主页类似于"分院简介"网页（xiBuGaiKuang/fyjj.html），因此采用复制后修改的方法完成，重点修改页中左列二级页面标题名称、删除右列的具体内容。由于页中左列各个二级页面标题链接的网页需要在右列的内容显示区中显示，所以在内容显示区中插入内联框架 <iframe> 标签并在代码视图中设置 src、name、width、height 等属性，同时要将各个二级页面标题链接的目标 target 设置成 <iframe> 标签的 name 属性值。各个二级页面标题链接的网页只是在内联框架中显示，无需进行过多的格式编排。

由于设计中要求当鼠标移到页头的标志图像上时变成另一幅图像、移开时复原，因此采用 Dreamweaver 的"鼠标经过图像"效果制作。

项目实施

1．制作应用了内联框架的技术服务栏主页

（1）技术服务栏主页整体分析

由技术服务栏主页的设计图可以发现，主页的设计效果类似于分院概况栏分院简介网

页。因此，可以以分院简介网页 xiBuGaiKuang/fyjj.html 为基础修改而成。

页中分为左、右两列，由于左列各个二级页面标题链接的网页需要在右列的内容显示区中显示，因此可在内容显示区中使用内联框架。

（2）创建初始的技术服务栏主页

1）将现有网页另存为技术服务栏主页。先在文档编辑窗口打开分院简介网页 xiBuGaiKuang/fyjj.html，再执行"文件"→"另存为"命令，将网页另存为 jsfw.html，保存到 jiShuFuWu 子文件夹中。

2）修改技术服务栏主页。

①将网页标题更改为"信息技术学院技术服务"。

②将页中左列"页面导航"下的4个二级页面标题删除，然后添加"技术服务"栏目下的4个二级页面标题，即培训考核、网站建设、网络组建、软件开发，并分别超链接到 pxkh.html、wzjs.html、wlzj.html、rjkf.html。

③将页中右列当前位置标示区的内容修改为"首页 >> 技术服务"，并将"技术服务"超链接到 jsfw.html。

④将页中右列具体内容显示区 section.content 中全部内容删除。

技术服务栏主页页中的设计视图效果，如图6-2所示。

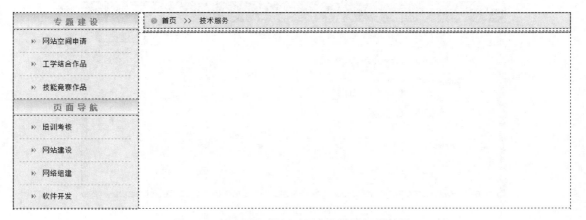

图6-2　技术服务栏主页页中的设计视图效果

（3）创建技术服务概况网页

新建网页文档，文件名为 jsfwgk.html，保存到 jiShuFuWu 子文件夹中。先给网页附加样式表文件 css/basic.css 和 css/common.css，再在网页中输入技术服务的整体情况介绍内容并请自行定义 CSS。

（4）内联框架应用

1）插入内联框架。

①在代码视图下，将光标定位于 section.content 中，单击"插入"面板 HTML 选项组中的 IFRAME 按钮▣，或者执行"插入"→"HTML"→"IFRAME"命令。

②给 <iframe> 标签添加属性如下。

```
<iframe src="jsfwgk.html" name="main" width="100%" marginwidth="0" marginheight="0" height="310"
scrolling="Auto" frameborder="0"></iframe>
```

【说明】

插入iframe元素后，在设计视图中只显示成一个灰色正方形。

2）制作二级页面。

① 新建4个二级页面，即培训考核、网站建设、网络组建、软件开发，并分别超链接到网页pxkh.html、wzjs.html、wlzj.html、rjkf.html，均附加样式表文件css/basic.css和css/common.css，4个网页均保存到jiShuFuWu子文件夹中。

② 设置技术服务栏主页jsfw.html页中左列各个二级页面标题的链接目标均为main。

【说明】

在内联框架的属性中，name属性的值为main，但给各个二级页面标题创建超链接时，在"属性"面板的"目标"下拉列表框中并没有main选项，因此需自行输入main。

2．在主页中制作交换图像效果

1）选择页头标志图像banner.gif，单击"插入"面板"HTML"选项组中的"鼠标经过图像"按钮 ，或者执行"插入"→"HTML"→"鼠标经过图像"命令，弹出"插入鼠标经过图像"对话框，如图6-3所示，按图中进行设置。

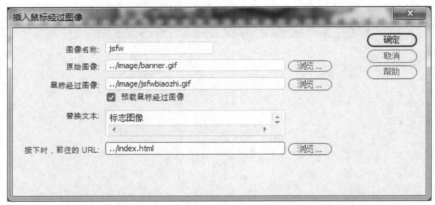

图6-3 "插入鼠标经过图像"对话框

【说明】

① 切换到代码视图可以看到，在div.banner中自动生成的交换图像的HTML代码如下。

```
<a href="../index.html" onmouseout="MM_swapImgRestore()" onmouseover= "MM_swapImage ('jsfw',''',../
image/jsfwbiaozhi.gif ',1)">
        <img src="../image/banner.gif' alt=" 标志图像 " id="jsfw" width="980" height="100" border= "0" id="jsfw" />
</a>
```

其中，所调用的函数MM_swapImgRestore()和MM_swapImage()的功能分别是鼠标移离时将交换后的图像复原、鼠标经过时交换图像，并位于头部head自动生成的如下代码中。

```
<script type="text/javascript">
function MM_swapImgRestore() { //v3.0
    var i,x,a=document.MM_sr; for(i=0;a&&i<a.length&&(x=a[i])&&x.oSrc;i++) x.src=x.oSrc;
}
```

```
function MM_preloadImages() { //v3.0
    var d=document; if(d.images){ if(!d.MM_p) d.MM_p=new Array();
    var i,j=d.MM_p.length,a=MM_preloadImages.arguments; for(i=0; i<a.length; i++)
    if (a[i].indexOf("#")!=0){ d.MM_p[j]=new Image; d.MM_p[j++].src=a[i];}}
}

function MM_findObj(n, d) { //v4.01
    var p,i,x;  if(!d) d=document; if((p=n.indexOf("?"))>0&&parent.frames.length) {
        d=parent.frames[n.substring(p+1)].document; n=n.substring(0,p);}
    if(!(x=d[n])&&d.all) x=d.all[n]; for (i=0;!x&&i<d.forms.length;i++) x=d.forms[i][n];
    for(i=0;!x&&d.layers&&i<d.layers.length;i++) x=MM_findObj(n,d.layers[i].document);
    if(!x && d.getElementById) x=d.getElementById(n); return x;
}

function MM_swapImage() { //v3.0
    var i,j=0,x,a=MM_swapImage.arguments; document.MM_sr=new Array; for(i=0;i<(a.length-2);i+=3)
    if ((x=MM_findObj(a[i]))!=null){document.MM_sr[j++]=x; if(!x.oSrc) x.oSrc=x.src; x.src= a[i+2];}
}
</script>
```

在<body>标签中自动添加了如下代码。

onload="MM_preloadImages('../image/jsfwbiaozhi.gif ')"

它表示在浏览器装载网页时预载鼠标经过图像jsfwbiaozhi.gif。

②交换图像一般制作一组，例如，导航栏中的各个栏目标题均可由交换图像组成。

2）将页头原有标志图像 banner.gif 删除。

归纳总结

本项目通过技术服务栏主页的制作讲述了内联框架在网页中的应用以及交换图像效果的制作。重点要掌握内联框架的应用，内联框架可以统一页面风格。

巩固与提高

1．巩固训练

1）网站主页与次页的链接。将网站主页 index.html 导航栏中各个菜单项链接到对应栏目的第一张网页上。

2）设计制作支部工作栏主页，并应用内联框架方法显示该栏目下的各个网页。

3）设计制作学校网站公共信息栏主页，要求应用内联框架和交换图像效果。所需素材请参考学校现有网站搜集整理。

2．分析思考

1）何时用内联框架？

2）如何在浏览器中判断一个网页是否使用了内联框架？

3）在技术服务栏主页中，设置内联框架的 marginwidth 和 marginheight 属性有无效果？为什么？

4）插入交换图像的两种方法有何区别？

3．拓展提高

用附加行为方法创建交换图像

行为（Behaviors）是响应某一事件（Event）而采取的一个动作（Action）。事件是产生行为的条件，它与浏览器的操作相关，例如，当浏览者单击按钮时发生 onClick 事件，当鼠标经过某个对象时发生 onMouseOver 事件。动作是预先编写好的能够执行某种任务（例如，打开浏览器窗口、弹出信息、显示—隐藏元素等）的 JavaScript 代码，它是行为的具体结果。动作只有在某个事件发生时才会被执行。

行为附加在 HTML 标签上，下面以给图像添加行为为例，添加步骤如下。

1）插入一幅图像××并选择其标签 <img>。

2）在"行为"面板上单击➕按钮，在弹出菜单中执行"交换图像"命令。

3）弹出"交换图像"对话框并进行设置，如图 6-4 所示。

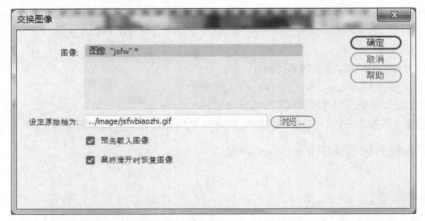

图 6-4　"交换图像"对话框

🖼 【说明】

"交换图像"对话框中列出了当前页面的所有图像，选择一幅图像，作为交换图像的初始图像（如果选择的不是图像××，则效果为：通过图像××控制所选择的图像交换），再在"设定原始档为"文件框中输入或选择用作交换的图像的路径。

项目 7 应用 JavaScript 制作网页特效

PROJECT 7

 项目概述

本项目是给网站主页应用 JavaScript 制作网页特效，包括如下内容：

①在网站主页中显示当前日期与星期。实现网站主页 index.html 页头中当前日期与星期的显示，如图 7-1 所示。

2017年5月28日　星期日

图 7-1　当前日期与星期的显示

②在网站主页中制作弹出与关闭窗口效果。当浏览者打开 index.html 时弹出大小为 300px×200px 的窗口显示某个通知以及"关闭窗口"按钮，窗口左上角坐标为（300，20）；当浏览者单击"关闭窗口"按钮时关闭该窗口，或者延时 5s 后自动关闭，如图 7-2 所示。

图 7-2　大小为 300px×200px 的窗口

③在相关网页中制作滚动显示效果。状态栏跑马灯效果的制作。实现网站主页 index.html 在浏览时的状态栏跑马灯效果，滚动内容为"欢迎您访问信息技术学院网站！"，如图 7-3 所示。

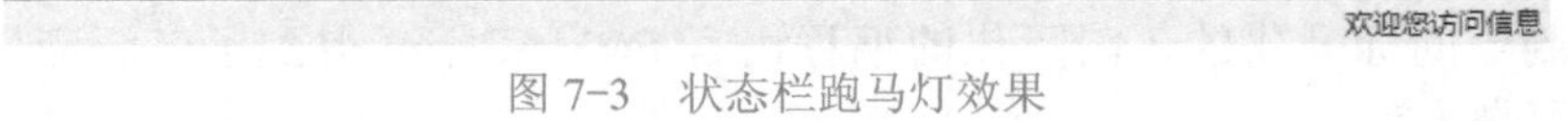

欢迎您访问信息

图 7-3　状态栏跑马灯效果

文字水平滚动显示效果的制作。实现网站主页 index.html 页头中欢迎词自右至左的水平滚动显示，如图 7-4 所示。

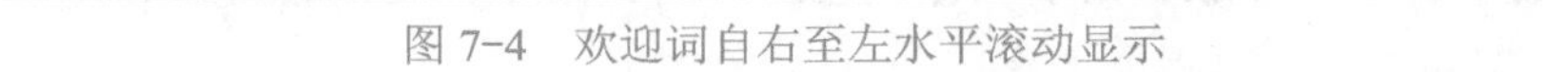

欢迎

图 7-4　欢迎词自右至左水平滚动显示

图片水平滚动显示效果的制作。实现网站主页 index.html 页中学生活动图片展示区中图片自右至左的水平滚动显示，如图 7-5 所示。

图 7-5　图片自右至左水平滚动显示

知识能力目标

○ 理解 JavaScript 的语法结构。
○ 理解内置对象和 DOM。
○ 能在网页中插入 JavaScript 脚本并根据需要修改。
○ 能编写简单的 JavaScript 脚本并加以应用。

预备知识

1．JavaScript 概述

（1）JavaScript 简介

JavaScript 是基于对象和事件驱动并具有较好安全性的脚本语言，与 HTML 语言一起共同实现网页的交互功能，它弥补了 HTML 的不足，使网页变得更加生动。

JavaScript 的基本语法与 Java 语言类似，且均基于对象、具有平台无关性，但实质上，JavaScript 和 Java 是两种完全不同的语言，区别如下。

1）JavaScript 是 Netscape 公司的产品；Java 是 Sun 公司的产品。

2）JavaScript 是解释型语言，它将源代码直接置入 HTML 代码中，无须事先编译，当浏览器装载页面时解释执行，它并不在页面中占用区域，而是对页面中的对象进行控制处理；Java 是编译型语言，须先通过 Java 编译器编译成类 class，从而创建 Java Applet 或 Java Application，然后浏览器将 Java Applet 下载后才能执行，它在页面中占用一块独立区域。

3）JavaScript 是弱类型语言，语法要求比较宽松，例如，变量可不必声明、行尾的分号可以省略、变量可任意赋不同类型的值等；Java 是强类型语言，语法十分严谨，例如，变量必须事先声明并指定类型且不能改变等。

（2）JavaScript 的组成

JavaScript 由以下 3 部分组成。

1）核心语言。基本语法由操作符、变量、流程语句、函数等构成并提供了内置对象。使用基本语法编写的程序（也称脚本）可在客户端和服务器端运行。在 JavaScript 核心语言的基础上制定的标准化的、国际化的编程语言 ECMAScript 得到了广泛应用，例如，在 VRML 中编写脚本等。

2）客户端扩展。在客户端运行，包括控制浏览器的对象和 DOM。利用它们，可控制页面中的对象并完成许多功能，例如，处理鼠标单击、表单输入验证、控制页面浏览等。

3）服务器端扩展。在服务器端运行，包括访问数据库、文件的对象等。

（3）客户端脚本在网页中的插入

要在网页中插入客户端 JavaScript 脚本，应先在网页 HTML 文档中插入 script 元素，再将脚本放置在 <script> 与 </script> 标签之间。

如果脚本是以函数形式存在，那么建议将包含该函数的 script 元素放置在头部 head 中，而如果是非函数形式，那么应根据执行的时机决定在 HTML 文档中的具体放置位置。

有时，也可将部分脚本放置在外部脚本文件中，再使用 <script> 标签的 src 属性链接。例如：

```
<script type="text/javascript"    src="js/check.js">
```

```
// 非文件形式存在的 JavaScript 脚本
</script>
```

2. JavaScript 编程基础

（1）标识符

JavaScript 的标识符以字母、下画线开头，中间可以出现字母、数字、下画线，但不能包含空格、+、- 等字符，长度不能超过 255，且区分大小写。

（2）数据类型

JavaScript 的数据类型包括字符串类型（由单引号或双引号括起）、数值类型、布尔类型、空类型（null）、对象类型等。

（3）变量

1）变量的声明。变量用 var 声明。变量也可不声明而直接赋值，但不能既不声明也不赋值而直接使用。若只声明了变量而未给变量赋值，则变量类型不定，值为 null。例如，以下每行代码均正确。

```
var  mybook;        mybook=5;
mybook=5;
var  mybook=5;
var  mybook;                  //mybook 的值为 null
var  a,mybook=5;  mybook=a;   //mybook 的值为 null
```

但是，如果直接写成

```
var  mybook=a+b;
```

那就不正确，因为 a、b 不存在。

2）变量类型。变量类型包括字符串型、数值型、布尔型、对象型等，由所赋的值决定，但以后仍可根据需要改变类型。例如：

```
var  a=4;      //a 为数值型
a="OK";        // 将 a 更改为字符串型
```

3）变量作用域。在函数内声明的变量是局部变量，它只能在该函数中使用，而在函数外声明的变量是全局变量，可在同一网页任何脚本中使用。

（4）常量

常量直接使用，无须声明。例如，2.6、3456、true、false、'ok'、"ok"、null、'\ n'、'\"'、"\ r" 等均为常量。

（5）操作符和表达式

比较操作符：<、>、<=、>=、= =、!=

算术操作符：+（用于数值加或字符串连接）、-、*、/、%、++、--

逻辑操作符：&&、||、!

赋值操作符：=、+=、-=、*=、/=、%=

条件操作符：？：

new 操作符：用来创建自定义对象或内置对象的实例。例如，var   thedate=new Date()。

delete 操作符：用来删除对象、对象属性、数组中的元素等。例如，下列代码就使用了 delete 操作符。

```
var  computer=new  Array("mouse","keyboard","CPU","harddisk");
```

delete computer[2]; // 以后不能访问 computer[2] 了，但可访问 computer[3]（注意，并不前移元素）

this 操作符：用来引用当前对象。

项目分析

本项目根据各个特效设计要求在代码视图中通过 <script>…</script> 插入或通过 <script src="xxx.js"> 标签引用对应的 JavaScript。"显示当前日期与星期"的 JavaScript 代码使用了这两种方法，其余特效代码直接插入到了页面中。

特效的实现一般包括两部分：JavaScript 代码（建议编写成函数或过程）和事件——过程的调用，其中后者可以在代码中实现，例如，本项目的"弹出浏览器窗口""文字水平滚动显示效果""图片水平滚动显示效果"，也可在标签中调用，例如，"关闭浏览器窗口""状态栏跑马灯效果"。特效代码读者可以自行编写或根据网上下载的代码修改而成。

项目实施

1．在网站主页中显示当前日期与星期

（1）脚本直接插入

1）在文档编辑窗口打开网站主页 index.html，将页头 div.date 中的内容全部删除。切换到代码视图，在 div.date 中输入如下代码。

```
<script type="text/javascript">
<!--
var mydate="";
var myyear="";
var mymonth="";
var myday="";
var myweekday="";
mydate=new Date();
myyear=mydate.getFullYear();
mymonth=mydate.getMonth()+1;
myday= mydate.getDate();
myweekday=mydate.getDay();
var week=new Array(" 星期日 "," 星期一 "," 星期二 "," 星期三 "," 星期四 "," 星期五 "," 星期六 ");
document.write(myyear+" 年 "+mymonth+" 月 "+myday+" 日 "+" "+week[myweek- day]);
//-->
</script>
```

【说明】

①"<!--"与"//-->"分别是条件注释的开始标记和结束标记，一般可以省略。条件注释用于：如果浏览器不支持注释标记中的JavaScript脚本，那么该脚本就被作为注释语句处理，否则就执行该脚本。"//"是JavaScript中的注释符号，如果没有它，那么JavaScript解释器会试图将HTML注释的结束标记"-->"作为JavaScript来解释，可能导致出错。

②JavaScript语言提供了下列5个内置对象供编程时使用。

a）数组对象（Array）。JavaScript没有单独的数组数据类型，而使用Array实现数组的功能，有时Array可以省略。创建数组对象有下列2种方法。

- 在创建数组对象的同时给数组对象赋值。

  ```
  var  student=new Array("Tom" , "Jack" , "Mary" ) ;
  var  student2=["Tom" , "Jack" , "Mary"] ;
  ```

- 在创建数组对象时仅定义长度，以后再赋值。

  ```
  var  student=Array(3) ;
  ```

访问数组元素时使用下标法，即使用()或[]，下标范围为0～n-1（n为数组长度）。例如：

```
student[0]= "Tom" ;
student[1]= "Jack" ;
student[2]= "Mary" ;
```

数组对象的属性列举如下。

- length: 返回数组长度。

数组对象的方法（可以有返回值也可以没有）列举如下。

- sort(): 数组元素排序。
- reverse(): 反序排列所有元素。
- concat（另一数组对象）: 合并2个数组为1个数组。
- join（连接子串）: 用连接子串将数组元素连接成1个字符串。
- slice（开始位置[, 结束位置]）: 截取数组的部分元素构成另一数组（不包含结束位置处的元素），结束位置省略时指到最后一个数组元素。

b）字符串对象（String）。JavaScript中既有字符串类型的变量，也有字符串对象，它们使用时无太大差别。字符串类型的变量也可使用字符串对象的方法和属性，因为JavaScript自动对字符串变量生成一个临时对象，然后执行这个临时对象的方法和属性，执行完成后再自动删除临时对象。

创建字符串类型变量的方法是先使用var声明后赋值，或直接赋值。例如，

```
var  str;
str="ok" ;
```

或者

```
str="ok" ;
```

创建字符串对象的方法是使用new String()。例如，

```
var  str=new  String("ok") ;   // 创建的同时赋值，值为 "ok"
```

字符串对象的属性列举如下。

- length: 串长。

字符串对象的方法列举如下。

- toUpperCase()和toLowerCase(): 大小写转换。例如，

  ```
  str.toUpperCase() ;
  ```

- indexOf（子串）: 返回子串在字符串中第一次出现的位置（位置从0开始计算），若不存在，则返回-1。
- lastIndexOf（子串）: 返回子串在字符串中最后一次出现的位置（位置从0开始计算），若不存在，则返回-1。
- charAt（位置）: 返回指定位置处的字符。
- charCodeAt（位置）: 返回指定位置处的字符代码。

- substring（开始位置，结束位置）：返回开始位置和结束位置之间的子串（不包含结束位置处的字符）。
- concat（另一个串）：与另一个串共同连接成新的字符串。
- slice（开始位置[，结束位置]）：截取子串（不包含结束位置处的字符）。结束位置省略时指到最后。
- split（[分裂用的子串]）：将字符串按照子串分裂成数组。子串为空串时每个字符均分裂。

c）日期对象（Date）。JavaScript中无日期数据类型，但有日期对象。日期对象用于存储日期和时间值，即相对于1970/1/1 00:00:00的毫秒数，可为正值也可为负值。

创建日期对象有下列3种方法。

- 创建日期对象时包含有当前日期和时间。例如，

    var mydate=new Date();

- 创建日期对象时指定年月日。例如，

    var mydate=new Date(2017,5,8);// 表示 2017.6.8 00:00:00（月份值 0 ～ 11）

- 创建日期对象时指定年月日和时间。例如，

    var mydate=new Date(2017,5,8,18,09,20); // 表示 2017.6.8 18:09:20

日期对象没有属性，其方法列举如下。

- 获得日期时间各部分的值：getYear()、getMonth()、getDate()、getHours()、getMinutes()、getSeconds()、getDay()（返回星期几，值为0~6）及getTime()（返回相对于1970/1/1 00:00:00的毫秒数）。
- 设置日期时间各部分的值：setYear()、setMonth()、setDate()、setHours()、setMinutes()、setSeconds()、setDay()及setFullYear(年，月，日)、setTime(相对于1970/1/1 00:00:00的毫秒数)。
- 转为日期时间字符串：toLocaleString()、toGMTString()。

d）数学对象（Math）。数学对象不需要用new创建，而直接用Math对象来访问。例如，

Math.LN2

数学对象的属性列举如下。

- E、LN2、LN10、LOG2E、LOG10E、PI、SQRT1_2、SQRT2。

数学对象的方法列举如下。

- abs()、sin()、cos()、exp()、floor()、ceil()、asin()、acos()、atan2()、atan()、log()、max()、min()、pow()、round()、sqrt()、tan()。
- random()：产生0~1之间的随机数。若要产生m~n之间（m、n为整数，且m<n）的随机数，使用Math.round(Math.random()*(n-m))+m。

e）事件对象（event）。事件对象不需要创建，直接使用，它提供了JavaScript事件的各种处理信息。

③使用getMonth()方法得到的月份值比实际月份值小1。

④document是浏览器对象，document.write用于在当前代码执行位置处显示内容。

⑤在代码视图中插入JavaScript脚本后，切换到设计视图是看不到脚本占据位置的，但可在浏览器中看到脚本执行的效果。

⑥JavaScript脚本的出错提示。当编写好的脚本在浏览器中执行时，如果脚本有错，那么在浏览器的"开发者工具"中"控制台"选项卡上会显示出错信息。

2）在浏览器中浏览网页，可以看到显示出了当前日期和星期，如图 7-6 所示。

2017年5月28日　星期日

图 7-6　当前日期与星期的显示

（2）链接外部脚本文件

1）执行"文件"→"新建"命令，弹出"新建文档"对话框，如图 7-7 所示，在左边类别中选择"新建文档"，在"文档类型"下拉列表中选择 JavaScript，单击"创建"按钮，创建空白 JavaScript 文档。

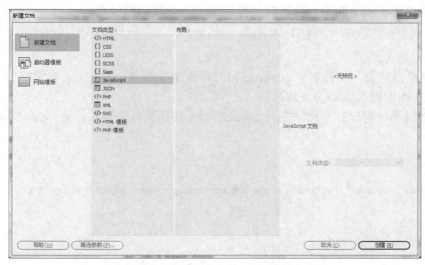

图 7-7　"新建文档"对话框

2）在 JavaScript 文档中的编辑界面中输入前面"（1）脚本直接插入"一节中日期星期显示代码（不包含 <script> 和 </script> 标签）。

3）将 JavaScript 文档保存为 date.js，并保存到站点根文件夹下新创建的 js 子文件夹中。

4）在文档编辑窗口打开网站主页 index.html，切换到代码视图，删除 div.date 中整个 script 元素。

5）光标定位于 div.date 中，单击"插入"面板 HTML 选项组中的 Script 按钮，在弹出的"选择文件"对话框中选择 date.js 文件，如图 7-8 所示。

图 7-8　"选择文件"对话框

6）单击"确定"按钮，完成外部脚本文件的链接。

【说明】

① 放置在外部脚本文件中的脚本具有一次编写多次使用的特点，由于脚本没有直接放置在HTML文档中，所以减少了网页文件的大小、使HTML文档代码清晰易于维护。

② 从代码视图中可以看到，自动生成的链接外部脚本文件的代码如下。

```
<script type="text/javascript" src="js/date.js"></script>
```

7）在浏览器中浏览网页，可以看到显示出了当前日期和星期。

2．在网站主页中制作弹出与关闭窗口效果

（1）弹出浏览器窗口

1）新建空白网页，文件名为 popup.html，存放在站点根文件夹下。设置网页标题为"通知"，并在文档中输入通知的具体内容。

2）在文档编辑窗口打开网站主页 index.html，切换到代码视图，在 </head> 标签前输入如下代码。

```
<script type="text/javascript">
<!--
window.open('popup.html','','width=300,height=200,scrollbars=yes,status=no, left=300,top=20');
//-->
</script>
```

【说明】

① "window.open('popup.html','','width=300,height=200,scrollbars=yes,status=no,left=300, top=20');"用于在浏览器装载当前网页时弹出300×200的窗口显示网页popup.html，该窗口包含滚动条但不包含状态栏，窗口的左上角位置在（300，20）坐标处。

② JavaScript提供了DOM，它是客户端扩展部分，它提供了大量对象用于脚本编写。当浏览者打开网页时，浏览器自动创建DOM中的一些对象（也称为浏览器对象），例如，window、document、location、history、navigator、screen等对象。这些对象存放了HTML页面的属性和浏览器的相关信息，例如，地址栏、状态栏、导航栏等。浏览器对象的层次结构，如图7-9所示。

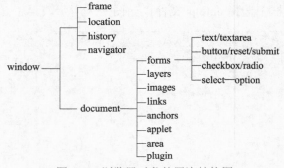

图 7-9　浏览器对象的层次结构图

根据对象的层次关系，在访问对象时应使用成员引用操作符"."一层一层地引用对象。例如，要访问document对象应使用window.document。由于window对象层次最高且唯一，只要浏览器打开，不管有无装载页面，均会创建window对象，因此，在访问各个对象时可省略window对象，例如，直接使用document代替window.document。

而要访问document对象的各个子对象时，常用的方法有2种，即使用对象索引或使用对象id。例如，使用document.forms[0]访问网页中的第1个表单（当前网页中的所有表单组成名为forms的表单数组，数组下标从0开始），使用document.getElementById("special")访问网页中id为special的元素。

使用window.id值.innerHTML或document.all.id值.innerHTML来访问指定id的元素的HTML代码。

如果通过window对象的open方法打开另一个窗口，那么可用窗口引用代替window对象。

访问对象的属性或方法是使用"对象名.属性名"或"对象名.方法名（参数表）"进行。

window对象的属性列举如下。

a）name：窗口名。

b）closed：判断一个窗口是否关闭。

c）opener：通过一个窗口来操纵其父窗口，当通过一个窗口打开另一个窗口后，它们的关系为父子关系。

d）defaultStatus：状态栏的默认显示信息。

e）status：状态栏的当前显示信息。

window对象的方法列举如下。

a）open(url，name，features)：返回窗口的引用。url指要在窗口中显示的文件的url。features指窗口风格，包括fullscreen、menubar、toolbar、directories、status、resizable、scrollbars、width、height、left、top等，除后4个参数外，其余各参数值均为yes或no。name指窗口名。

b）close()：自动关闭当前窗口。

c）alert(msg)：弹出对话框显示告警信息msg。

d）confirm(msg)：弹出对话框显示确认信息msg。该方法的返回值是true或false。

e）prompt(text，value)：弹出对话框输入信息。text为标题，value为初始值。

f）setTimeout(code，delay)：延迟delay毫秒后执行规定的代码code。

g）setInterval(code，delay)：每间隔delay毫秒就执行规定的代码code。

h）clearTimeout(timeoutID)：清除设置的延迟timeoutID。

i）clearInterval(intervalID)：清除设置的间隔intervalID。

j）resizeTo(width，height)：将当前窗口缩放到指定的宽度width和高度height。

k）focus()：聚焦到当前窗口。

l）print()：打印当前页。

3）在浏览器中浏览 index.html，可以看到弹出了小窗口显示通知，如图 7-10 所示。

图 7-10　弹出的小窗口显示通知

（2）关闭浏览器窗口

1）在文档编辑窗口打开 popup.html。

2）在设计视图下，光标定位于网页底部位置，单击"插入"面板"表单"选项组中的"按钮" ▭ 插入一个按钮，在"属性"面板上的"Value"文本框中输入"关闭窗口"。可自行定义 CSS 处理显示效果。

3）切换到代码视图，在"关闭窗口"按钮的标签 <input> 中添加"事件—过程"属性"onclick="window.close();""或"onclick="self.close();""。

【说明】

JavaScript中的事件如下。

① onabort：发生abort 事件时触发。

② onbeforeonload：在元素加载前触发。

③ onblur：当元素失去焦点时触发。

④ onchange：当元素改变时触发。

⑤ onclick：单击鼠标时触发。

⑥ oncontextmenu：当菜单被触发时触发。

⑦ ondblclick：双击鼠标时触发。

⑧ ondrag：当元素被拖动时触发。

⑨ ondragend：当元素被拖动结束时触发。

⑩ ondragenter：当元素被拖动到一个合法的放置目标时触发。

⑪ ondragleave：当元素离开合法的放置目标时触发。

⑫ ondragover：当元素正在合法的放置目标上拖动时触发。

⑬ ondragstart：当拖动操作开始时触发。

⑭ ondrop：当元素被释放时触发。

⑮ onerror：当元素加载的过程中出现错误时触发。

⑯ onfocus：当元素获得焦点时触发。

⑰ onkeydown：当键被按下时触发。

⑱ onkeypress：当键被按下又释放时触发。

⑲ onkeyup：当键被释放时触发。

⑳ onload：当前网页被装载时触发。

㉑ onmessage：当发生message事件时触发。

㉒ onmousedown：当按下鼠标时触发。

㉓ onmousemove：当鼠标移动时触发。

㉔ onmouseout：当鼠标移出元素时触发。

㉕ onmouseover：当鼠标移到网页元素上方时触发。

㉖ onmouseup：当松开鼠标时触发。

㉗ onmousewheel：当鼠标滚轮滚动时触发。

㉘ onresize：当元素调整大小时触发。

㉙ onscroll：当元素滚动条被滚动时触发。

㉚ onselect：当元素被选中时触发。

㉛ onsubmit：当表单提交时触发。

㉜ onunload：当前网页被卸载时触发。

4）在 </head> 标签前输入如下代码。

```
<script type="text/javascript">
```

```
<!--
window.setTimeout("self.close()",5000) ;
//-->
</script>
```

【说明】

当JavaScript语句较简单时，可直接将其写在"事件—过程"属性中，语句间以分号隔开。

5）在浏览器中浏览 index.html，可以看到弹出了带有"关闭窗口"按钮的小窗口，如图 7-11 所示。单击其中的"关闭窗口"按钮关闭小窗口或延迟 5s 后小窗口自动关闭。

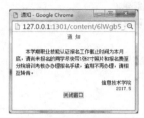

图 7-11　带有关闭按钮的小窗口显示通知

3．在相关网页中制作滚动显示效果

（1）制作状态栏跑马灯效果

1）在文档编辑窗口打开网站主页 index.html，切换到代码视图，在 </head> 标签前输入如下代码。

```
<script type="text/javascript" >
<!--
var pos=0;
var width=100;   // 初始时滚动内容左边放置的空格长度
var speed=150;   // 滚动速度，值越大速度越慢
var msg=" 欢迎您访问信息技术学院网站 !";
for(i=0;i<width;i++)msg=" "+msg;

function runlight()
{
   window.status=msg.substring(pos,pos+width);
   if(pos++==msg.length-1)pos=0;
   window.setTimeout("runlight()",speed);
}
//-->
</script>
```

【说明】

① 上述代码也可直接放到外部脚本文件中。

② 函数用于完成一定的功能，函数可以有返回值也可以没有返回值，当有返回值时使用"return 表达式"返回函数值。函数定义的一般格式如下。

function　函数名（形参表）

```
        // 形参表中直接列出各个参数，以逗号分隔，参数无需用 var 声明
    {
        // 由各条语句组成的语句块
    }
```

一般情况下，函数应尽量放在头部head中，这样不但在页面的任何地方可随时调用，而且在页面装载时也可直接调用。

函数必须调用才能完成所具有的功能。要调用函数可直接在脚本中调用，例如，"window.onload=runlight();"，也可通过给标签添加"事件—过程"属性来调用，例如，"<body onload="runlight();">"，它们均是指网页装载时调用函数runlight()。

③for(i=0;i<width;i++)是for循环结构。

JavaScript的流程控制结构包括下列3种。

a）顺序结构。

b）选择结构，它又分为下列几种格式。

■ 单分支或双分支结构，格式如下。

```
    if（条件）
        {语句块 1}
    [else
        {语句块 2}]    //[] 中的内容为可选部分
```

■ 多分支结构，格式如下。

```
    switch（表达式）
    {
            case   值 1：语句块 1；break；
            case   值 2：语句块 2；break；
            …
            case   值 n：语句块 n；break；
            default：语句块 n+1；
    }
```

c）循环结构，它又分为下列几种格式。

■ for，格式如下。

```
    for（初始式；循环条件；增量式）
        {语句块}
```

    for 结构也可用来列举元素，格式为：

```
    for（变量   in   对象）    //变量用来列举对象的每一个属性
        {语句块}
```

■ while，格式如下。

```
    while（条件）
        {语句块}
```

■ do … while，格式如下。

```
    do
        {语句块}
    while（条件）
```

JavaScript的流程控制语句包括下列2个。

a）break：跳出循环或switch结构。

b）continue：结束本轮循环，直接开始下一轮循环。

2）给 <body> 标签添加"事件—过程"属性"onload="runlight();""。

3）在 IE 浏览器中浏览 index.html，可以看到状态栏显示自右至左移动的跑马灯，如图 7-12 所示。

图 7-12　状态栏跑马灯效果

【说明】

由于Chrome等浏览器没有像IE那样的状态栏，因此上述代码只能在IE浏览器中才能看到效果。

（2）制作文字水平滚动显示效果

1）在文档编辑窗口打开网站主页 index.html，切换到代码视图，先给 div.scroll 元素增加 id 属性，即

```
<div class="scroll" id="scroll"> 欢迎光临信息技术学院！ </div>
```

再在 </body> 标签前输入如下代码。

```
<script type="text/javascript">
<!--
var i=980;   // 滚动区域的长度
var speed2=100; // 滚动速度，值越大速度越慢
document.getElementById ("scroll").style.overflow="hidden";

function scrolltext()
{
    document.getElementById("scroll").style.textIndent= i + "px";
    if(i-- == -11*13)i=980;   // 滚动文本长度为 11px×13px
}

myinterval=window.setInterval("scrolltext()",speed2);
document.getElementById("scroll").onmouseover=function (){window.clearInterval(myinterval);};
document.getElementById("scroll").onmouseout=function (){myinterval=window.setInterval("scrolltext()",speed2);};
//-->
</script>
```

【说明】

① 之所以要在</body>标签前并紧靠</body>标签输入上述代码，是为了确保要访问的id值为scroll的元素（即div#scroll.scroll）在脚本之前出现，否则当执行到语句"document.getElementById("scroll").style.overflow="hidden";"时就会报错。

② "document.getElementById("scroll").style.overflow="hidden";"用于给div#scroll.scroll元素的CSS属性overflow赋值hidden，这样在浏览时，文本滚动到区域外的部分就会自动隐藏。

③ 函数scrolltext()直接在当前代码中进行了调用，即"myinterval=window.setInterval("scrolltext()",100);"。

④ "document.getElementById("scroll").onmouseover"表示当鼠标悬停于div#scroll.scroll之上时，"document.getElementById（"scroll").onmouseout"表示当鼠标离开div#scroll.scroll时，"function(){window.clearInterval(myinterval);};"用于调用指定的函数。当一个函数只使用一次时可以将函数代码和调用语句合并。

2）在浏览器中浏览 index.html，可以看到欢迎词自右至左水平滚动显示，如图 7-13 所示。

图 7-13　欢迎词自右至左水平滚动显示

（3）制作图片水平滚动显示效果

1）在文档编辑窗口打开网站主页 index.html，切换到代码视图，将学生活动图片展示区 section.activity 中的 ul 元素置于新插入的 1×2 表格的第 1 个单元格中，并给该表格的 2 个单元格分别设置 id 属性值为 scroll1、scroll2，再将该表格置于新插入的 div#imgscroll 中。处理后的代码如下。

```
<section class="activity">
  <h2> 学生活动 </h2>
  <p class="more"><a href="newsmore3.asp" target="_blank"><img src="image/more.gif" width="80" height="20" alt="" /></a></p>
  <div id="imgscroll">
  <table border="0" cellpadding="0" cellspacing="0" >
   <tr>
      <td id="scroll1">
      <ul>
        <li><a href="#" target="_blank"><img src="image/activity1.jpg" width="270" height="180" alt=" 良好开始 " /></a><strong> 良好开始 </strong></li>
          <li><a href="#" target="_blank"><img src="image/activity2.gif" width="250" height="166" alt=" 课程实训 " /></a><strong> 课程实训 </strong></li>
          <li><a href="#" target="_blank"><img src="image/activity3.jpg" width="270" height="180" alt=" 敬老院慰问演出 " /></a><strong> 敬老院慰问 </strong></li>
          <li><a href="#" target="_blank"><img src="image/activity4.jpg" width="270" height="180" alt=" 欢度中秋 " /></a><strong> 欢度中秋 </strong></li>
          <li><a href="#" target="_blank"><img src="image/activity5.jpg" width="270" height="203" alt=" 歌咏比赛 " /></a><strong> 歌咏比赛 </strong></li>
          <li><a href="#" target="_blank"><img src="image/activity6.jpg" width="270" height="202" alt=" 运动会创佳绩 " /></a><strong> 运动会风采 </strong></li>
          <li><a href="#" target="_blank"><img src="image/activity7.jpg" width="270" height="180" alt=" 学生书画展 " /></a><strong> 学生书画展 </strong></li>
          <li><a href="#" target="_blank"><img src="image/activity8.jpg" width="270" height="203" alt=" 实习基地参观学习 " /></a><strong> 参观学习 </strong></li>
      </ul>
      </td>
      <td id="scroll2"></td>
    </tr>
  </table>
  </div>
</section>
```

2）定义保存到 index.html 或 css/index.css 文件中的 CSS 规则如下。

```
#main .activity #imgscroll {
```

```
        clear: both;
        overflow: hidden;
    }
    #main .activity ul {
        width: 832px;    /* 所有滚动图片的总长度 */
    }
```

3）在 index.html 的 </body> 标签前输入如下代码。

```
<script type="text/javascript">
<!--
    //注意：水平滚动的内容宽度应大于滚动区域的宽度，否则滚动不起来！
function startScroll()
{
    if(document.getElementById("imgscroll").scrollLeft<document.getElementById("scroll1").offsetWidth)
document.getElementById("imgscroll").scrollLeft++;
    else
        document.getElementById("imgscroll").scrollLeft=0;
}
    var speed3=20;              // 滚动速度。值越大速度越慢
    document.getElementById("scroll2").innerHTML=document.getElementById("scroll1").innerHTML;
    myvar=window.setInterval("startScroll()",speed3)
    document.getElementById("imgscroll").onmouseover=function(){window.clearInterval(myvar)}
    document.getElementById("imgscroll").onmouseout=function(){myvar=window.setInterval("startScroll()",speed3)}
    //-->
</script>
```

【说明】

scrollLeft表示滚动条的水平位置（相当于元素向左滚动的距离），offsetWidth表示由元素的边框边所围成区域的宽度，offsetLeft表示元素的左边框边与根元素（即html）左边框边的距离。

4）在浏览器中浏览 index.html，可以看到"学生活动"图片展示区中的图片自右至左水平滚动显示，如图 7-14 所示。

图 7-14　图片自右至左水平滚动显示

归纳总结

本项目通过当前日期和星期的显示、弹出及关闭窗口、滚动文字和图片等效果的实现讲解了 JavaScript 技术在网页中的应用。使用 JavaScript 技术可以实现浏览器端的多种动感

效果，使网页增色不少，还能给浏览者提供更好的体验，例如，对表单的输入实时验证等。网上也有许多特效代码。读者应能根据网页设计制作的需要自行编写、下载或修改特效代码。

需要提醒的是，不要依靠 JavaScript，这并不是说不应该使用 JavaScript，而是不应该创建一个完全依靠 JavaScript 运行的网站。因为，浏览者正在使用的浏览器可能不支持或不完全支持 JavaScript。有些浏览者认为，如果禁用 JavaScript，那么可以更加安全地浏览网页或者可以避免弹出窗口。

巩固与提高

1. 巩固训练

给学校网站有关网页添加 JavaScript 代码实现显示当前日期和时间、网页关闭时弹出一个欢迎下次光临框、跑马灯、图片滚动显示等效果。

2. 分析思考

1）何时使用 JavaScript 函数？

2）如何实现单击网页上的"打印"按钮后打印网页？

3）如何用循环程序产生 4 位数的随机验证码？

4）如何实现文字的上下垂直滚动？实际做一下。

5）如何实现图片的上下间隔滚动？

3. 拓展提高

折叠式面板的实现方法

1）输入折叠式面板的标题和内容，HTML 代码如下。

```
<section id="Accordion">
    <h2> 部分 1</h2>
        <div> 内容 1</div>
    <h2> 部分 2</h2>
        <div> 内容 2</div>
    <h2> 部分 3</h2>
        <div> 内容 3</div>
</section >
```

2）给各个标题所在的标签分别添加"事件－过程"属性。

onclick="shrinkexpand('element01')"、onclick="shrinkexpand('element02')"、onclick="shrink expand('element03')"

同时给每个内容所在的标签添加对应的 id='element01'、'element02'、'element03'。HTML 代码如下。

```
<section id="Accordion">
    <h2 onclick="shrinkexpand('element01')"> 部分 1</h2>
        <div id="element01"> 内容 1</div>
    <h2 onclick="shrinkexpand('element02')"> 部分 2</h2>
        <div id="element02"> 内容 2</div>
    <h2 onclick="shrinkexpand('element03')"> 部分 3</h2>
        <div id="element03"> 内容 3</div>
</section>
```

3）在 </head> 标签前输入如下代码。

```
<script type="text/javascript">
function initIt() // 初始时展开第一个面板而折叠其余面板
{
    temp = document.getElementsByTagName("div");
    for (i=1; i<temp.length; i++) temp[i].style.display = "none";
}
function shrinkexpand(id)
{
    // 先折叠所有的面板
    temp = document.getElementsByTagName("div");
    for (i=0; i<temp.length; i++) temp[i].style.display = "none";
    // 再展开当前面板
    which = eval(id);
    which.style.display ="block";
}
window.onload=initIt; // 网页装载时调用 initIt() 以展开首个面板，折叠其余面板
</script>
```

项目8 PROJECT 8
给网页应用行为

 项目概述

本项目是给网站相关网页应用行为制作网页特效，包括如下内容：

①查看当前显示器的分辨率。在网站主页 index.html 页脚中添加文字"查看分辨率"，要求当鼠标移到其上时显示当前显示器的分辨率，如图 8-1 所示。

图 8-1　显示当前显示器的分辨率

②制作图像的缩放效果。制作网站主页 index.html "学生活动区"各个图像的缩放效果：当鼠标移到其上时缓慢放大到原来的200%并隐藏，鼠标移离后缓缓还原显示，如图 8-2 所示。

图 8-2　图像的 Scale 效果

③制作跳转菜单效果。在网站主页 index.html "兄弟分院"链接区的所有分院名下方添加跳转菜单：当选择各个菜单项时分别跳转到对应的部门网站，如图 8-3 所示。

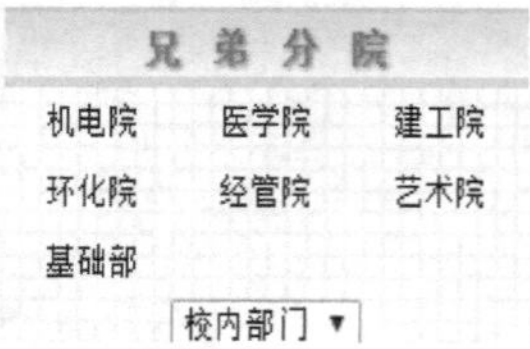

④制作网页元素的任意拖动效果。在网站主页 index.html 中的适当位置放置"欢迎报考我院"的广告，该广告允许浏览者在页面上任意拖动放置，如图 8-4 所示。

⑤制作显示隐藏效果。制作分院概况栏现任领导页 xiBuGaiKuang/xrld.html 中各个领导剧照的显示隐藏效果：当鼠标移到任一位领导的姓名上时，在网页中某一固定位置显示该领导的剧照，鼠标移开时隐藏，如图 8-5 所示。

图 8-3　跳转菜单

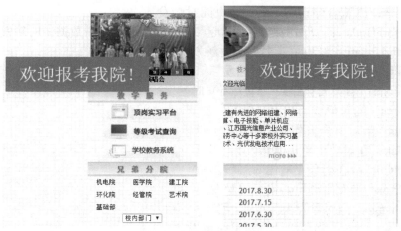

欢迎报考我院！
教学服务
顶岗实习平台
等级考试查询
学校教务系统
兄弟分院
机电院 医学院 建工院
环化院 经管院 艺术院
基础部
校内部门
欢迎报考我院！
建有先进的网络组建、网络
算、电子技能、单片机应
、江苏国光信息产业公司、
务中心等十多家校外实习基
术、光伏发电技术应用...
more
2017.8.30
2017.7.15
2017.6.30

图 8-4　元素的拖动效果

领导分工情况
发布者：分院办
姓名 职务
分院行政 领导1 院长
领导2 副院长
领导3 院长助理
党总支 领导4 书记
领导5 副书记
中国人民邮政 8
领导分工情况
发布者：分院办
姓名 职务 分管工作
分院行政 领导1 院长 主持分院全面工作
领导2 副院长 主管教学、继续教育
领导3 院长助理 主管科研、实训
党总支 领导4 书记 主持党务全面工作
领导5 副书记 主管学生、组织发展工作

图 8-5　图像的显示隐藏效果

知识能力目标

- 理解行为的概念。
- 掌握常见的行为。
- 能在网页中应用常见的行为。

预备知识

1．行为概述

行为（Behavior）是响应某一事件（Event）而采取的一个动作（Action）。行为是 Dreamweaver 中最有特色的功能，它可以在不需写下一行 JavaScript 代码的情况下，完成一个需要几行甚至几十行代码才能完成的功能。

事件是产生行为的条件，它与浏览器的操作相关，例如，单击、双击等。动作是预先编写好的能够执行某种任务的 JavaScript 代码，它是行为的具体结果。动作只有在某个事件发生时才会被执行。

一个事件可触发多个动作，在实际运作中，根据设置的次序逐个执行动作。一个动作也可由多个事件触发。

常见的事件如下。

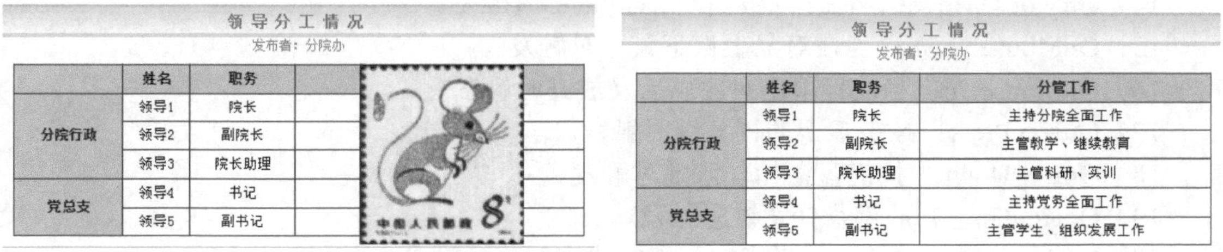

1）OnAbort：浏览者停止浏览器加载页面时触发。

2）OnBeforeUpdate：页面的绑定数据元素修改后，准备更新数据源时触发。

3）OnAfterUpdate：结束更新数据源时触发。

4）Onload：当页面完全被装载时触发。

5）OnUnload：当页面被卸载（即关闭）时触发。

6）OnFocus：当对象成为焦点时触发。

7）OnBlur：当对象失去焦点时触发。

8）OnClick：在对象上单击时触发。

9）OnDblClick：在对象上双击时触发。

10）OnError：当发生浏览器错误时触发。

11）OnChange：当对象发生改变时触发。

12）OnMouseOver：当鼠标滑过对象时触发。

13）OnMouseOut：当鼠标离开对象时触发。

14）OnMouseMove：当在指定元素上移动鼠标时触发。

15）OnMouseDown：当在对象上按下鼠标时触发。

16）OnMouseUp：当鼠标单击对象以后又放开时触发。

17）OnKeyPress：按键盘上的任意键时触发。

18）OnKeyDown：按键盘上的任意键时触发。

19）OnKeyUp：释放键盘任意键时触发。

20）OnReadyStateChange：当指定元素的状态改变时触发。

21）OnResize：当改变浏览器窗口或框架大小时触发。

22）OnReset：当重置表单时触发。

23）OnSumbit：当提交表单时触发。

24）OnSelect：当选择文本域中文本时触发。

25）OnScroll：当上下滚动页面时触发。

26）OnHelp：当选择帮助时触发。

注意：并不是所有的浏览器都支持所有的事件，也并不是每个元素都支持所有的事件。同一个行为在不同浏览器中的效果也有可能不同。

2. 行为选项卡

Dreamweaver 可以以可视化的方式添加行为。添加行为在"行为"面板上进行，如图 8-6 所示。

添加行为时需先选中标签，再通过"行为"面板上的"**+**"按钮进行（单击"**一**"按钮可以删除事件）。Dreamweaver 提供的行为，如图 8-7 所示。

行为添加后须正确设置所需的事件。在"行为"面板上包含了已添加行为列表区，其中左列用于设置或显示事件，右列用于编辑或显示行为。设置事件通过"事件"下拉列表框选择，设置界面，如图 8-8 所示。事件前加了 <A> 表示该事件将添加在当前标签的父标签 <a> 上。

如果所需的事件没有出现在"事件"下拉列表框中，那么应检查是否选择了合适的标签。

图 8-6 "行为"面板　　图 8-7　Dreamweaver 行为　　图 8-8　设置事件

![项目分析] **项目分析**

　　本项目给各个网页应用的行为均来自 Dreamweaver 自带的行为，在设计视图下完成，包括弹出信息、跳转菜单、图像的缩放、拖动 AP 元素、显示隐藏等特效行为，制作方法均是先选择页面元素，再添加行为并进行设置，行为使用后将相关 JavaScript 代码直接插入网页中，可以到代码视图中查看。

![项目实施] **项目实施**

　　1. 查看当前显示器分辨率

　　1）在设计视图中打开网站主页 index.html。在页脚适当的位置输入"查看分辨率"并给该文本添加 <span> 标签，即先选择该文本，鼠标右击后在快捷菜单中选择"环绕标签"命令，弹出"环绕标签"时的文本框和标签选择下拉列表，如图 8-9 所示，输入或选择所需的 span 标签。也可直接在代码视图中添加。

图 8-9　"环绕标签"时的文本输入框和列表框

【说明】

　　之所以给"查看分辨率"添加无特殊语义的行内标签 <span>，是因为行为必须添加在标签上。

2）选中上述 <span> 标签，在"行为"面板上单击"**+**"按钮并选择"弹出信息"行为，弹出"弹出信息"对话框，如图 8-10 所示，按图中的参数进行设置。

单击"确定"按钮完成"弹出信息"行为的添加。

【说明】

① "弹出信息"行为可用于制作欢迎词（给<body>标签添加行为，且选择事件onLoad），也可弹出消息告诉浏览者一些问题、建议性的消息、显示器分辨率要求等。

② "弹出信息"对话框的"消息"文本区域中可以输入普通文本或者JavaScript函数、属性、变量、表达式等内容。但输入JavaScript函数、属性、变量、表达式时需将其放入大括号中。如果要显示大括号本身，则需加上转义符，即"\{"或"\}"。

例如，输入"\{屏幕宽度是：{window.screen.width} \}"后，在浏览器中的显示结果将是"{屏幕宽度是：1024 }"，这里假定显示器分辨率是1024×768。

③ 切换到代码视图，在div#footer中可以看到自动生成的HTML代码如下。

```
<span onfocus="MM_popupMsg("+(window.screen.width)+'×'+(window.screen.height)+")"> 查看分辨率 </span>
```

同时，在头部head中自动生成了如下脚本。

```
function MM_popupMsg(msg) { //v1.0
    alert(msg);
}
```

3）在"行为"面板上，单击列表区左列的默认事件，出现"事件"下拉列表框，选择onClick。设置后的效果，如图 8-11 所示。

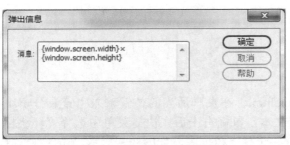

图 8-10 "弹出信息"对话框　　　　图 8-11 添加的"弹出信息"行为

【说明】

在"行为"面板上，双击列表区右列的某个行为名称，可以重新打开与该行为对应的设置对话框，对行为的设置参数进行编辑。

4）在浏览器中浏览 index.html，可以看到，当单击页脚中的"查看分辨率"按钮时会弹出对话框自动显示出当前显示器的分辨率，如图 8-12 所示。

图 8-12 显示当前显示器分辨率

2．制作图像的缩放效果

1）在设计视图中打开网站主页 index.html。

2）选择"学生活动"区的第一幅"良好开始"图像的标签 <img>，选择"效果"级联菜单中的 Scale 命令，弹出 Scale 对话框，如图 8-13 所示，按图中的参数进行设置。

图 8-13　Scale 对话框

单击"确定"按钮，完成 Scale 行为的添加。

3）在"行为"面板上，设置"事件"为 onMouseOver。

4）保存当前网页，此时自动弹出"复制相关文件"对话框，如图 8-14 所示。

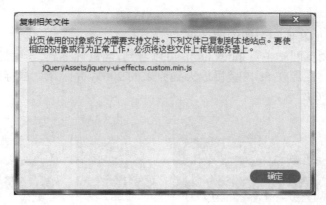

图 8-14　"复制相关文件"对话框

单击"确定"按钮，自动将脚本文件 jquery-ui-effects.custom.min.js 复制到站点的 jQueryAssets 文件夹中。

【说明】

切换到代码视图可以看到，第一幅"良好开始"图像的标签<img>的HTML代码如下。

<img src="image/activity1.jpg" alt=" 良好开始 " width="270" height="180" onMouseOver="MM_DW_effectScale($(this),'hide','scale','both','middle','center',0,'both',5000)" />

同时，在头部head中自动生成了如下代码。

<script src="jQueryAssets/jquery-ui-effects.custom.min.js"></script>

```
<script type="text/javascript">
function MM_DW_effectScale(obj,method,effect,dir,originY,originX,per,size,speed)
{
    obj[method](effect, { direction: dir, origin: [originY, originX], percent: per, scale: size }, speed);
}
</script>
```

5）再次选择"学生活动区"的第一幅"良好开始"图像的标签 <img>，选择"效果"级联菜单中的 Scale 命令，打开 Scale 对话框进行设置，如图 8-15 所示。

图 8-15　Scale 对话框

6）在"行为"面板上，设置"事件"为 onMouseOut。

7）类似方法添加其他图像的缩放效果。

8）在浏览器中浏览网站主页 index.html，可以看到，当鼠标移到"学生活动区"的第一幅"良好开始"图像上时，图像在 5s 内缓慢放大到原来的 200% 并隐藏，鼠标移离后在 1s 内缓缓还原显示，如图 8-16 所示。

图 8-16　Scale 效果

3．制作跳转菜单效果

1）在设计视图中打开网站主页 index.html。

2）光标置于"兄弟分院链接区"的所有分院名项目列表下方，单击"插入"面板"表单"选项组中的"选择"按钮☰插入一个空白的"选择菜单"（无须添加表单标签和配套的 label 标签）。兄弟分院链接区的设计视图效果，如图 8-17 所示。

图 8-17　"兄弟分院链接区"的设计视图效果（1）

【说明】

切换到设计视图，可以看到"选择菜单"的HTML代码如下。

`<select name="select" id="select">`

`</select>`

3）选择上述"选择菜单"，单击"属性"面板上"列表值"按钮，在弹出的"列表值"对话框中添加列表值，如图 8-18 所示。

单击"确定"按钮，完成列表值的添加，如图 8-19 所示。

图 8-18 "列表值"对话框

图 8-19 "兄弟分院链接区"的设计视图效果（2）

4）选择"选择菜单"标签 `<select>`，给其添加"跳转菜单"行为，如图 8-20 所示。

图 8-20 "跳转菜单"对话框

单击"确定"按钮，完成"跳转菜单"行为的添加。

【说明】

① 跳转菜单是可导航的列表或菜单，其中的每个选项都可链接到某个URL。

② 切换到代码视图可以看到，跳转菜单的HTML代码如下。

`<select name="select" id="select" onChange="MM_jumpMenu('parent',this,1)">`

`    <option value="#" selected>校内部门</option>`

`    <option value="http://jwc.tzpc.edu.cn/">教务处</option>`

`    <option value="http://xgc.tzpc.edu.cn/">学工处</option>`

```
        <option value="http://hqc.tzpc.edu.cn/">后勤处</option>
        <option value="http://xxzx.tzpc.edu.cn/">信息中心</option>
</select>
```

同时，在头部head中自动生成了如下代码。

```
function MM_jumpMenu(targ,selObj,restore){ //v3.0
    eval(targ+".location='+selObj.options[selObj.selectedIndex].value+" ' ");
    if (restore) selObj.selectedIndex=0;
}
```

③可以在"选择菜单"右边再插入一个按钮，并给其标签<input>添加"跳转菜单开始"行为，如图8-21所示。

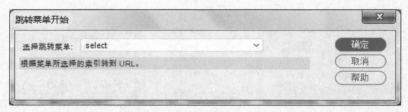

图8-21 "跳转菜单开始"对话框

"跳转菜单"行为用于在菜单选项发生改变时才跳转到对应的网址，因此第一个菜单项一般是虚设的，而"跳转菜单开始"行为是在浏览者选择一个菜单选项并单击具有该行为的按钮后才跳转到对应的URL。如果跳转菜单中的第一个菜单项并不是虚设的，那么就应该插入一个按钮并添加"跳转菜单开始"行为。

5）定义如下保存到当前网页中的CSS规则。

```
#select{
    clear: both;
    display: block;
    width:6em;
    margin:20px auto 0 auto;
}
```

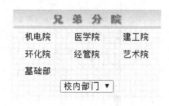

此时"兄弟分院链接区"的浏览效果，如图8-22所示。当选择"选择菜单"中的某一列表项后，自动跳转到对应的网址。

图8-22 "兄弟分院链接区"的浏览效果

4. 制作网页元素的任意拖动效果

1）在设计视图中打开网站主页index.html。

2）光标置于网页最下方并插入一个id为"draggable"的div元素，在其中输入"欢迎报考我院！"文本。

【说明】

被拖动元素必须设置id，且必须通过CSS定义成AP（绝对定位）元素才能实施拖动。关于AP元素的说明参见"项目3→项目实施→任务2 页中内容编排→（3）页中内容编排→5.新闻通知区"中的有关说明。

3）定义如下保存到当前网页中的CSS规则。

```
#draggable{
        position:absolute;    /* 定义成 AP（绝对定位）元素 */
        top:300px;
        left:20px;
        width: 8em;
        height: 2em;
        font-size: 36px;
        color: #ffffff;
        text-align: center;
        line-height: 2em;
        background-color: #ff0000;
    }
```

4）在设计视图中选择 <body> 标签，给其添加"拖动 AP 元素"行为。"拖动 AP 元素"对话框，如图 8-23 所示，按图中的参数进行设置。

图 8-23 "拖动 AP 元素"对话框（"基本"选项卡）

单击"确定"按钮，完成"拖动 AP 元素"行为的添加。

【说明】

①该行为不被Chrome浏览器支持。

②"拖动AP元素"对话框的"基本"选项卡上部分选项的含义如下。

a）"移动"："不限制"选项表示移动区域不受限制，"限制"选项表示只能在其右边"上""下""左""右"4个文本框中输入值的范围内移动。

b）"放下目标"："左""上"文本框用来设置被拖动的AP元素放下时的left和top属性的值。

c）"靠齐距离"：用来设置AP元素自动吸附到最终目标位置上的最大允许距离。

"高级"选项卡，如图8-24所示。

图 8-24 "拖动 AP 元素"对话框（"高级"选项卡）

部分选项的含义如下。

a）"拖动控制点"："整个元素"选项指可以使用元素内任何一点作为控制点来拖动元素。"元素内的区域"选项指拖动控制点位于由"左""上""宽""高"4个文本框输入值所决定的区域内，其中，"左""上"指拖动控制点所在的区域偏离AP元素左、上边界的距离，而"宽""高"用来设置该区域的宽度和高度。

b）"拖动时"：指拖动AP元素时是否将其置于其他所有AP元素的顶层。

c）"呼叫JavaScript"：指拖动AP元素时执行的脚本。

d）"放下时呼叫JavaScript"：指被拖动的AP元素放下时执行的脚本。

③利用"拖动AP元素"行为可以做类似拼图之类的游戏。

5）在浏览器中浏览网站主页 index.html 时，可以任意拖动"欢迎报考我院！"所在的 div 元素。

5．制作显示隐藏效果

1）在设计视图中打开分院概况栏现任领导网页 xiBuGaiKuang/xrld.html。

2）插入 5 个 id 分别为 apDiv1、apDiv2、apDiv3、apDiv4、apDiv5，而 class 均为 apcom 的并列放置的 div 元素到 section#main 元素中最下方位置，如图 8-25 所示。再分别在其中插入一幅剧照。

图 8-25 "插入 Div"元素对话框

【说明】

切换到代码视图可以看到，自动生成的HTML代码如下。

```
<div class="apcom" id="apDiv1"><img src="../image/MOUSE.JPG" width="260" height="310" alt=""/></div>
<div class="apcom" id="apDiv2"><img src="../image/HABIT.JPG" width="259" height="311" alt=""/></div>
<div class="apcom" id="apDiv3"><img src="../image/HORSE.JPG" width="251" height="298" alt=""/></div>
<div class="apcom" id="apDiv4"><img src="../image/GOAT.JPG" width="270" height="319" alt=""/></div>
<div class="apcom" id="apDiv5"><img src="../image/MONKEY.JPG" width="255" height="320" alt=""/></div>
```

3）定义如下保存到当前网页中的 CSS 规则。

```
#main{
    position: relative; /* 为其中 AP 元素的 top、right 等参数提供参照 */
}
.apcom{
    position:absolute;   /* 定义成 AP 元素 */
```

```
        top:90px;
        right:170px;
        visibility: hidden; /* 初始时隐藏 */
    }
        .apcom img{
        width:150px;
        height:170px;
    }
```

4）依次给各位领导姓名所在的 <td> 标签添加 2 个"显示—隐藏元素"行为：1 个设置成显示对应的 AP div，事件为 onMouseOver，1 个设置成隐藏对应的 AP div，事件为 OnMouseOut。"显示—隐藏元素"对话框，如图 8-26 所示。其中，第 i（i=1，2，3，4，5）位领导的姓名对应于第 i 个 AP div"apDivi"。

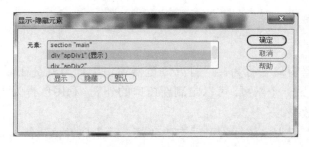

图 8-26　"显示—隐藏元素"对话框

5）在浏览器中浏览 xrld.html 时，可以看到，当鼠标移到任一位领导姓名上时，在页中右列显示该领导的剧照，鼠标移开时隐藏，如图 8-27 所示。

领导分工情况			
发布者：分院办			
	姓名	职务	
分院行政	领导1	院长	
	领导2	副院长	
	领导3	院长助理	
党总支	领导4	书记	
	领导5	副书记	

领导分工情况			
发布者：分院办			
	姓名	职务	分管工作
分院行政	领导1	院长	主持分院全面工作
	领导2	副院长	主管教学、继续教育
	领导3	院长助理	主管科研、实训
党总支	领导4	书记	主持党务全面工作
	领导5	副书记	主管学生、组织发展工作

图 8-27　领导剧照的显示 - 隐藏效果

归纳总结

本项目通过行为的应用介绍了部分特效的制作方法。重点讲解了弹出信息、跳转菜单、图像的缩放、拖动 AP 元素、显示隐藏等特效的制作。特效制作还有其他方法，网上也提供了很多特效，应根据网页设计制作的需要灵活选用。

应该指出的是，有些特效会增加很多代码，使网页代码变得非常臃肿，例如，拖动 AP 元素的特效，因此，应该谨慎使用特效。

巩固与提高

1．巩固训练

给学校网站有关网页添加本项目所讲解的行为特效。

2．分析思考

1）为什么给 Dreamweaver 的行为设置事件要考虑浏览器的支持问题？

2）如果给选定的文本而不是标签添加行为，那么会出现什么情况？

3）如何安装使用一个扩展名是 .mxp 的特效插件？实际做一下。

4）有人说，网页中特效越多，网页的动感效果就越好，也就越易吸引浏览者。如何看待这一说法？

3．拓展提高

（1）其他行为简介

1）"打开浏览器窗口"行为。"打开浏览器窗口"行为就是在显示当前网页的同时，打开一个新窗口显示另一个网页。可以定制新窗口的外观。利用该行为可制作弹出式广告（使用 onLoad 事件）等效果。

2）"改变属性"行为。该行为可动态改变某一元素属性值，例如，改变图像源等。

3）"检查插件"行为。该行为可以根据浏览器是否安装了指定的插件而决定是否自动转到其他页面。例如，如果在浏览器里安装了 Flash 插件（播放器），那么就可以转到有 Flash 动画的页面上去，如果没有安装，则转到其他页面上。

4）"检查表单"行为。该行为用于检查表单中填写的内容是否有效。该行为只有在创建了表单的页面上才有效。

5）"设置文本"行为。细分为以下几个行为。

①"设置容器的文本"行为。该行为可以用指定的 HTML（如"<img src= "banner.gif " />"等）来替换容器中的内容。

②"设置文本域文字"行为。该行为必须在包含文本框的表单网页中才能使用。例如，当鼠标经过 userName 文本框时显示"请输入真实姓名"。

③"设置框架文本"行为。该行为必须在包含框架的网页中才能使用。它用来设置显示在框架中的 HTML。

④"设置状态栏文本"行为。该行为用于设置浏览器状态栏信息。

6）"调用 JavaScript"行为。例如，调用如下 JavaScript 脚本。

```
window.open('popup.html','windowname','scrollbars=yes,resizable=l,width=450,height=300')
```

7）"转到 URL"行为。该行为用于在当前窗口或指定框架中打开一个新的页面。例如，网页中有一个产品缩略图，单击后打开有放大图的网页。该行为对于一次改变多个框架的内容特别有用。

8）"预先载入图像"行为。该行为用于将暂时不在页面中显示的图像加载到浏览器的缓存中，以增进显示的速率和效果。

（2）特效制作的方法

除了使用行为制作特效外，还有以下方法也可制作特效。

1）应用 HTML 标签制作特效。例如，在 IE 中可使用 <marquee> 标签制作内容的滚动显示效果。

2）应用 CSS 制作特效。例如，定义 CSS 规则处理超链接的 4 种状态效果、在 IE 中定义 CSS 滤镜（filter）等。

3）应用 JavaScript 制作特效。上一项目已经介绍过。

4）应用插件制作特效。在 Dreamweaver 中可以添加第三方开发的插件来制作特效。

先通过 Dreamweaver 自带的扩展管理器安装从网上下载的包含所需特效的插件（*.mxp、*.mxi），插件安装后会在安装说明中指示安装后的位置并告知使用方法，按照说明进行操作即可。

PROJECT 9
制作表单网页

 项目概述

　　本项目是设计制作保存到站点根文件夹下的用户注册表单网页 register.html，要求定义 CSS 规则进行效果处理，并通过自动方式和编写 JavaScript 对表单校验。注册表单浏览效果，如图 9-1 所示。

图 9-1　用户注册表单

 知识能力目标

　○ 掌握表单和表单域的 HTML 代码和属性。
　○ 理解表单的两种校验方法。
　○ 能设计制作表单网页。
　○ 能设置表单和表单域属性。
　○ 能用 CSS 对表单进行排版。
　○ 能自动校验表单和编写 JavaScript 校验表单。

预备知识

1．表单概述

通过网页可以收集来自用户的信息，并将信息存储在服务器端，然后根据用户的输入信息来创建动态响应。收集信息最常用的方式是通过链接和表单进行。

通过链接收集来自用户的信息就是将参数追加到指定的 URL 上。例如，在"<a href="result.asp?id=6"> 查询 </a>"中，当用户单击"查询"链接时，浏览器会将 URL 和参数"id=6"一起发送给服务器端包含服务器脚本的 result.asp 网页。

表单用于向服务器传输数据，它可以将信息作为表单参数或 URL 参数来发送给服务器。表单类似于日常生活中的存款单、购物单等，均是用来收集信息的，它是网站管理者与用户交流的一种媒介，广泛应用于注册登录、意见调查、在线查询、网络购物、在线申请等。

在网页中要使用表单必须先插入"表单框"，然后在表单框中插入文本域、选择框（即选择菜单）、按钮等表单域（也称表单字段、表单控件）。

给表单排版的方法通常有两种：用 CSS 排版；将表单看作一个列表数据而使用表格排版。

表单创建后应进行表单验证，以确保收集到有效的信息。常用的验证方法是自动验证和编写 JavaScript 验证函数验证。

2．表单及控件标签

1）<form> 标签。用于为用户输入创建 HTML 表单。表单可以包含 input（如文本域、复选框、单选框、提交按钮等）、button、menu、textarea、fieldset、label 等元素。

form 元素是块级元素，其前后会产生换行。

2）<input> 标签。用于定义文本域，可以搜集用户信息。根据不同的 type 属性值，输入字段有多种形式，例如，文本、电子邮件、密码、URL、电话、搜索、数字、范围、颜色、datepickers（日期选择器，包括月、周、日期、时间、日期时间、日期时间 (当地)）、复选框、单选按钮、按钮、提交按钮、重置按钮、图像按钮、文件、隐藏等。

3）<label> 标签。用于为 input 元素定义标注信息（标记）。label 元素不会向用户呈现任何特殊效果，但却为鼠标用户改进了可用性：如果在 label 元素内单击文本就会触发此控件，即当用户选择该标签时，浏览器会自动将焦点转到与标签相关的表单控件上。

<label> 标签的 for 属性应当与相关联元素的 id 属性相同。

4）<textarea> 标签。用于定义多行的文本输入域，文本区域中可容纳无限数量的文本，其中的文本默认字体是等宽字体（通常是 Courier）。可以通过 cols 和 rows 属性来设置 textarea 的尺寸，但建议使用 CSS 的 height 和 width 属性来设置。可以通过 wrap 属性设置文本区域内的换行符是否一起提交给服务器进行处理。

5）<fieldset> 标签和 <legend> 标签。fieldset 元素用于将表单内的相关元素分组。浏览器以特殊方式显示 fieldset，例如，可能显示成特殊的边界、3D 效果，或者创建一个子表单来处理等。<fieldset> 标签没有必需的或唯一的属性。

<legend> 标签为 fieldset 元素定义标题。

6）<select> 标签。用于创建单选或多选的选择菜单。select 元素使用 <option> 标签定义列表中的可用选项。

7）<datalist> 标签。用于定义合法的输入值选项列表，但该元素及其选项不会被显示出来。该元素应与 input 元素配合使用以定义 input 可能的值，使用 input 元素的 list 属性来绑定 datalist。

示例代码如下：

```
<input id="myPhone" list="phones" />
<datalist id="phones">
    <option value="vivo">
    <option value="huawei">
    <option value="lenovo">
    <option value="apple">
</datalist>
```

8）<keygen> 标签。用于验证用户，是表单的密钥对生成器。当提交表单时会生成两个密钥：私钥（private key）和公钥（public key），私钥存储在本地，公钥发送到服务器。公钥用于之后的验证客户端证书。目前 IE 和 Safari 不支持该标签。

示例代码如下：

```
<form action="register.asp">
    用户名：<input type="text" name="userName" />
    密码：<input type="password" name="passWord" />
    加密：<keygen name="security" />
    <input type="submit" />
</form>
```

9）<output> 标签。用于定义不同类型的输出，例如，脚本的输出。目前 IE 不支持该标签。

示例代码如下（执行计算后在 output 元素中的显示结果）。

```
<form oninput="x.value=parseInt(a.value)+parseInt(b.value)" >0
    <input type="range" name="a" value="50">100
    +<input type="number" name="b" value="50">
    =<output name="x"></output>
</form>
```

10）<menu> 标签。用于定义命令的列表或菜单，用于上下文菜单、工具栏以及用于列出表单控件和命令。目前所有主流浏览器还不支持该标签。

示例代码如下（带有两个菜单按钮 File 和 Edit 的工具栏，每个按钮都包含带有一系列选项的下拉列表）。

```
<menu type="toolbar">
  <li>
    <menu label="File">
      <button type="button" onclick="file_new()">New...</button>
      <button type="button" onclick="file_open()">Open...</button>
      <button type="button" onclick="file_save()">Save</button>
    </menu>
  </li>
  <li>
    <menu label="Edit">
      <button type="button" onclick="edit_cut()">Cut</button>
```

```
        <button type="button" onclick="edit_copy()">Copy</button>
        <button type="button" onclick="edit_paste()">Paste</button>
    </menu>
    </li>
</menu>
```

项目分析

本项目设计制作的用户注册表单网页在设计视图下完成，使用 <form> 标签中嵌套各种控件的标签实现，通过"属性"面板设置控件标签的属性和自动校验功能。由于注册信息较多，所以使用 <fieldset> 标签对表单域进行分组设计，并根据设计要求用 CSS 进行排版。通过编写 JavaScript 校验函数代码弥补自动校验的不足。

项目实施

1．创建初始注册表单网页

1）打开分院概况栏的分院简介网页 xiBuGaiKuang/fyjj.html，将其另存为 register.html，保存到站点根文件夹下并自动更新相关链接。

2）将网页标题更改为"用户注册页"。

3）先删除页中 section#main 中的所有内容，再在其中输入"用户注册界面"，设置成"标题 2"格式，并定义如下保存到当前网页中的 CSS 规则。

```
#main h2 {
        background: url(image/bg2.gif) repeat-x;
        font-size: 1.1em;
        color: #FF0000;
        line-height: 30px;
        text-align: center;
        letter-spacing: 0.5em;    }
```

2．插入表单框和表单域

1）在设计视图下，光标定位于"用户注册界面"右侧，按 <Enter> 键后自动产生一个空白段落，在其中输入"说明：加＊者必填"，再在其后按 <Enter> 键。

2）单击"插入"面板"表单"选项组中的"表单"按钮 插入表单框（显示为红色虚线框）。

【说明】

表单框的HTML代码如下。

`<form id="form1" name="form1" method="post"></form>`

3）光标定位于表单框中，单击"插入"面板"表单"选项组中的"域集"按钮，弹出"域集"对话框，如图 9-2 所示。在"标签"文本框中输入"基本信息"，单击"确定"按钮，在当前光标位置插入了一个带有标题的灰色方框。

图 9-2　"域集"对话框

【说明】

① 域集的HTML代码如下。

```
<fieldset>
    <legend> 基本信息 </legend>
    ......
</fieldset>
```

其中，<legend>标签用于设置域集标题，在浏览时域集标题显示在方框线的左上部分，如图9-3所示。

┌─基本信息────────────────────────────────┐
│   │
└──┘

图 9-3　域集的默认浏览效果

代码中省略的部分是其他表单域代码。

② 域集<fieldset>不提供"属性"面板设置。

③ 由于表单是同客户交互的主要途径，因此保证表单的易用性尤为重要。一些相关的标签（如<fieldset>、<label>、<optgroup>等）可以使表单更具有亲和力、更容易使用。例如，通过<fieldset>标签可给表单域分组；通过<label>标签可使比较小的表单域更加容易选中，即将<label>标签与单选按钮、复选框等表单域绑定，这样当用户单击单选按钮、复选框等表单域旁的标注信息时也能聚焦到对应的表单域；通过<optgroup>标签可给选项较多的选择菜单中的列表项分组，便于用户容易找到所需选项。

4）定义如下 CSS 规则处理域集。域集的浏览效果，如图 9-4 所示。

```
#main form fieldset{
    width:600px;
    margin: 0 auto;
    box-shadow: 1px 1px 10px 1px #66ccff;    }
#main form fieldset    legend{
    margin-left: 20px;    }
```

┌─基本信息────────────────────────────────┐
│   │
└──┘

图 9-4　域集的浏览效果

5）光标定位于域集中，单击"插入"面板"表单"选项组中的"文本"按钮▭后，在当前光标位置插入了带有标注信息"Text Field:"的文本域。

在文档编辑窗口直接将标注信息"Text Field:"更改为"用户名："（注意：<label> 没有对应的"属性"面板），再按照文本域"属性"面板进行设置，如图 9-5 所示。

图 9-5　文本域"属性"面板

再在文本域右边输入说明性文字"* 您登录时的用户名"，并按 <Enter> 键。

此时，表单的设计视图效果和实时视图效果，如图 9-6 和图 9-7 所示。

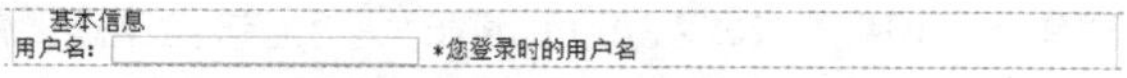

基本信息
用户名：　　　　　　　　　　　*您登录时的用户名

图 9-6　表单的设计视图效果（1）

基本信息
用户名：请输入用户名　　　　　*您登录时的用户名

图 9-7　表单的实时视图效果（1）

【说明】

① 文本域及其标注的HTML代码如下。

<label for="userName"> 用户名 :</label>

<input type=" text" name="userName" id="userName">

<label>通过for属性与<input>绑定，当用户单击标注"用户名:"时也能聚焦文本域。

在默认情况下，表单域的左右会多1个空格（代码中的空格被压缩为1个），如果要消除，则可以通过删除代码间的空格或换行来解决，即将如下代码：

<label for="userName"> 用户名 :</label>

<input type="text" name="userName" id="userName">

* 您登录时的用户名

修改为：

<label for="userName">用户名:</label><input type="text" name="userName" id="userName"> *您登录时的用户名

② <label>没有对应的"属性"面板。

③ 切换到代码视图可以看到，自动生成的文本域的代码如下。

<input name="userName" type="text" autofocus required id="userName" placeholder =" 请输入用户名 " title=" 这是用户名 " autocomplete="on" maxlength="20">

④ 文本域"属性"面板上可设置的属性如下。

a）name（名称）：设置文本域的名称。它用于对提交到服务器后的表单数据进行标识，或者在客户端通过 JavaScript 引用表单数据。

b）class（类）：设置文本域的CSS类选择器。

c）size（字符宽度）：设置文本域的显示宽度。对于type="text"、"password"，size属性定义的是可见的字符数，而对于其他类型，size属性定义的是以像素为单位的输入字段宽度。由于size属性是一个可视化的设计属性，建议使用CSS代替。

d）maxlength（最多字符数）：设置文本域中可以输入的最多字符数。当size文本框中输入的值大于maxlength文本框中输入的值时，文本域内右侧将会保留一定的空间，有助于美观。

e）value（初始值）：设置文本域中的初始信息。对于不同的文本域类型，value属性的用法也不同。

■　type="text"、"password"、"hidden"：定义文本域的初始值。

■　type="button"、"reset"、"submit"：定义按钮上显示的文本。

■　type="checkbox"、"radio"：定义与输入相关联的值。

f）title（标题）：设置鼠标悬停在文本域上时鼠标右下角的提示信息。

g）placeholder（提示信息）：设置文本域预期值的提示信息，它会在文本域为空时显示，并会在文本域获得焦点或输入内容时消失，取决于各个浏览器。

h）disabled（禁用）：设置文本域是否为禁用状态。被禁用后既不可用也不可单击。

i）required（必填）：设置文本域是否必须在提交之前填写。

j）autocomplete（自动完成）：设置文本域是否启用自动完成功能。自动完成功能允许浏览器预测对字段的输入，即当用户在字段中开始输入内容时，浏览器会基于之前输入过的值而显示出在字段中曾经填写的选项。

k）autofocus（自动聚焦）：设置文本域在页面加载时是否应该自动获得焦点。

l）readonly（只读）：设置文本域中的内容是否为只读状态。只读字段是不能修改的，但可按<Tab>键切换到该字段，还可以选中或复制其文本。

m）form（表单）：设置文本域所属的一个或多个表单的id，以空格分隔多个表单。

n）pattern（模式）：设置文本域用于验证其值的模式（即正则表达式regexp），例如（只能包含三个字母的文本域）：

请输入国家代码: <input type="text" name="countryCode" pattern="[A-z]{3}"

　　title="3个字母的国家代码" />

o）tabindex（Tab索引）：设置文本域的<Tab>键索引号。

p）list（列表）：引用数据列表datalist的id值。

但有些属性在不同的浏览器中表现可能不尽相同，例如，type为text与password的文本域，若size相同，则在IE中显示的宽度不相同，而在Firefox中则相同。因此，建议尽量定义CSS规则处理文本域的表现。

6）类似地，分别单击"插入"面板"表单"选项组中的"密码"按钮▦、"密码"按钮▦、"电子邮件"按钮✉、"Tel"按钮☎，插入密码域、密码域、电子邮件域、Tel域，标注信息分别为"用户密码："""再输一遍密码：""电子邮件：""联系电话："，并在各个域右边输入"*"的同时按<Enter>键以便换行显示。

再通过各自的"属性"面板进行如下设置。

第一个密码域：Name 为 password，PlaceHolder 为"密码长度至少6位"，Required 选中，Pattern 为 \S{6,}。

第二个密码域：Name 为 passwordConfirm，PlaceHolder 为"重复一次密码"，Required 选中，Pattern 为 \S{6,}。

电子邮件域：Name 为 email，Required、AutoComplete、Multiple 均选中。

Tel 域：Name 为 telphone，Required、AutoComplete 均选中，MaxLength 为 11。

此时，表单的设计视图效果和实时视图效果，如图 9-8 和图 9-9 所示。

图 9-8　表单的设计视图效果（2）

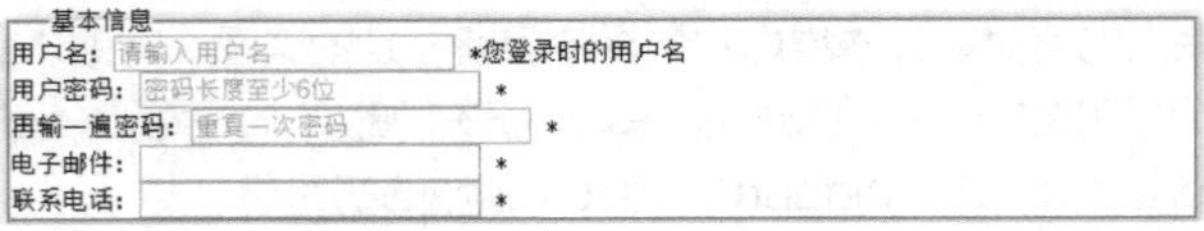

图 9-9　表单的实时视图效果（2）

【说明】

① 密码域、电子邮件域和Tel域对应的<input>标签的type分别为password、email、tel，其"属性"面板与文本域的类似。

② 电子邮件域的Multiple（多选）属性规定该域可输入多个值。文件域也可设置Multiple属性，此时表示是否可选择多个文件。

③ Pattern中输入的"\S{6,}"是正则表达式，表示至少6位非空白字符，参见本项目"巩固与提高"中的内容。

7）在"基本信息"域集元素的下方再插入另一域集，域集标题为"其他信息"。

8）在"其他信息"域集中，单击"插入"面板上的"日期"按钮插入日期域，并修改标注信息为"出生日期"，设置其"属性"面板上的 Name 为 birthday。

此时，表单的设计视图效果和实时视图效果，如图 9-10 和图 9-11 所示。

图 9-10　表单的设计视图效果（3）

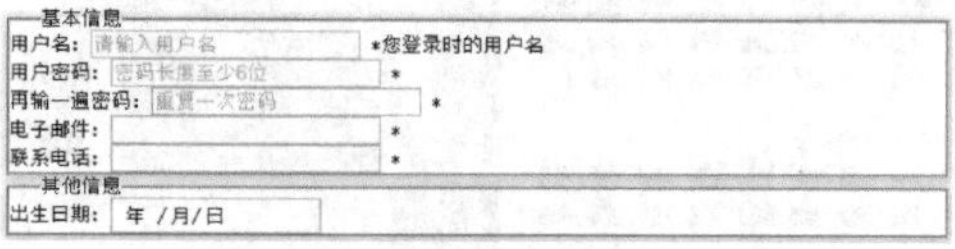

图 9-11　表单的实时视图效果（3）

【说明】

① 日期域的"属性"面板，如图9-12所示。Value中的YYYY表示输入的年份必须是4位数，MM表示2位数的月份，DD表示2位数的几号。Max、Min、Step分别规定该域所允许的最大值、最小值、合法日期间隔。其余"属性"与文本域的类似。

图 9-12　日期域"属性"面板

② 日期域对应的<input>标签的type为date。在"插入"面板"表单"选项组中还包括类似的域，例如，月、周、时间、日期时间、日期时间（当地），对应的<input>标签的type分别为month、week、time、datetime、datetime-local。这些域统称为datepickers（日期选择器）。

在浏览器中预览时，悬停或单击日期域，在其右侧会出现上下三角形按钮 ，可以直接选择设置日期。

③IE等浏览器目前还不支持datepickers，会以文本域替代，用户可以直接输入所需内容。

9）在上述日期域右边按 <Enter> 键，单击"插入"面板上的"颜色"按钮 插入颜色域，按 <Enter> 键后再单击"数字"按钮 插入数字域，并分别修改标注信息为"最喜欢的颜色："、"网龄："，在"属性"面板上，设置颜色域的 Name 为 favoriteColor，设置数字域的 Name 为 networkAge、Min 为 1、Max 为 30、Step 为 1、PlaceHolder 为"请输入整数"。

此时，表单的设计视图效果和实时视图效果，如图 9-13 和图 9-14 所示。

图 9-13　表单的设计视图效果（4）

图 9-14　表单的实时视图效果（4）

【说明】

①颜色域和数字域对应的<input>标签的type分别为color、number。

在浏览器中预览时，单击颜色域会弹出"颜色"选择对话框，如图9-15所示，可以选择所需颜色；悬停或单击数字域，在其右侧会出现上下三角形按钮，可以直接选择设置数值。

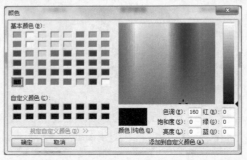

图 9-15 "颜色"选择对话框

②IE等浏览器目前还不支持颜色域和数字域，会以文本域替代，用户可以直接输入所需内容。

10）在上述数字域右边按 <Enter> 键，单击"插入"面板上的 URL 按钮 插入 URL 域，并修改标注信息为"最常用搜索引擎："。在"属性"面板上，设置 Name 为 favoriteUrl、Value 为"http://"。

切换到代码视图，在 URL 域对应的代码下方输入如下代码。

```
<datalist id="searchEngine">
    <option value="http://www.baidu.com">
    <option value="http://www.google.com">
    <option value="http://www.163.com">
</datalist>
```

再通过 URL 域的"属性"面板设置"List"为 searchEngine。此时 URL 域对应的代码如下。

```
<input type="url" name="url" id="url" list="searchEngine" value="http://">
```

此时，表单的设计视图效果和实时视图效果，如图 9-16 和图 9-17 所示。

图 9-16 表单的设计视图效果（5）

图 9-17 表单的实时视图效果（5）

【说明】

URL域对应的<input>标签的type分别为url。在浏览器中预览时，单击URL域会弹出如图9-18所示的输入值选项列表，可以选择所需网址，也可直接在URL域输入。

图 9-18　URL 域对应的 <input> 标签的输入值选项列表

11）在上述 URL 域右边按 <Enter> 键，单击"插入"面板上的"标签"按钮 [abc]，此时会在光标位置插入无可视化效果的 <label> 标签。

切换到代码视图，在 <label> 与 </label> 之间输入"您的性别："。

再切换到设计视图，光标定位于"您的性别："所在的 label 元素后，单击"插入"面板上的"单选按钮"按钮 ◉ 后在当前光标位置插入了标注信息在右侧的单选按钮。修改标注信息为"男"，在"属性"面板上，设置 Name 为 sex、Value 为"男"、选中 Required复选框，如图 9-19 所示。

图 9-19　单选按钮的"属性"面板

类似地，在上述单选按钮右边再插入另一个单选按钮，标注信息为"女"，Name 仍为sex、Value 为"女"、选中"Required"复选框。

为了使用户在单击标注信息时能自动选择对应绑定的单选按钮，切换到代码视图，将每个 <label> 标签的 for 属性值修改成与对应绑定的单选按钮的 id 值相同，修改后的代码如下。

```
<input type="radio" name="sex" id="radio" value=" 男 ">
<label for="radio"> 男 </label>
<input type="radio" name="sex" id="radio2" value=" 女 ">
<label for="radio2"> 女 </label>
```

此时表单的设计视图效果，如图 9-20 所示。

图 9-20　表单的设计视图效果（6）

📂【说明】

①单选按钮代表互相排斥的选择。在一个单选按钮组（由两个或多个共享相同name的按钮组成）中选中一个按钮，就会取消选中该组中的所有其他按钮。

单选按钮对应的<input>标签的type为radio。

也可使用"单选按钮组"按钮 [图] 一次插入多个单选按钮，但布局效果为垂直排列，如果需要水平排列，那么必须修改HTML代码。插入"单选按钮组"的对话框，如图9-21所示。

②"属性"面板上的checked（选择）：设置单选按钮在页面加载时是否应该被预先选定。checked属性也可以在页面加载后通过JavaScript代码进行设置。值（value）：表示单选按钮选中时的值。

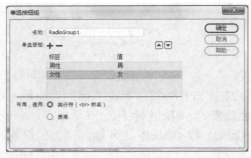

图 9-21 "单选按钮组"对话框

12）在上述一组单选按钮最右边按 <Enter> 键，单击"插入"面板上的"选择"按钮▤插入选择菜单，修改标注信息为"教育程度："、Name 为 education。

再选中该选择菜单，单击"属性"面板上的"列表值"按钮，在弹出的"列表值"对话框中添加多个列表项标签和值，如图 9-22 所示。添加完成后再在"属性"面板上设置Selected（初始选择），使浏览时的默认选项为"本科生"。此时表单的设计视图效果，如图 9-23 所示。

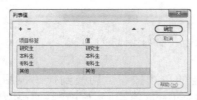

图 9-22 "列表值"对话框

图 9-23 表单的设计视图效果（7）

【说明】

① 在选择菜单的"属性"面板上，如图9-24所示，Size表示"列表高度"。如果选中Multiple，那么在浏览时可以通过按住<Ctrl>或<Shift>键并单击所需选项同时选择多项。

图 9-24 选择菜单的"属性"面板

② 选择菜单的HTML代码如下。

```
<select name="education" id="education">
    <option value=" 研究生 "> 研究生 </option>
    <option value=" 本科生 " selected> 本科生 </option>
    <option value=" 专科生 "> 专科生 </option>
    <option value=" 其他 "> 其他 </option>
</select>
```

通过添加<optgroup>标签可以对列表项分组。例如，如下代码的浏览效果，如图9-25所示。

```
<select name="education" id="education">
    <optgroup label=" 高等学历 ">
```

图 9-25 菜单中列表项的分组显示

```
          <option value=" 研究生 "> 研究生 </option>
          <option value=" 本科生 "> 本科生 </option>
        </optgroup>
        <optgroup label=" 一般学历 ">
          <option value=" 专科生 "> 专科生 </option>
          <option value=" 其他 "> 其他 </option>
        </optgroup>
      </select>
```

13）在上述选择菜单右边按 <Enter> 键，按照前面步骤中插入单选按钮类似的方法，单击"插入"面板上的"标签"按钮 abc 插入"您的爱好："，通过"复选框"按钮 ☑ 插入 3 个复选框，标注信息分别为"学习""运动""旅游"。通过"属性"面板设置 Name 分别为 study、sports、tour，Value 均为 yes，如图 9-26 所示。

图 9-26　复选框"属性"面板

此时表单的设计视图效果，如图 9-27 所示。

图 9-27　表单的设计视图效果（8）

【说明】

① 复选框允许用户在一组选项中选中多个选项，同一组复选框的名称可以相同也可以不同，这取决于要保存其值的数据库表中对应字段是一个还是多个。复选框的Value属性的设置取决于表中字段类型是否为"是/否"型，如果是，则只需设置Value为任意非空的值即可，否则需设置具体的值。

复选框的HTML代码如下。

```
<input name="study" type="checkbox" id="study" value="yes">
```

② 也可单击"复选框组"按钮 ▦ 插入垂直排列的多个复选框。

14）在上述一组复选框最右边按 <Enter> 键，单击"插入"面板上的"文本区域"按钮 ▤，插入标注信息为"备注："的文本区域，通过"属性"面板设置 Name 为 intro、Rows（行数）为 6，Cols（字符宽度）为 50，文本区域的"属性"面板如图 9-28 所示。

图 9-28　文本区域"属性"面板

网页设计与制作(HTML5+CSS3)

此时表单的设计视图效果,如图 9-29 所示。

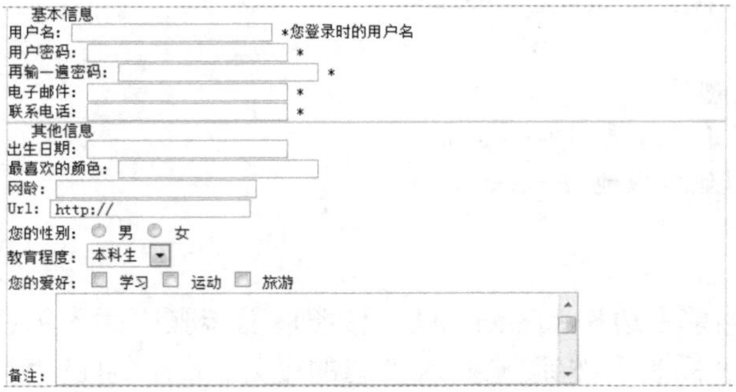

图 9-29　表单的设计视图效果（9）

【说明】

①文本区域的HTML代码如下。

```
<textarea name="intro" id="intro" cols="50" rows="6"></textarea>
```

②"属性"面板上的Wrap（换行）：规定当提交表单时，其中的文本是否换行，取值如下。

a）soft：默认值。当提交时，其中的文本不换行。

b）hard：当提交时，其中的文本换行（即包含换行符）。当使用hard 时，必须规定cols属性。

15）光标定位于"其他信息"域集元素的右边，按 <Enter> 键，再单击"插入"面板上的"提交"按钮☑、"重置"按钮⟳，插入"提交"和"重置"按钮。

此时表单的设计和实时视图效果，如图 9-30 和图 9-31 所示。

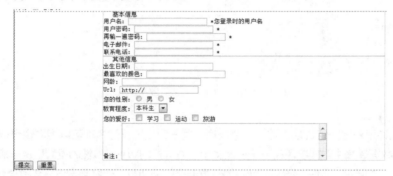

图 9-30　表单的设计视图效果（10）

图 9-31　表单的实时视图效果（6）

【说明】

① "提交"按钮和"重置"按钮的HTML代码如下。

`<input type="submit" name="submit" id="submit" value="提交">`

`<input type="reset" name="reset" id="reset" value="重置">`

② "提交"按钮"属性"面板包含表单重写属性，如图9-32所示，允许覆盖表单的相应属性设定，它们对于创建不同的提交按钮很有帮助。表单重写属性包括：

a）formaction：重写`<form>`的action属性。

b）formenctype属性：重写`<form>`的enctype属性。

c）formmethod属性：重写`<form>`的method属性。

d）formtarget属性：重写`<form>`的target属性。

e）formnovalidate 属性：重写`<form>`的novalidate属性。

图9-32 "提交"按钮"属性"面板

③ 有时为了美观，可在表单中使用图像按钮，它是图形化按钮，不同于直接在网页中插入的图像，其功能等同于"提交"按钮。图像按钮的"属性"面板，如图9-33所示。

图9-33 图像按钮"属性"面板

其HTML代码如下。

`<input type="image" name="imageField" id="imageField" src="image/arrow.gif">`

height（高）、width（宽）、alt、src属性：它规定图像按钮的高度、宽度、替代文本、图像的URL。

3．定义 CSS 规则处理表单

以下定义的 CSS 规则均保存到当前网页中。

1）定义如下 CSS 规则处理域集（`<fieldset>`）。

```
#main form fieldset{
    padding-bottom: 10px;
    margin-bottom: 10px;
}
#main form fieldset  legend{
    font: 1.2em " 黑体 ";
    color: #0000ff;
}
```

2）给"说明：加＊者必填"和"提交"按钮所在的 `<p>` 标签添加 class 属性和值，即"class="textcenter""，再定义如下 CSS 规则。

```
#main .textcenter {
    text-align: center;
}
```

3）定义如下 CSS 规则处理每行元素的高度。

```
#main p{
    line-height: 2em;
}
```

4）定义如下 CSS 规则处理表单域（<input>）。

```
#main form input {    /* 统一处理所有 input*/
    font-size:1em;    /* 因表单域内的文字不继承父元素的字号属性值 */
    width: 12em;
}
#main form input[type=color] {    /* 特殊处理 */
    width: 4em;
}
#main form input[type=number] {    /* 特殊处理 */
    width: 6em;
}
#main form input[type=radio],
#main form input[type=checkbox] { /* 特殊处理 */
    width: auto;
}
#main form input[type=submit],
#main form input[type=reset] {     /* 特殊处理 */
    width: 4em;
    margin: 10px 10px 0 0;
    padding: 5px 0;
}
```

5）定义如下 CSS 规则处理标注信息（<label>）。

```
#main form label {
    display: inline-block;
    width: 10em;
    text-align: right;
}
#main form label[for=radio],
#main form label[for=radio2],
#main form label[for=study],
#main form label[for=sports],
#main form label[for=tour]{
    width: auto;                    /* 使用默认宽度 */
    margin-right: 1em;
}
```

6）定义如下 CSS 规则处理备注（<textarea>）。

```
#main form textarea {
    font-size:0.9em;
    width:22em;
    vertical-align: middle;
}
```

7）在浏览器中浏览注册网页 register.html，可以看到注册表单的浏览效果，如图9-34所示。

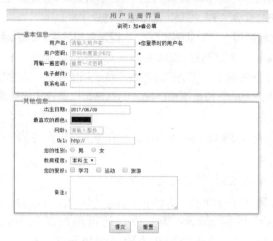

图9-34　注册表单的浏览效果

4. 表单属性设置

1）在设计视图下选中表单框，在"属性"面板上显示出表单的属性，如图9-35所示。在 Action 文本框中输入 registerOk.asp，在 Method 下拉列表中选择 POST。

图9-35　表单"属性"面板

【说明】

① 表单是用来收集用户填写的信息的，当用户单击"提交"按钮后将填写的信息传送到服务器端的表单处理程序加以处理。

表单处理程序使用较多的是CGI、ASP、PHP、JSP等服务器端脚本或应用程序，用于实现动态功能，例如，显示查询结果、将信息插入数据库等。

② "属性"面板上各个属性的含义如下。

a）ID：设置表单的id属性值。

b）action（动作）：设置表单处理程序。

c）method（方法）：设置表单信息传送到服务器的方式，包括以下3个选项。

■ get：将表单信息附加在URL后传送到服务器，它传送效率高，但传送信息量有限，限制在8192个字符之内，并且必须是ASCII字符。

■ post：浏览器等候服务器来读取信息，将表单信息嵌入到消息的正文中传送到服务器，它传送信息量大，传送信息量没有什么限制，可以是任何字符。

■ 默认：根据浏览器决定。

d）target（目标）：设置表单处理程序打开时的目标窗口。

e）enctype（编码类型）：设置待处理信息的类型，包括以下选项。

■ application/x-www-form-urlencoded：表单信息被编码为"名称-值"对，这是标准的编码格式，也是默认方式。

■ multipart/form-data：不对字符编码，这是二进制数据传输方式，主要用于上传文件。

■ text/plain：将空格转换为"+"符号，但不编码特殊字符。

f）autocomplete（自动完成）：默认值是on。它规定表单是否应该启用自动完成功能。

g）novalidate（无校验）：规定当提交表单时是否对其进行验证。

h）accept-charset（字符集）：服务器处理表单数据所接受的一个或以逗号分隔的多个字符集。如果可接受字符集与用户所使用的字符集不相匹配，浏览器可以选择忽略表单或是将该表单区别对待。目前IE不支持该属性。

2）在浏览器中浏览注册网页 register.html，在表单中填写内容，可以看到提交后转到 registerOk.asp。

5．编写 JavaScript 验证函数校验注册表单

表单校验除了可以利用自身的自动验证功能（例如，<input type="number"> 的 min、max 等，<input type="email"> 的 pattern 等）外，还可通过编写 Java Script 实现验证。以下将编写 Java Script 实现验证用户输入的两次密码是否相同的功能。

1）在设计视图中打开注册网页 register.html，切换到代码视图，在 </head> 标签前输入如下代码。

```
<script type="text/javascript">
  function check(f)
  {
  return true;
  }
</script>
```

再给注册表单的 <form> 标签添加"事件 - 过程"代码"onsubmit="return check(this);""。

【说明】

①check函数用来验证用户在表单中填写的内容是否有效，如果是，则返回true，否则返回false。

②"onsubmit="return check(this);""表示当用户提交表单时调用check函数，如果返回值为false则表单将不提交给服务器端脚本或应用程序，而如果返回值为true或无返回值则将表单提交给registerOk.asp进行处理。

③ this表示所在的标签，此处表示引用<form>，也就是表单。如果不用this那么也可使用document.getElementById("form1")。

如果在表单域中使用this，那么只能引用该表单域，要想引用表单域所在的表单，应该使用this.form。

2）在 check 函数中的语句"return true;"前，输入如下代码。

```
if(f.password.value!=f.passwordConfirm.value)
{
  alert("2 次密码不同，请重输！ ");
```

```
            f.password.focus();
            f.password.select();
            return false;
        }
```

【说明】

①在调用check函数时，由于实参this引用的是表单并赋给形参f，因此，f.password.value表示表单中name属性值为password的表单域的值（值作为字符串处理）。

②表单和表单域的常用属性、方法、事件，见表9-1～表9-5。

表 9-1　表单的常用属性、方法和事件

属　　性	方　　法	事　　件
name、action、method、target、enctype、elements[]	submit()、reset()	onsubmit

a）name：表单的名称。

b）action：表单的处理程序。

c）method：表单信息传送到服务器的方式。

d）target：表单处理程序打开的目标窗口。

e）enctype：待处理信息的类型。

f）elements[]：所有表单域组成elements数组，访问表单域可使用elements[i]访问（i为第i个表单域，i从0开始）。

g）submit()：将表单中填写的内容发送给服务器端脚本或应用程序进行处理，其功能与提交按钮功能相同。

h）reset()：将各个表单域信息复原到初始状态，其功能与重置按钮功能相同。

i）onsubmit：单击提交按钮时触发。

表 9-2　文本域的常用属性、方法和事件

属　　性	方　　法	事　　件
name、type、value、defaultvalue、form	blur()、focus()、select()	onfocus、onblur、onselect、onchange、onkeydown、onkeyup、onkeypress

a）name：文本域名称。

b）type：文本域类型。

c）value：文本域输入的内容。

d）defaultvalue：文本域默认值。

e）form：文本域所在的表单。

f）blur()：文本域失去焦点，文本插入指针离开表单域。

g）focus()：文本域获得焦点。

h）select()：使文本域内容被选中，即突出显示文本域中内容。

i）onfocus：文本域获得焦点时触发。

j）onblur：文本域失去焦点时触发。

k）onselect：选择文本域内容时触发。

l）onchange：修改了文本域内容并且文本域失去焦点时触发。

m）onkeypress：文本域获得焦点且用户按键动作完成后触发。在用户按键的过程中，先触发onkeydown事件，再触发onkeyup事件，在两者匹配完成后再触发onkeypress事件。这3个事件的处

理函数均可传递一个事件对象event，利用event.keyCode可获得按键的ASCII码。

表9-3 按钮的常用属性、方法和事件

属　　性	方　　法	事　　件
name、type、value、form	blur()、focus()、click()	onblur、onfocus、onclick、onmousedown、onmouseup

a）name、type、value、form、blur()、focus()、onblur和onfocus，与文本域的对应属性、方法、事件类似。

b）click()：模仿用户单击动作。

c）onclick：单击按钮时触发（它是onmousedown和onmouseup事件的组合，即先触发onmousedown事件，后触发onmouseup事件，最后触发onclick事件）。

表9-4 单选按钮、复选框的常用属性、方法和事件

属　　性	方　　法	事　　件
name、type、value、form、length、checked、defaultchecked	blur()、focus()、click()	onblur、onfocus、onclick、onmousedown、onmouseup onchange（适用于复选框）

a）name、type、value、form、blur()、focus()、onblur和onfocus，与文本域的对应属性、方法、事件类似。

b）length：反映同组中选项个数。

c）checked：反映选中状态，即是否被选中。

d）defaultchecked：反映默认选中状态。

e）click()：模仿用户单击动作。

f）onclick：单击时触发。

g）onchange：选中状态发生改变时触发。

注意：同组单选按钮应采用相同名称，这样同一时刻只能有一个单选按钮处于选中状态。同组单选按钮构成数组，应通过数组元素访问各个按钮，而使用"表单 . 单选按钮名 .value"是得不到任何值的。同组复选框的名称可以相同也可以不同，当采用相同名称时也构成数组。

表9-5 选择菜单的常用属性、方法和事件

属　　性	方　　法	事　　件
name、form、length、selectedIndex、options[]	blur()、focus()	onblur、onfocus、onchange

a）name、form、blur()、focus()、onblur和onfocus，与文本域的对应属性、方法、事件类似。

b）length：选择菜单的所有列表项选项个数。

c）selectedIndex：选择菜单当前选项的索引号。

d）options[]：选择菜单所有列表项构成的选项数组，选项数组的属性如下。

- options.length：选项个数。
- options[index].defaultSelected：指定索引号的选项默认选中状态。
- options[index].index：指定索引号的选项索引值。
- options[index].selected：指定索引号的选项选中状态。
- options[index].text：指定索引号的选项标签文本。
- options[index].value：指定索引号的选项值。

e）onchange：改变列表/菜单的选项时触发。

3）在浏览器中浏览注册网页 register.html，可以看到，当两次填写的密码不相同提交表单时，会弹出告警框显示告警信息，如图 9-36 所示。

图 9-36　验证 2 次密码不相同时的告警界面

归纳总结

本项目讲述了网站中注册表单网页的制作，重点讲解了各种表单域的使用、用 CSS 排版表单，还介绍了如何编写 JavaScript 验证函数校验表单。应该根据表单制作需要选择合适的表单域并通过设置表单及表单域相关属性实现自动验证。目前自动验证已可以满足常见的验证要求，但 JavaScript 验证函数的适用范围更广，可以弥补自动验证的不足。表单与动态功能是紧密联系在一起的，通过表单收集有效的信息，并在此基础上实现动态功能。

巩固与提高

1．巩固训练

在学校网站中，设计制作注册表单网页（要求至少有 2 个表单域与分院网站注册网页中的不同），同时对注册表单进行表单校验。

2．分析思考

1）如何使用表格对注册表单进行排版？实际做一下。

2）表单中的图像按钮如何使用？实际做一下。

3）查阅资料看一看文件域和隐藏域有何用处？

4）如何通过正则表达式验证手机号码和电子邮件？

3．拓展提高

（1）表单使用技巧

1）要在表单域上按 <Enter> 键后自动聚焦到下一表单域，可在当前表单域标签中添加如下"事件 - 过程"。

onkeypress="if(event.keyCode==13)document.getElementById(' 下一个表单域的 id 值 ').focus();"

2）要在表单域上按 <Enter> 键后自动提交表单，可在该表单域标签中添加如下"事件 -
过程"。

onkeypress="if(event.keyCode==13)document.getElementById(' 表单的 id 值 ').submit();"

（2）正则表达式

正则表达式是一种可以用于模式匹配和字符串替换的强有力工具，它可以让用户通过
一系列的特殊字符构建匹配模式，并将匹配模式与输入字符串等目标对象进行比较，根据目
标对象中是否包含匹配模式而进行相应的处理。

正则表达式以"/"开始以"/"结束，并以"^"表示匹配输入字符串的开始位置，以"$"
表示匹配输入字符串的结束位置。正则表达式中所用的特殊字符，见表 9-6。

表 9-6　正则表达式特殊字符表

特 殊 字 符	描　　述
\	将下一个字符标志特殊字符或转义符，例如，\n 匹配一个换行符，\\ 匹配 \
^	匹配输入字符串的开始位置
$	匹配输入字符串的结束位置
*	匹配前面的子表达式 0 或多次，例如，zo* 匹配 z 及 zoo 等
+	匹配前面的子表达式 1 或多次，例如，zo+ 匹配 zo 及 zoo 等
?	匹配前面的子表达式 0 或 1 次，例如，do(es)? 匹配 do 及 does 等。此处括号为运算符
{n}	n 是一个非负整数。匹配确定的 n 次
{n,}	n 是一个非负整数。匹配至少 n 次。例如，p{2,} 匹配 pppp
{n,m}	n，m 是非整数且 n<=m。匹配至少 n 次至多 m 次
.	匹配除 \n 之外的任何单个字符
x|y	匹配 x 或 y。例如，z|food 匹配 z 或 food，(z|f)ood 匹配 zood 或 food
[xyz]	字符集合。匹配所包含的任意字符。例如，[abc] 匹配 plain
[^xyz]	负值字符集合。匹配未包含的任意字符
[a-z]	字符范围。匹配指定范围内的任意字符
[^a-z]	匹配不在指定范围内的任意字符
\d	匹配一个数字字符。等价于 [0-9]
\D	匹配一个非数字字符。等价于 [^0-9]
\f	匹配一个换页符。等价于 \x0c
\n	匹配一个换行符。等价于 \x0a
\r	匹配一个 <Enter>。等价于 \x0d
\t	匹配一个制表符。等价于 \x09
\v	匹配一个垂直制表符。等价于 \x0b
\s	匹配任意空白字符，包括空格、制表符、换页符等。等价于 [\f\n\r\t\v]
\S	匹配任意非空白字符。等价于 [^\f\n\r\t\v]
\w	匹配包括下划线的任意单词字符。等价于 [A-Za-z0-9_]
\W	匹配任意非单词字符。等价于 [^A-Za-z0-9_]

在正则表达式后面还可以加上标志符号，例如，g 表示全局匹配，i 表示忽略大小写，gi 为 g 和 i 的组合。

常用的正则表达式如下。

1）匹配中文字符：[\u4e00-\u9fa5]。

2）匹配双字节字符：[^\x00-\xff]。

3）匹配空行：\n[\s|]*\r。

4）匹配 HTML 标记：/<(.+)>.*<\/[a-zA-Z]+>|<(.+)\/>/ 。

5）匹配首尾空格：(^\s*)|(\s*$)。

6）匹配网址 URL：http://([\w-]+\.)+[\w-./?%&=]*)?。

7）匹配 IP 地址：\d+\.\d+\.\d+\.\d+。

与正则表达式有关的字符串方法如下。

1）search()：查找字符串。如果查找成功，那么返回字符串所在的位置，否则返回 -1。例如，str.search(/falls/i) 就是查找 str 中是否包含 falls，若包含，则返回所在的位置。

2）match()：查找字符串。如果查找成功，那么返回 true，否则返回 false。

3）replace()：用新字符串替换查找到的匹配字符串。例如，str.replace(/The/g，"A") 就是将 str 中所有 The 替换成 A。

项目10　PROJECT 10　手机网站页面设计制作

 项目概述

　　本项目是设计并制作信息技术学院网站对应的手机版网站主页，要求页面宽度能自动适应不同的移动设备。主页浏览效果，如图 10-1 所示。

图 10-1　主页浏览效果图

知识能力目标

- 了解手机网站页面与 PC 版网站页面设计的区别。
- 理解页面设计与制作方法。
- 掌握页面模拟测试方法。
- 能根据客户要求设计页面。
- 能使用 jQuery Mobile 框架技术制作页面。
- 能模拟测试页面。

预备知识

1．手机网站的概念与分类

（1）手机网站的概念

WAP 是一种面向移动终端提供互联网内容和先进增值服务的全球统一的开放式协议标准，是简化了的无线 Internet 协议。WAP 将 Internet 和移动电话技术结合起来，使随时随地访问丰富的互联网络资源成为现实。手机网站是面向手机用户，为方便手机访问而建立的网站，一般称作 WAP 网站。WAP 技术已经发展了两代，第一代版本号是 WAP1.x，当前流行的是 WAP2.0。WAP1.x 功能弱小，而基于 WAP2.0 开发的手机网站在功能、界面显示、动态性和交互性等方面已经能够和普通网站相媲美了。当前市面上销售的手机已经全部支持 WAP2.0，而超过 95% 的在用手机支持 WAP2.0。

（2）手机网站分类

WAP1.x 网站（也称简约或简洁版网站）：功能简单、页面简洁、打开速度快、流量少、占用资源小、对网络和手机性能及浏览器要求低，用 WML 开发。WML 是专为 2.5G 时代设计的网页设计语言，功能简单、界面粗糙，页面以文字居多，因为网络带宽、机型受到限制，不能使用 CSS，字体颜色只有普通文字的黑色和链接文字的蓝色，不能设置页面背景等。可使用的标签：wml、head、card（相当于 body）、p、a、img、br、input。

WAP2.0 网站（人们常说的 3G 版网站，也称为普通版、高档版，是手机网站领域为迎合 3G 的推广而创造的概念，3G 手机分按键式和触屏式）：功能和界面都与 PC 版网站相接近，但页面文件小，例如，手机新浪网首页只有 9KB。而触屏版网站则是进一步根据触屏手机量身定制的，页面唯美，清晰流畅，但耗费流量，在当前蜂窝数据或是可以使用 Wi-Fi 的时代，上网速度提升，只要有一台性能好的手机，就可以以全新的网页显示模式将五彩缤纷的网页展现在眼前。WAP2.0 网站主要用 XHTML 和 CSS 开发，而触屏版已广泛支持 HTML5（正文字号 17px，大标题 20px，小标题字号小一点）和 CSS3。页面形式丰富多样，通过主流手机浏览器能直接访问。WAP2.0 网站也可以在计算机上直接用浏览器访问，而 WAP1.x 网站需要模拟器或者给浏览器安装相应的插件方可，例如，Firefox 需要安装 WMLBrowser。

【说明】

① WAP1.0适用于按键手机用户，因其屏幕窄小，资讯内容不设置行距，因为行距只会减少单位面积的资讯量，提高流量成本。WAP2.0适用于3G按键式和触屏用户（尤其是触屏用户，因其在浏览中最

常用的操作是滑动和单击，资讯的排列就需要保持一定的行距，以避免单击失误。况且触屏类手机屏幕较大，保持行距在视觉上也更美观）。

②目前有不少智能手机支持直接访问PC版网站，但是因为PC版网站页面宽度大、内容多，在手机上访问很不方便。另外一方面，由于计算机内存大，所以PC版网站包含的文字、图像都比较多，页面文件比较大，通常在10KB以上，例如，新浪网的普通网页大于100KB。

③在PC版网站上，很多浏览器已支持HTML5（新增了header、nav、article、section、footer、address等标签），CSS3效果更丰富。

2．手机网站开发方法

与开发 PC 版网站类似，可以新建站点并设计制作网页，也可在 PC 版网站中直接制作网页。推荐使用后者，将两个网站合二为一，可以节省网站空间租赁费。

网页布局与页面内容编排方法与 PC 版网页类似，只是页面和网页元素宽度尽量使用百分比为单位，以适应不同的移动设备；字号和行间距设置大些以方便阅读和手指操作。

页面设计制作工具选用 Dreamweaver CS6 以上版本（集成了 jQuery Mobile 等框架），可设计制作出自适应网站（自动适应手机、平板式计算机、桌面 PC）。

可以通过 Dreamweaver 的实时视图功能预览网页制作效果，或直接在计算机上将浏览器窗口缩小后模拟浏览，或使用浏览器中开发人员工具的模拟（仿真）浏览功能。

3．jQuery Mobile 框架

jQuery Mobile 构建于 jQuery 库之上，是一种 Web 框架，一个为触控优化的框架，用于创建移动 Web 应用。它使用 HTML5、CSS3、JavaScript 和 AJAX 并通过尽可能少的脚本对页面进行布局，它将"写得更少、做得更多"这一理念提升到了新的层次：自动为网页设计交互的易用外观，并在所有移动设备上保持一致。它适用于所有主流的智能手机和平板式计算机。关于 jQuery Mobile 的使用可以查看 http://www.w3school.com.cn/jquerymobile/。

项目分析

本项目使用 Dreamweaver 集成的 jQuery Mobile 框架技术在设计视图下设计制作网站主页。先根据手机网页的特点插入"视口"元信息，再按照网页整体布局、细化网页布局的过程进行页面布局，其中使用了布局网格、可折叠区块等组件，然后编排主页内容，并按照页头、页中、页脚、主题设置的顺序进行，同时边插入元素、边设置属性、边定义 CSS 规则。

项目实施

1．主页布局

（1）主页设计与分析

与 PC 版网站设计类似，主页的整体布局水平居中，并可分为页头、页中、页脚 3 部分，宽度自适应手机屏幕，页面内容滚动时页头位置固定。

1）页头包含网站标题文本、搜索按钮。

2）页中包含标志图像、导航栏和和具体内容显示块，导航栏分多行以按钮形式显示，

具体内容部分即分院简介、新闻通知采用可折叠块显示。

3）页脚包含副导航和版权信息。

网页主色调使用灰色系列，辅助色使用蓝色和白色，主要文字颜色为黑色和红色。

各个标题的字号统一，并比导航栏和内容文字的字号大，页脚的字号最小。

（2）新建初始网页

注意：本书手机网站网页在前面各项目的"信息技术学院"网站中制作。

1）新建一个 HTML5 网页，文件名为 wapIndex.html，保存到站点根文件夹下，网页标题为"信息技术学院手机版网站"。

2）单击"插入"面板"HTML"选项组中的"视口"按钮💻，在头部 head 中插入"视口"元信息。

🐣 【说明】

①手机浏览器将页面放在一个虚拟"窗口"（即视口，viewport）中，通常该"窗口"比屏幕宽，这样就不用将网页挤到很小的窗口中显示，也就不会破坏没有针对手机浏览器优化过的网页，用户可以通过平移和缩放来查看网页的不同部分。Safari浏览器最新引进viewport这个meta，让网页开发者自己控制viewport的大小和缩放，其他手机浏览器也基本支持。

②切换到代码视图可以看到，自动生成的代码如下：

`<meta name="viewport" content="width=device-width, initial-scale=1">`

其中content可以包含的参数如下：

a）width：控制viewport的宽度，可以指定具体的值（如600等），或者特殊值（如device-width（设备宽度）），单位为像素。

b）height：指定viewport的高度。

c）initial-scale：初始缩放比例，即当页面第一次装载时的缩放比例。

d）maximum-scale：允许用户缩放到的最大比例。

e）minimum-scale：允许用户缩放到的最小比例。

f）user-scalable：用户是否可以手动缩放。

`<meta name="viewport" content="width=device-width, initial-scale=1.0, maximum-scale=1.0, minimum-scale=1.0, user-scalable=no">`

这段代码是指让viewport的宽度等于物理设备的宽度，不允许用户缩放。

（3）网页整体布局

可以像布局 PC 版网站页面那样依次插入各个布局标签并定义 CSS 规则。但 jQuery Mobile 框架专门设计了手机网页布局页面，可以满足绝大部分开发需求。

1）手机网页文档编辑窗口设置。在设计视图下，单击"文档编辑"窗口状态栏上的"文档编辑区大小"选择框，在弹出的菜单中选择"方向纵向"命令和一种手机分辨率（可自行编辑并定义一个新的分辨率），如图 10-2 所示。

2）单击"插入"面板 jQuery Mobile 选项组中的"页面"按钮📄，弹出"jQuery Mobile 文件"对话框，如图 10-3 所示，按图中的参数进行设置，单击"确定"按钮后，随即弹出"页面"对话框，如图 10-4 所示，按图中的参数进行设置，单击"确定"按钮后，在网页中插入了一张手机页面。

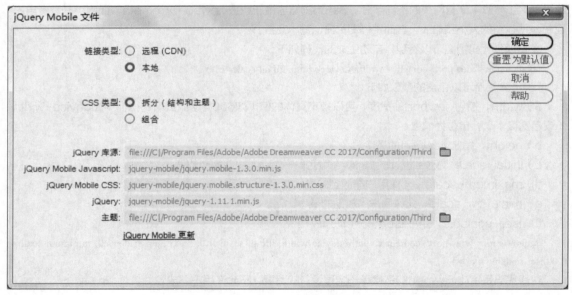

图 10-2 "文档编辑区大小"选择框

图 10-3 "jQuery Mobile 文件"对话框

图 10-4 "页面"对话框

【说明】

① 在图10-3中，"链接类型"选择"远程（CDN）"表示jQuery Mobile框架使用的JavaScript和CSS文件直接引用自CDN。CDN(Content Delivery Network)用于通过Web来分发常用的文件，以此加快用户的下载速度。选择"本地"表示使用DW安装时自带的jQuery Mobile框架使用的JavaScript和CSS文件。"CSS类型"选择"拆分（结构和主题）"表示结构和主题CSS使用不同的CSS文件。选择"组合"表示结构和主题CSS存放在同一个CSS文件中。

② 在图10-4中，ID中输入待创建的页面的id标识。jQuery Mobile框架可以在同一个HTML文件中创建若干个页面，每张页面具有唯一的id标识，每次浏览时只能显示其中一张页面，其余页面通过内部链接的方式显示。复选项"标题"和"脚注"表示新创建的页面中是否要包含页头和页脚。

切换到代码视图，可以看到手机页面的代码如下。

```
<div data-role="page" id="page">
    <div data-role="header">
        <h1> 标题 </h1>
    </div>
    <div data-role="content"> 内容 </div>
    <div data-role="footer">
        <h4> 脚注 </h4>
    </div>
</div>
```

其中，代码中的div标签可以用其他布局标签（如section、header等）替换。在这些标签容器中，可以添加任意HTML元素，例如，段落、图像、标题、列表等。

a）data-*：HTML5允许用户给标签自定义属性，但必须以"data-"开头，这些属性在页面上不会显示，也不会影响到页面布局和风格，但它们却是可读可写的。使用jQuery的.data()方法可以访问它们，例如，.data(obj)方法用来返回相应的属性值。jQuery Mobile使用data-*属性为移动设备创建"对触摸友好的"美观的外观。也可以通过该属性直接定义CSS，例如，[data-role=page]{……}。jQuery Mobile的data-*属性参见http://www.runoob.com/jquerymobile/。

b）data-role="page"：表示该属性所在的元素用来创建显示在浏览器中的页面。id="page"表示页面的id标识为page，可以自行修改。

c）data-role="header"：表示该属性所在的元素用来定义页头（即页面上方的工具栏，常用于标题和搜索按钮等）。页头不是必需的。

d）data-role="content"：表示该属性所在的元素用来定义页中（即页面的内容，如文本、图像、表单和按钮等）。

e）data-role="footer"：表示该属性所在的元素用来定义页脚（即页面底部的工具栏）。页脚不是必需的。

③ 在jQuery Mobile中，可以在单一HTML文件中创建多个页面，通过唯一的id来分隔每张页面，并使用href属性来连接彼此，例如：

```
<div data-role="page" id="pageone">
    <div data-role="content">
        <a href="#pagetwo"> 转到页面二 </a>
    </div>
```

```
</div>
<div data-role="page" id="pagetwo">
    <div data-role="content">
        <a href="#pageone"> 转到页面一 </a>
    </div>
</div>
```

但包含大量内容的HTML文件会影响加载时间，因此如果不希望在同一个HTML文件内部链接各个页面，可将每个页面放置于不同的HTML文件中。

④ 相比于PC版网页设计，手机网页设计中，水平方向不宜并列放置多个宽度较大的块级元素，页中左侧也尽量不要放置二级导航栏，因为移动设备的屏幕宽度有限。可通过选项卡等技术实现在有限空间显示众多的内容。

3）保存当前网页，此时弹出"复制相关文件"对话框，如图10-5所示，单击"确定"按钮后自动将相关文件复制到当前站点中。此时，网页在分辨率为414×716下的设计视图效果，如图10-6所示。

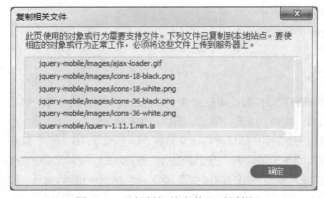

图 10-5　"复制相关文件"对话框

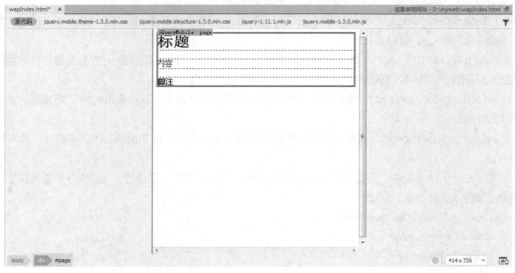

图 10-6　设计视图效果（1）

【说明】

切换到代码视图可以看到，在头部head中自动添加了如下代码。

`<link href="jquery-mobile/jquery.mobile.theme-1.3.0.min.css" rel="stylesheet" type="text/css">`

`<link href="jquery-mobile/jquery.mobile.structure-1.3.0.min.css" rel="stylesheet" type="text/css">`

`<script src="jquery-mobile/jquery-1.11.1.min.js"></script>`

`<script src="jquery-mobile/jquery.mobile-1.3.0.min.js"></script>`

而在站点根文件夹下也自动添加了jquery-mobile子文件夹和相关文件，如图10-7所示。

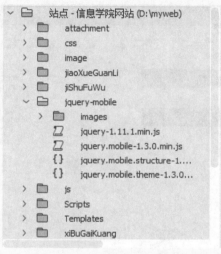

图 10-7　站点中新添加的 jquery-mobile 子文件夹和文件

4）在实时视图中预览当前网页，实时视图效果，如图 10-8 所示。在 Chrome 浏览器中，将窗口缩小后的浏览效果，如图 10-9 所示。利用 Chrome 浏览器开发者工具中的手机仿真浏览，Chrome 浏览器手机模拟器下的效果，如图 10-10 所示。从图 10-8 ~图 10-10 可以看出几种浏览方式下的效果相同。

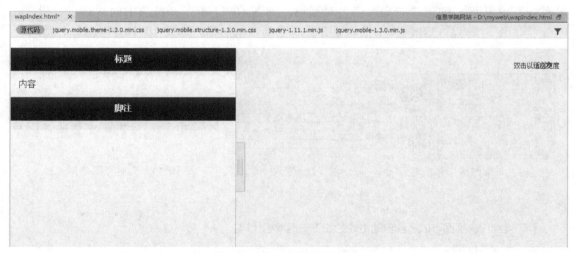

图 10-8　实时视图效果（1）

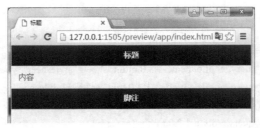

图 10-9　Chrome 浏览器缩小窗口后的浏览效果

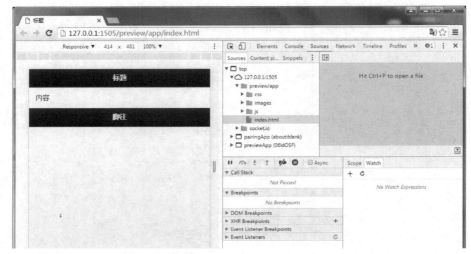

图 10-10　Chrome 浏览器手机模拟器下的效果

（4）细化网页布局

由于页头、页脚放置的内容相对简单，因此布局无须细化。

页中包含导航栏和具体内容块，可使用 jQuery Mobile 的布局网格和可折叠区块实现。

1）导航栏布局。删除页中的默认内容，单击"插入"面板 jQuery Mobile 选项组中的"布局网格"按钮，弹出"布局网格"对话框，如图 10-11 所示，按图中的参数进行设置，单击"确定"按钮后，在网页中插入了 2 行 3 列的布局网格，如图 10-12 和图 10-13 所示。

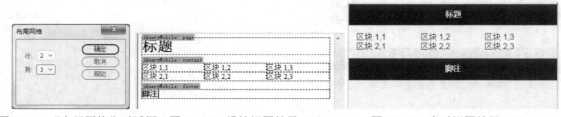

图 10-11　"布局网格"对话框　　图 10-12　设计视图效果（2）　　图 10-13　实时视图效果（2）

【说明】

①切换到代码视图可以看到自动生成的如下布局网格代码。

```
<div class="ui-grid-b">
    <div class="ui-block-a"> 区块 1,1</div>
```

```
        <div class="ui-block-b"> 区块 1,2</div>
        <div class="ui-block-c"> 区块 1,3</div>
        <div class="ui-block-a"> 区块 2,1</div>
        <div class="ui-block-b"> 区块 2,2</div>
        <div class="ui-block-c"> 区块 2,3</div>

</div>
```

② jQuery Mobile提供一套基于CSS的列布局方案。但一般不推荐在移动设备上使用列布局，这是由于移动设备的屏幕宽度有限，除非需要并排放置多个更小的元素，例如，按钮、导航栏等，就像在表格中那样并排放置，此时列布局就恰如其分。

布局网格按列分多种类别，见表10-1。每个布局网格由一行或多行构成，每行均由多个带有特定class属性的div构成，其中的各列是等宽的（总宽是100%），无边框、背景、外边距、内边距。在列容器中，根据不同的列数，各列可设置类ui-block-a|b|c|d|e，这些列将依次并排浮动。例如，对于ui-grid-b类（3列布局），必须添加3列ui-block-a、ui-block-b和ui-block-c。

表 10-1   可使用的布局网格一览表

布局网格类	列　数	列　　宽	列　类
ui-grid-a	2	50% / 50%	ui-block-a|b
ui-grid-b	3	33% / 33% / 33%	ui-block-a|b|c
ui-grid-c	4	25% / 25% / 25% / 25%	ui-block-a|b|c|d
ui-grid-d	5	20% / 20% / 20% / 20% / 20%	ui-block-a|b|c|d|e

2）具体内容块布局。光标定位于导航栏布局网格下方，单击"插入"面板 jQuery Mobile 选项组中的"可折叠区块"按钮 ，在网页中插入了可折叠区块（即可折叠集合），其中包含 3 个独立的内容块，如图 10-14 所示。

将光标移到其中任意一个内容块上，待出现蓝色轮廓后，单击该内容块左上角的标志"jQuery Mobile：collapsible"并按 <Del> 键删除。

切换到代码视图，给第一个内容块所在的 div 标签添加 data-collapsed="false" 属性。此时实时视图效果，如图 10-15 所示。

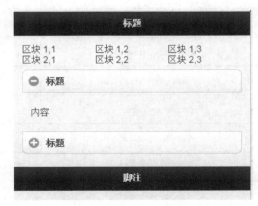

图 10-14　设计视图效果（3）　　　　　　　　　　图 10-15　实时视图效果（3）

【说明】

①切换到代码视图可以看到自动生成的可折叠区块代码如下。

```
<div data-role="collapsible-set">
    <div data-role="collapsible" data-collapsed="false">
        <h3> 标题 </h3>
        <p> 内容 </p>
    </div>
    <div data-role="collapsible" data-collapsed="true">
        <h3> 标题 </h3>
        <p> 内容 </p>
    </div>
</div>
```

②可折叠区块允许折叠或展开显示内容，这对于存储信息很有用。其中的各个内容块具有data-role="collapsible"属性。在内容块中，第一个元素（如标题元素（h1-h6）等）在浏览器中直接呈现给用户，其后的所有元素默认折叠（data-collapsed="true"），当用户单击第一个元素后切换展开/折叠。可折叠内容块可以被嵌套任意次数。

③可折叠区块（集合）（collapsible-set）指的是被组合在一起的可折叠内容块（常被称为手风琴）。当新块展开时，所有其他块就会折叠。使用时是通过data-role="collapsible-set"属性用新容器包裹各个内容块。

④默认可折叠区块中的内容块将会显示外边距和圆角，可以给可折叠区块或某个内容块设置data-inset="false" 属性以删除外边距和圆角。通过设置data-mini="true"属性最小化使内容块更小巧。通过data-collapsed-icon和data-expanded-icon改变图标（默认时是➕和➖），例如，data-collapsed-icon="arrow-d"、data-expanded-icon="arrow-u"等，可使用的jQuery Mobile图标，见表10-2。

表 10-2 可使用的 jQuery Mobile 图标

属 性 值	描 述	图 标
data-icon="arrow-l"	左箭头	
data-icon="arrow-r"	右箭头	
data-icon="arrow-u"	上箭头	
data-icon="arrow-d"	下箭头	
data-icon="plus"	加	
data-icon="minus"	减	
data-icon="delete"	删除	
data-icon="check"	检查	
data-icon="home"	首页	

（续）

属 性 值	描　述	图　标
data-icon="info"	信息	
data-icon="grid"	网格	
data-icon="gear"	齿轮	
data-icon="search"	搜索	
data-icon="back"	后退	
data-icon="forward"	向前	
data-icon="refresh"	刷新	
data-icon="star"	星	
data-icon="alert"	提醒	

2．主页内容编排

（1）页头内容编排

页头包括网页标题文本、搜索按钮、标志图片。标题文本可直接使用 \<h1\> 标签。搜索按钮为超链接按钮，通过设置 class 属性（class="ui-btn-right"）将其放置在标题文本右侧。

1）插入标题文本。将页头中默认的文字"标题"更改为"信息技术学院"。

2）插入"搜索"按钮。

① 光标定位于网页标题下方，单击"插入"面板 jQuery Mobile 选项组中的"按钮"按钮，弹出"按钮"对话框，如图 10-16 所示，按图中的参数进行设置。单击"确定"按钮后在网页中插入了超链接形式的"搜索"按钮。

图 10-16　"按钮"对话框

② 将默认的文字"按钮"更改为"搜索"。

③ 切换到代码视图，给超链接形式的"搜索"按钮所在的 \<a\> 标签添加 class="ui-btn-right" 属性。

此时，网页的设计视图和实时视图效果，如图10-17和图10-18所示。

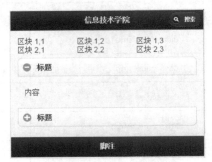

图10-17　设计视图效果（4）　　　　图10-18　实时视图效果（4）

【说明】

①在图10-16中，各个主要属性的含义如下。

a）按钮类型：包括链接、按钮、输入。"链接"表示超链接形式的按钮，使用"<a href="#" data-role="button"></a>"代码实现；"按钮"表示使用"<button>按钮</button>"代码实现的按钮；"输入"表示使用"<input type="button" value="按钮" />"代码实现的按钮。

b）输入类型：当"按钮类型"为"输入"时进一步选择是按钮、提交、重置还是图像域。

c）位置：当有多个"按钮"时，即同时插入多个按钮，这些按钮是作为组合按钮（data-role="controlgroup"。默认时组合按钮是垂直分组的，彼此间没有外边距和空白，并且第一个和最后一个按钮拥有圆角，按钮组合后就创造出了漂亮的外观）还是作为内联元素插入（data-inline="true"。各个按钮独立，且按钮的宽、高自动适应其内容）。

d）布局：设置多个按钮时各个按钮是水平（data-type="horizontal"）还是垂直（data-type="vertical"）排列的。

e）图标（icon）：显示在按钮上的图标。

f）图标位置（iconpos）：按钮上图标的显示位置，默认时，靠左放置。选择"无文本"（notext）表示只显示图标不显示文本。

②切换到代码视图可以看到自动生成的超链接形式的"搜索"按钮代码如下。

`<a href="#" data-role="button" data-icon="search" data-iconpos="left" class="ui-btn-right"> 搜索 </a>`

页头通常会包含标题/LOGO或一到两个按钮（如首页、选项或搜索按钮等）。可以直接在页头中向左侧或/以及右侧添加按钮。默认时，添加的第一个按钮显示在页头标题文本的左侧，第二个按钮显示在页头标题文本的右侧。如果只需向页头标题文本的右侧添加一个按钮（左侧不需要按钮），则必须给该按钮添加class="ui-btn-right"属性。

③jQuery Mobile 中的按钮会自动获得预定义的样式，这增强了它们在移动设备上的交互性和可用性。推荐使用data-role="button"的<a>元素来创建页面之间的链接，而<input>或<button>元素用于表单提交。在默认情况下，按钮会占据屏幕的全部宽度，如果需要按钮自动适应其内容，或者需要多个按钮并排显示，则可添加data-inline="true"属性。如果需要创建具有"后退"功能的按钮，则可使用data-rel="back"属性（会忽略<a>的href值）。

3）固定页头。切换到代码视图，给页头所在的 <div> 标签增加 data-position="fixed" 属性。代码如下。

`<div data-role="header"  data-position="fixed">`

【说明】

放置页头和页脚的方式有三种：

① Inline：默认。页头和页脚与页面内容位于行内，随页面内容一起滚动。使用方法：data-position="inline"。

② Fixed：滚动页面内容时，页头和页脚会留在页面顶部和底部。使用方法：data-position="fixed"。

③ Fullscreen：与fixed类似，滚动页面内容时，页头和页脚会留在页面顶部和底部，但透过页头和页脚会隐约看到页面内容。fullscreen对于照片、图像和视频非常理想。使用方法：data-position="fixed" data-fullscreen="true"。

对于fixed和fullscreen定位，触摸屏幕将隐藏和显示页头及页脚。

（2）页中内容编排

页中包含标志图像、导航栏和具体内容显示块。标志图像可直接插入到标题文本下方并设置最大宽度100%使其自动缩放到手机屏幕宽度；导航栏由多个超链接形式的按钮组成，放置于布局网格中；具体内容部分的分院简介、新闻通知分别放置于可折叠区块的两个内容块中，其中的各条新闻标题显示通过列表视图功能实现。

1）插入标志图像。

①在页中开始位置插入标志图像 wapbanner.gif。

②给标志图像添加 class="banner" 属性，并定义如下 CSS 规则。

```
.banner{
    width: 100%;  /* 自动根据屏幕宽度缩放 */
    height:auto;  /* 宽度缩放时，高度按原始宽高比进行缩放 */
}
```

此时，网页实时视图效果，如图 10-19 所示。

图 10-19　实时视图效果（5）

【说明】

标志图像和导航栏既可放置于页中，也可放置于页头。考虑到页面内容滚动时页头页脚固定不动，所以其占据的空间不宜很大，因此将标志图像和导航栏放置于页中，以便与其他内容一起滚动。

2）制作导航栏。

①按照在页头中插入"搜索"按钮类似的方法，在布局网格的各个列中先删除默认内容，再插入超链接形式的按钮，按钮图标自行选取、图标位置均为"顶端"。修改各个按钮文本分别为分院概况、教学管理、继续教育、支部工作、技术服务、专题建设。

②给各个超链接添加 data-mini="true" 属性以显示成小型按钮。

③定义如下 CSS 规则处理超链接。

```
.ui-grid-b a{
    font-weight: normal;
    color: #ff0000;
    margin-top: 10px;
}
```

此时，网页的设计视图和实时视图效果，如图 10-20 和图 10-21 所示。

图 10-20　设计视图效果（5）　　　　　　图 10-21　实时视图效果（6）

3）插入分院简介。

①更改可折叠区块的第 1 个内容块的标题文本为"分院简介"。

②在内容部分输入分院简介内容。

③按 <Enter> 键后插入不带图标的超链接形式的按钮，并设置其属性为：data-mini="true" data-inline="true"，链接文本为"更多内容"。

④给可折叠区块所在的 <div> 标签添加 data-inset="false" 属性以删除外边距和圆角。

⑤定义如下 CSS 规则处理可折叠区块的第 1 个内容块。

```
[data-role=collapsible]:first-child p:first-child{
    text-indent: 2em;
    line-height: 1.5em;
    margin: 0px;
}
[data-role=collapsible]:first-child p:last-child{
    text-align: center;
    margin: 0px;
```

```
}
[data-role=collapsible]:first-child p:last-child a{
    font-weight: normal;
}
```

此时，分院简介的实时视图效果，如图 10-22 所示。

图 10-22　分院简介的实时视图效果

4）插入新闻通知。

①更改可折叠区块的第 2 个内容块的标题文本为"新闻通知"。

②先删除内容部分的 p 元素，再单击"插入"面板 jQuery Mobile 选项组中的"列表视图"按钮，弹出"列表视图"对话框，如图 10-23 所示，按图中进行设置。单击"确定"按钮后在网页中插入了列表视图。

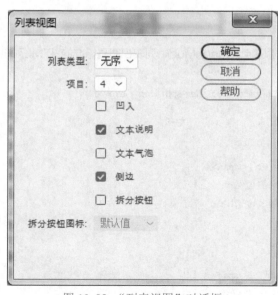

图 10-23　"列表视图"对话框

③ 将各个列表项中的标题文本"页面"修改成某一条新闻通知标题，将 Lorem ipsum 修改成该新闻通知的内容简介，将"侧边"修改成该新闻通知的发布日期。

④ 在列表视图下方插入类似于分院简介中的"更多内容"超链接形式的按钮。

⑤ 定义如下 CSS 规则处理列表视图。

```
[data-role=listview] li h3{
    color: #ff0000;
}
[data-role=listview] + p{
    text-align: center;
    margin-bottom: -20px;
}
```

此时，新闻通知的实时视图效果，如图 10-24 所示。

图 10-24　新闻通知的实时视图效果

【说明】

① 切换到代码视图，可以看到jQuery Mobile列表视图是标准的HTML列表。包含两个列表项的完整的列表视图代码如下。

```
<ul data-role="listview" data-inset="true" data-split-icon="arrow-r">
  <li><a href="#">
    <h3> 页面 </h3>
    <p>Lorem ipsum</p>
    <span class="ui-li-count">1</span>
    <p class="ui-li-aside"> 侧边 </p>
  </a><a href="#"> 默认值 </a></li>
  <li><a href="#">
    <h3> 页面 </h3>
    <p>Lorem ipsum</p>
    <span class="ui-li-count">1</span>
    <p class="ui-li-aside"> 侧边 </p>
```

```
    </a><a href="#"> 默认值 </a></li>
</ul>
```

其中：

a）data-role="listview"：列表视图标识。

b）data-inset：设置是否有外边距和圆角的凹入效果。

c）data-split-icon：设置拆分按钮图标。

d）<span class="ui-li-count">：文本气泡，可放置浏览次数等内容。

e）<p class="ui-li-aside">：侧边，可放置次要内容。

f）每个列表项的第一个<a>：设置列表项链接。

g）每个列表项的第二个<a>：jQuery Mobile会自动为第二个链接添加蓝色箭头图标的样式，链接中的文本（如有）将在用户划过该图标时显示。

默认时，列表中的列表项会自动转换为按钮（无须data-role="button"）。

② 可以向列表项添加列表分隔符（list-divider）以便将某几个列表项组合为分类/节，例如下面的代码。

```
<ul data-role="listview">
    <li data-role="list-divider"> 欧洲 </li>
    <li><a href="#"> 法国 </a></li>
    <li><a href="#"> 德国 </a></li>
    <li data-role="list-divider"> 亚洲 </li>
    <li><a href="#"> 中国 </a></li>
    <li><a href="#"> 韩国 </a></li>
</ul>
```

如果列表是字母顺序的，例如，通讯录等，通过给<ol>或<ul>标签添加 data-autodividers="true"属性，可以让jQuery Mobile自动添加恰当的分隔符（如对列表项文本的首字母进行大写来创建分隔符等）。

通过给<ol>或<ul>标签添加data-filter="true"及data-filter-placeholder="初始提示信息"属性，可以在列表中添加搜索框。

③ 可以向列表项添加缩略图或16px×16px的图标，代码分别如下。

```
<ul data-role="listview">
    <li><a href="#"><img src="chrome.png"> 欢迎使用 </a></li>
</ul>
```

```
<ul data-role="listview">
    <li><a href="#"><img src="chrome.png" class="ui-li-icon"> 欢迎使用 </a></li>
</ul>
```

④ 可以向列表项添加data-icon="plus"等属性以便为其设置特定的链接图标。

（3）页脚内容编排

页脚包括副导航和版权信息。副导航包括注册、登录链接，可使用超链接形式的按钮实现，版权信息是一段文本。

1）插入按钮。

① 光标定位于页脚中默认文字"脚注"所在标签 <h4> 之前，单击"插入"面板 jQuery

Mobile 选项组中的"按钮"按钮，插入 2 个超链接形式的按钮，按图中进行设置，如图 10-25 所示。插入后，将按钮上的文字分别更改为"登录""注册"。

图 10-25　"按钮"对话框

② 切换到代码视图，给页脚所在的 <div> 增加 class="ui-btn" 属性。

此时，页脚的实时视图效果，如图 10-26 所示。

图 10-26　页脚的实时视图效果（1）

【说明】

切换到代码视图，可以看到页脚的HTML代码如下。

```
<div data-role="footer"  class="ui-btn">
    <div data-role="controlgroup" data-type="horizontal">
        <a href="#" data-role="button" data-icon="grid"> 登录 </a>
        <a href="#" data-role="button" data-icon="grid"> 注册 </a>
     </div>
    <h4> 脚注 </h4>
</div>
```

与页头相比，页脚更具伸缩性，它们更实用且多变，可以包含更多内容，例如，可包含任意多个按钮，但页脚与页头在按钮上的样式不同，页脚按钮会减去一些内边距和空白，并且按钮不会居中，除非给页脚添加class="ui-btn"属性，但此时再添加data-position="fixed"属性将不会使页脚位置固定。

2）修改脚注。

① 将页脚中默认的文字"脚注"更改为"Copyright ©2017 信息技术学院"。

② 定义如下 CSS 规则处理页脚文字。

```
[data-role=footer] h4{
        font-weight: normal;
        font-size: 0.9em !important;  }
```

此时，页脚的实时视图效果，如图 10-27 所示。

图 10-27　页脚的实时视图效果（2）

3）固定页脚。与页头类似，给页脚所在的 <div> 标签增加 data-position="fixed" 属性，此时代码如下。

```
<div data-role="footer"  data-position="fixed">
```

（4）主题设置

切换到代码视图，给页头添加 data-theme="b" 属性，给页脚添加 data-theme="d" 属性。

【说明】

jQuery Mobile 提供了5种不同的样式主题，见表10-3。每种主题由多种可见的效果和颜色构成，并带有不同颜色的按钮、导航栏、内容块等。使用时只需给相应的标签添加data-theme="a|b|c|d|e"属性即可，例如，<div data-role="page" data-theme="b" >等。

表 10-3　jQuery Mobile 的主题

值	描　　述
a	默认。黑色背景上的白色文本
b	蓝色背景上的白色文本 / 灰色背景上的黑色文本
c	亮灰色背景上的黑色文本
d	白色背景上的黑色文本
e	橙色背景上的黑色文本

默认地，jQuery Mobile为页头和页脚使用a主题，为页中内容使用c主题。可以任意给各个元素设置主题，例如，页头、超链接等。通过data-content-theme=" a|b|c|d|e" 设置可折叠区块内容块中文本的主题；通过data-split-theme="a|b|c|d|e"设置列表视图拆分按钮主题。

jQuery Mobile允许创建新的主题：只需复制现有CSS主题文件中的某个主题样式，并用字母名（f-z）对类重命名，然后调整为所喜欢的颜色和字体即可。例如，如下代码为工具条添加类ui-bar-(a-z)，并为内容添加类ui-body-(a-z)，即定义了一个f主题。

```
<style>
.ui-bar-f{ color:green;background-color:yellow; }
.ui-body-f{ font-weight:bold;color:purple; }
</style>
```

此时网页的实时视图效果，如图 10-28 所示。

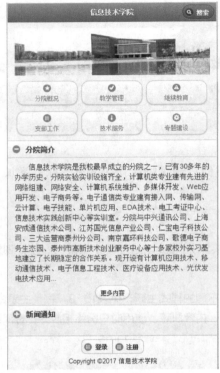

图 10-28　网页的实时视图效果

3. 智能导向到 PC 版网站主页或手机网站主页

PC 版网站和手机网站可以是两个独立网站，也可以是合二为一的网站。

当采用两个独立的网站时，网站可放置在同一个网站空间（此时手机网站作为 PC 版网站的一个子目录）或不同的网站空间中。

当采用合二为一网站时，只需要一个网站空间。

为便于用户记忆和操作，无论是采用独立网站还是合二为一网站，一般只需发布 PC 版网站的网址。当用户在计算机上输入 PC 版网站的网址后，直接打开 PC 版网站主页，当用户在手机上输入在计算机版网站的网址后，通过放置于 PC 版网站主页头部的如下 js/pc_phone_judge.js 代码智能判断并导航到手机网站主页。

```
function uaredirect(f){try{if(document.getElementById("bdmark")!=null){return}var b=false;if(arguments[1]){var
e=window.location.host;var a=window.location.href;if(isSubdomain(arguments[1],e)==1){f=f+"/#m/"+a;b=true}else{if(isSu
bdomain(arguments[1],e)==2){f=f+"/#m/"+a;b=true}else{f=a;b=false}}}else{b=true}if(b){var c=window.location.hash;if(!c.
match("fromapp")){if((navigator.userAgent.match(/(iPhone|iPod|Android|ios|iPad)/i))){location.replace(f)}}}}catch(d){}}

function isSubdomain(c,d){this.getdomain=function(f){var e=f.indexOf("://");if(e>0){var h=f.substr(e+3)}else{var h=f}var
g=/^www\./;if(g.test(h)){h=h.substr(4)}return h};if(c==d){return 1}else{var c=this.getdomain(c);var b=this.getdomain(d);if(c==b)
{return 1}else{c=c.replace(".","\\.");var a=new RegExp("\\."+c+"$");if(b.match(a)){return 2}else{return 0}}}}

uaredirect("http:// 手机网站主页网址 ");
```

其中，"手机网站主页网址"要申请的网站空间中手机网站主页网址替换。

打开"信息技术学院"PC 版网站主页 index.html，在 head 头部插入如下代码：

```
<script type="text/javascript" src="js/pc_phone_judge.js"></script>
```

归纳总结

本项目通过分院手机网站主页的设计制作讲述了通过 jQuery Mobile 框架制作手机网页的方法。重点讲解了手机网站主页的制作方法。手机网站开发完成后要模拟测试、发布，并要通过真实手机测试才能最终确定浏览效果是否完全正常，还要能智能决定是打开 PC 版网站主页还是手机网站主页给浏览者。

巩固与提高

1．巩固训练

1）设计制作分院网站分院概况栏目或教学管理栏目下的某个次页，要求：具有标题文本和返回主页链接；设置二级导航栏；次页内容完整显示。

2）创建学校网站的手机网站主页。所需素材请参考学校现有网站搜集整理。

2．分析思考

1）如何使包含 6 个菜单项的导航栏在同一行上显示？

2）在手机网页上定义 a:hover 选择器有效吗？为什么？

3）如何在同一个 HTML 文件中实现两张手机网页间的链接？

4）在手机网页上能否使用"设为首页"和"加入收藏夹"功能？实际做一下。

3．拓展提高

如何通过 jQuery Mobile 制作导航栏

导航栏由一组水平排列的链接构成。默认地，导航栏中的链接会自动转换为按钮（无须 data-role="button"）。

定义导航栏：使用 data-role="navbar" 属性，例如如下代码。

```
<div data-role="navbar" data-iconpos="left">
  <ul>
    <li><a href="#" data-icon="plus"> 更多 </a></li>
    <li><a href="#" data-icon="minus"> 更少 </a></li>
    <li><a href="#" data-icon="delete"> 删除 </a></li>
    <li><a href="#" data-icon="check"> 喜爱 </a></li>
    <li><a href="#" data-icon="info"> 信息 </a></li>
  </ul>
</div>
```

默认时，导航栏中按钮的宽度与其内容一致。使用无序列表来均等地划分按钮：1 个按钮占据 100% 的宽度，2 个按钮各占 50% 的宽度，3 个按钮各占 33.3%，以此类推。但如果在导航栏中插入了 5 个以上的按钮，那么它会弯折为多行显示，每行显示 2 个按钮。

当导航栏中的链接被敲击时，会获得"被选"外观（即按下）。但如果想在不敲击链接时实现此外观，则可使用 class="ui-btn-active" 属性。而对于多个页面，如果需要为每个按钮设置"被选"外观，以表示用户正在浏览该页面。那么，可向链接同时添加 "ui-state-persist" 和 "ui-btn-active" 类，即 class="ui-btn-active ui-state-persist"。

PROJECT 11
项目11 测试、优化与发布维护网站

 项目概述

本项目是测试、优化与发布维护分院网站，内容如下：

① 本地测试与优化分院网站。对分院网站各网页中的标签、网页的兼容性、网页间的链接、网页的容错性、各网页浏览效果和网站整体效果等进行一次全面的测试，并根据测试结果对有关内容进行修改优化。

② 发布、推广与维护分院网站。在 Internet 上申请一个免费网站空间和域名，并将开发好的网站上传到网站空间中，同时进行一次网上测试并根据测试结果决定是否修改网站有关内容。再通过一定的途径推广网站并对其更新、维护。

知识能力目标

- ◯ 理解网站测试与优化。
- ◯ 理解网站发布、维护。
- ◯ 能测试、优化网站。
- ◯ 能申请网站空间并发布网站。
- ◯ 能推广和维护网站。

预备知识

1．网站测试

网站开发完成后，应对整个网站进行一次全面的测试。发现问题时要及时解决，然后再重新测试直至达到预期目标。

网站测试可从本地测试、用户测试、负载测试等几方面着手。

（1）本地测试

无论是独立开发的网站还是多人合作开发的网站，都要进行本地测试。本地测试主要由网站开发人员负责进行。

主要测试内容有：各网页的浏览器兼容性；各网页间的链接；网页的容错性；动态页的运行结果与预期目标的相符度；各网页浏览效果和网站整体效果等。

（2）用户测试

以用户身份（或请朋友帮忙）测试，因为开发的网站是给用户访问的。

主要测试内容有：评价每个页面的风格、颜色搭配、页面布局、文字字体及大小等方面是否与网站的整体风格协调统一；页面布局是否合理；各种链接所放的位置是否合适；页面切换是否简便；当前访问位置是否明确；请求网页的时间是否过长等。

（3）负载测试

安排多个用户同时访问网站，让网站在高强度、长时间的环境中运行测试。

主要测试内容有：网站在多个用户访问时访问速度是否正常；网站所在服务器是否会出现内存溢出、CPU 资源占用是否正常等。

（4）测试注意点

测试时应注意以下几点。

1）测试环境。把网站上传到服务器中后，在本地打开浏览器，将缓存里的内容全部删除（如果没有删除，那么浏览器请求页面时，会直接从缓存里读取）后进行测试。

2）测试时间。晚间网络传输速度较快，而白天较慢。

3）其他因素。服务器、浏览器、上网设备等的差异，测试网站时都要考虑。

因此，应在不同条件下进行测试，最终应符合大多数用户的要求。

2．网站的发布、推广与维护

（1）网站空间与网站发布

开发好的网站要放置在 ISP 提供的网站空间中。大型的网站可从电信部门申请专线，购置网络软硬件搭建自己的 Web 服务系统，并申请国际和国内域名，但运行和维护费用高。如果考虑租用虚拟主机、服务器托管等方式，那么维护费用较低。而中小型网站可利用 ISP 提供的收费或免费网站空间和域名服务。相比之下，收费空间提供的服务更全面些，例如，空间容量大、支持多种应用程序技术、提供数据库操作访问等，而使用免费网站空间常需为网站空间提供者做广告，并且只有少数免费网站空间提供的服务支持应用程序技术、提供数据库操作访问等。

网站发布是指通过文件上传工具将已经开发好的网站上传到网站空间中，然后浏览者才能通过浏览器访问到该网站。

（2）网站推广

要让发布到 Internet 网站空间中的网站为人知晓，应对网站进行适当的推广工作。

1）媒体宣传。可通过网络广告、网上信息发布、微信、QQ、报纸、户外广告、包装盒广告、电子刊物广告、会员通讯、专业服务商的电子邮件广告等形式宣传。

2）搜索引擎优化（SEO）。搜索是除了 E-mail 以外被用得最多的网络行为方式，通过搜索引擎查找信息是寻找网上信息和资源的主要手段。

SEO（Search Engine Optimization，搜索引擎优化）主要是通过了解各类搜索引擎如何抓取页面、如何索引以及如何确定其对某一特定关键词的搜索结果排名等来优化网站，以使网站能被主要的搜索引擎收录，并获得较高的排名，从而提高网站访问量，最终提高网站的销售能力或宣传能力。

Baidu 和 Google 是目前主要的、较大的搜索引擎提供商，也是 SEOs（Search Engine Optimizers，搜索引擎优化师）的主要研究对象。Google 官方网站专门有一页介绍 SEO，并表明对 SEO 的态度，Baidu 推广官方网站也有专门的介绍。

在网页制作和优化过程中应注意做好以下几点。

① 尽量用静态页面。将信息页面和频道、网站首页改为静态页面，有利于搜索引擎更快更好地收录。

② 页面标题的关键词优化。标题中必须列出网站的名称、信息的标题以及相关关键词。

③ <meta> 标签的优化。通过 <meta> 标签设置页面的关键词（keywords）和简介（description）是过去搜索引擎优化的主要方法，现在已经不是主要因素，但仍不可忽略。关键词密度要适度（2% ~ 8%），即关键词必须在页面中出现若干次，或者在搜索引擎允许的范围内。要避免关键词的堆砌。

④ 制作 Sitemaps。制作方法在 Baidu 及 Google 官方网站中有专门讲解。也可制作基于文本的网站地图，内含网站所有栏目、子栏目。网站地图的 3 大要素（文本、链接和关键词）都有利于搜索引擎抓取页面主要内容。动态生成目录的网站尤其需要创建网站地图。

⑤ 网页元素的 Title 属性和图像的 Alt 属性中的关键词要优化。

⑥ 避免表格嵌套过深。搜索引擎通常只会读取最多 3 个 <table> 的嵌套。

⑦ 采用 Web 标准开发网站。尽量使网站代码符合 HTML4.0 及以上版本的规范。

⑧ 网站结构扁平化规划。目录和内容结构最好不要超过 3 层，否则应通过子域名调整、简化结构层数。另外目录命名尽量使用英文而不是拼音字母。

⑨ 页面容量合理化。合理的页面容量会提升网页的显示速度，增加对搜索引擎蜘蛛程序的友好度，同时建议 JavaScript 和 CSS 代码通过链接文件实现。

⑩ 外部链接。尽可能多地让跟主题相关的其他网站链接本站，同时尽量跟 PR（PageRank，网页级别，是 Google 用于评测网页重要性的一种方法）值更高的网站相互链接。如果网站提供与主题相关的导出链接，会被搜索引擎认为有丰富的与主题相关的内容，有利于排名。应避免不顾质量的大面积链接撒网，这会被认为是垃圾链接，反而会降低网站排名。

⑪ 慎用 Flash。Flash 由于不含文字信息，应尽量用于功能展示和广告，少用于网站栏目和页面内容。

⑫ 少用 Frame 框架。HTML5 已经弃用 frame。<frame> 标签会被搜索忽略，尽量少用。如果一定要用，则应正确使用 <noframes> 标签。

⑬ 做好资讯的内部链接。这有助于提高网站排名和 PR 值，例如，相关资讯、推荐咨询等。

（3）网站的维护与更新

网站发布上网，浏览者正常使用后是否就完成所有工作了呢？不是。还应根据浏览者在使用过程中反馈的情况适时地维护、更新网站。

1）网站维护。

① 使用设计备注。设计备注是用来给站点、文件或文件夹添加备注信息，以便网站开发人员可以时刻跟踪、管理每一个文件，了解文件的开发、安全和状态等信息。

② 取出和存回文件。网站使用过程中可能需要修改、更新网页，为此，可先将有关文件下载到本地，经过修改后再重新上传，这就是"取出"和"存回"文件。

2）网站更新。网站是为了给浏览者提供所需信息的，因此保证信息的真实、可靠、及时是网站管理员必须要做到的。只有内容不断更新、信息内容有价值的网站才能吸引浏览者，也才会有生命力。可通过网站后台管理系统经常更新网站信息，必要时修改网页甚至对整个网站改版。

项目分析

本项目利用 Dreamweaver 自带的测试、维护功能对分院网站进行测试、优化与发布维护。先对各网页中的标签、网页间的链接、网页的容错性、各网页浏览效果和网站整体效果等进行测试，并根据测试结果对有关内容进行修改优化，然后到 Internet 上申请免费网站空间和域名上传网站、网上测试网站、维护与更新网站，通过线上线下多种方法推广网站。

项目实施

1．本地测试与优化分院网站

（1）验证标记

1）执行"窗口"→"结果"命令并从级联菜单中选择任一命令打开"结果"面板。

【说明】

"结果"面板显示在 Dreamweaver 工作界面底部，包含"验证""链接检查器""输出""FTP记录""搜索""站点报告"等选项卡。

2）先在 Dreamweaver 文档编辑窗口打开需要验证的网站主页 index.html，再在"验证"选项卡上，单击左边的▶按钮后出现"验证"选项卡的命令选择菜单，如图 11-1 所示，在菜单中选择"当前文档（W3C）"命令，打开"W3C 验证器通知"对话框，如图 11-2 所示，单击"确定"按钮后，Dreamweaver 开始将当前文档源代码发送至 W3C 服务进行验证，验证是否符合 HTML5 规范，验证完成后在列表区显示验证结果，如图 11-3 所示。其中带有黄色三角形警示标志的为警告性错误，可以保留不动，而带有灰色三角形警示标志的为一般性错误，建议用户修改。

图 11-1 "验证"选项卡的命令选择菜单

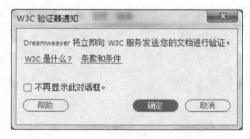

图 11-2 "W3C 验证器通知"对话框

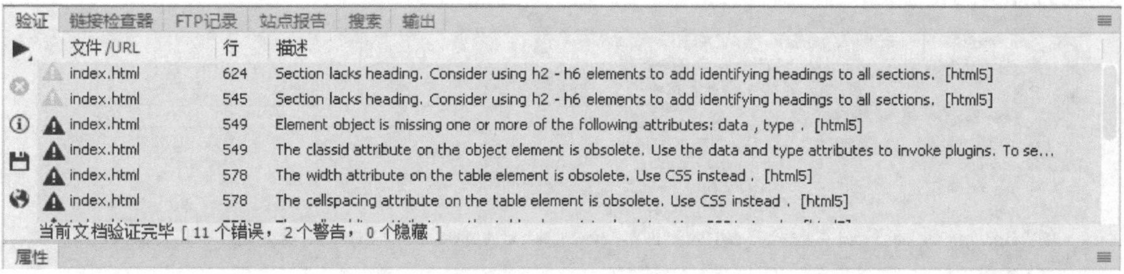

图 11-3 "验证"选项卡列表区显示验证结果

【说明】

① 验证过程需要联网。

② "验证"选项卡左边的5个按钮分别用来选择验证命令（其中的"设置"命令用来设置没有文档类型声明的网页验证时的参照对象）、停止对文档的验证、显示列表区当前选择行的全部描述信息、保存验证报告、浏览验证报告。

3）在"验证"选项卡列表区双击某行后，在代码视图下光标将会直接定位到该行网页源代码后，可根据需要修改。

4）按照上述方法依次对站点中的其他文件进行验证，并根据验证结果进行修改优化。

（2）检查网页间的链接

1）在"链接检查器"选项卡上，单击左边的 ► 按钮，在打开的菜单中选择"检查整个当前本地站点的链接"命令，如图 11-4 所示。

图 11-4 "链接检查器"选项卡

然后，Dreamweaver 开始检查本地站点各个网页中的所有链接，检查完成后在列表区显示检查结果，如图 11-5 所示。

图 11-5 "链接检查器"选项卡列表区显示检查结果

2）在列表区，依次选择要修改链接的文件，并单击"断掉的链接"列中右边对应的文件夹图标选择正确的链接，或者双击文件列中的文件名直接在代码视图打开网页修改优化，如图 11-6 所示。

图 11-6 列表区显示检查结果（修改链接）

【说明】

利用"链接检查器"选项卡上的"显示"下拉列表可分别查看断掉的链接、外部链接、孤立的文件，如图11-7和图11-8所示，它们由用户自行检查并决定是否修改优化。

图 11-7　列表区显示检查结果（外部链接）

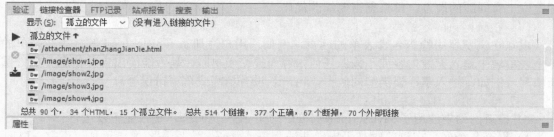

图 11-8　列表区显示检查结果（孤立的文件）

3）在浏览器中打开网站主页 index.html，依次浏览主页和各个次页，检查有无空链接、错误的链接、页面之间不能顺利切换、缺少返回上层页面或主页的渠道等情况出现，如果有，那么应返回 Dreamweaver 修改优化并再次在浏览器中浏览检查，直至全部正常为止。

（3）创建站点报告

1）在"站点报告"选项卡上，单击左边的箭头按钮后打开"报告"对话框，如图11-9所示，在"报告在"下拉列表框中选择生成站点报告的范围，再根据需要在"选择报告"列表框中选中有关复选框。

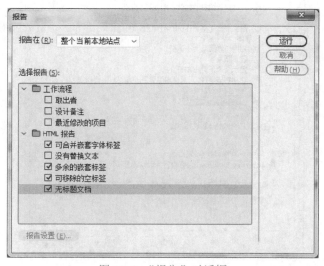

图 11-9　"报告"对话框

2）单击"运行"按钮，关闭"报告"对话框。Dreamweaver 开始检查本地站点各个网页，检查完成后在"站点报告"选项卡上列表区显示检查结果，如图 11-10 所示。

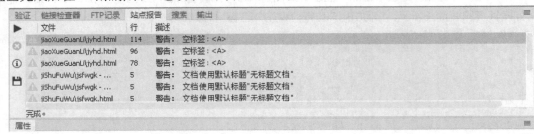

图 11-10 "站点报告"选项卡列表区显示检查结果

3）在列表区双击某个网页文件后，在代码视图下将会直接显示该网页源代码，同时光标定位于有问题的地方，可根据需要修改优化。

（4）检查网页的容错性

重点在浏览器中检查包含表单的网页，例如，用户注册页 register.html 等，当在表单的各个表单域中输入无效内容或不输入任何内容而提交表单时，是否能给出告警信息并允许重新填写，例如，输入了错误类型的数据，用户名没有填写或填写错误等。

（5）检查网页浏览效果和网站整体效果

1）检查网站中应用了 JavaScript 脚本的网页，在浏览时脚本是否能正常运行。

2）检查各个网页在浏览时是否出现非法字符或乱码，文字和图像显示是否正常，Flash 动画的画面出现时间是否过长，网页特效是否正常显示等。

3）在浏览器的设置中取消相关内容的显示（例如，在 IE 的"Internet 选项"设置中，取消"显示图片""在网页中播放动画""在网页中播放声音"等复选框的选中状态，如图 11-11 所示），此时在纯文本模式下浏览各个网页，检查是否显示了全部文字。

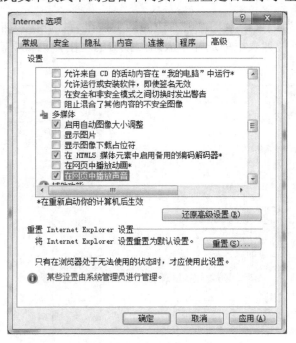

图 11-11 "Internet 选项"对话框

4）检查各个网页的浏览效果与网站整体效果的吻合情况，并根据需要适当调整。

5）将当前显示器的分辨率分别设置为典型的分辨率（如 1024×768、1280×720 等），并分别在浏览器中浏览网站的主要网页，检查浏览效果的自适应情况，并根据需要调整，以尽量满足不同分辨率时的显示要求。

对不满意的地方要根据显示的需要进行修改、调整、优化，然后再重新检查直至满意为止。

2．发布、推广与维护分院网站

（1）申请网站空间和域名

1）通过 Baidu、Google 等搜索引擎搜索"免费网站空间"，选择一个提供免费空间的管理网站，然后按照该管理网站对免费空间的申请要求操作，待审核通过后即可拥有网站空间。

2）通过 Baidu、Google 等搜索引擎搜索"免费域名"，选择一个提供免费域名的管理网站，然后按照该管理网站对免费域名的申请要求操作，待审核通过后即可拥有域名。

【说明】

① 一般而言，提供免费空间的网站空间提供者会同时提供免费域名的。目前提供免费空间和域名的服务提供商越来越少了，但可以通过一些优惠活动以低价取得网站空间和域名。

② 域名分国际和国内域名两种，均由若干英文字母、数字组成，以小数点分隔，例如，www.sina.com.cn。域名应便于记忆，使用后能给人留下深刻的印象。

③ 要申请注册的国际和国内域名必须在线填写申请表，收到确认信息后提交申请表，然后加盖公司公章并交费即可拥有一个域名。国内域名是由中国互网中心（www.cnnic.net.cn）管理和注册的，国际域名的主要申请网址是http://www.networksolutions.com。

（2）发布网站

1）遮盖指定的文件或文件夹。

① 打开站点定义对话框，在左侧列表框的"高级设置"下选择"遮盖"，在"遮盖"选项界面上设置，如图 11-12 所示。

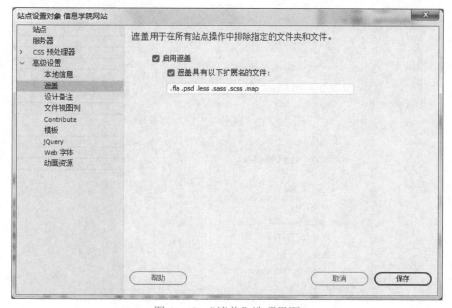

图 11-12 "遮盖"选项界面

【说明】

遮盖是给不需要上传的文件、文件夹做标记，以便在上传网站文件到网站空间中时排除这些做了标记的文件和文件夹，例如，图像或动画的源文件、备份文件夹等。

②在"文件"面板上，右击要遮盖的文件或文件夹，在弹出的快捷菜单中选择"遮盖"→"遮盖"命令，如图 11-13 所示。

图 11-13　遮盖选中的文件或文件夹

2）发布网站。

可使用 Dreamweaver 自带的 FTP 上传功能将网站上传到申请的免费网站空间中。操作步骤如下。

①打开站点定义对话框，在左侧列表框中单击"服务器"出现"服务器"选项界面，如图 11-14 所示，单击 + 按钮弹出 FTP "基本"选项卡和"高级"选项卡的设置界面，如图 11-15 和图 11-16 所示，根据实际情况设置。

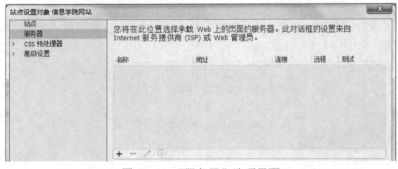

图 11-14　"服务器"选项界面

图 11-15　FTP 设置界面——"基本"选项卡

图 11-16　FTP 设置界面——"高级"选项卡

②单击"测试"按钮，如果连接成功，那么会弹出"与远程服务器连接成功确认"对话框，如图 11-17 所示，否则应重新检查各选项中输入的内容是否正确。

③设置完成后，重新回到"服务器"选项界面，如图 11-18 所示。单击"保存"按钮后退出设置状态。

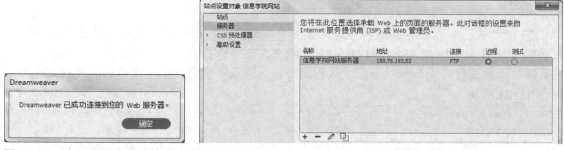

图 11-17　"与远程服务器连接成功确认"对话框　　图 11-18　"服务器"选项界面

④在"文件"面板上，单击"展开以显示本地和远端站点"按钮 ，打开"显示本地和远端站点"对话框，如图 11-19 所示。

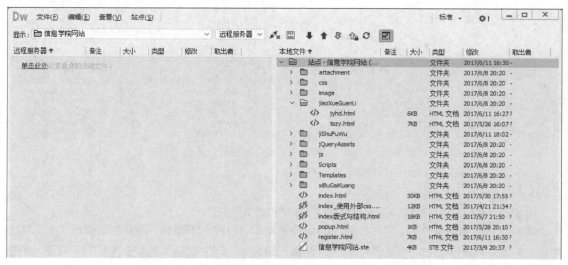

图 11-19　"显示本地和远端站点"对话框（未连接时）

单击工具栏中的 按钮连接到远程服务器，连接成功后将在"显示本地和远端站点"对话框的"远程服务器"列表区显示远端站点中的文件夹和文件，如图 11-20 所示。

图 11-20 "显示本地和远端站点"对话框（已连接时）

⑤ 在"显示本地和远端站点"对话框的"本地文件"列表区，先选择要上传的文件或文件夹（按住 <Ctrl> 或 <Shift> 键单击文件或文件夹可选择多个），再单击"上传文件"按钮 即可上传文件，上传成功后在"远程服务器"列表区将会显示出上传的文件和文件夹，如图 11-21 所示。

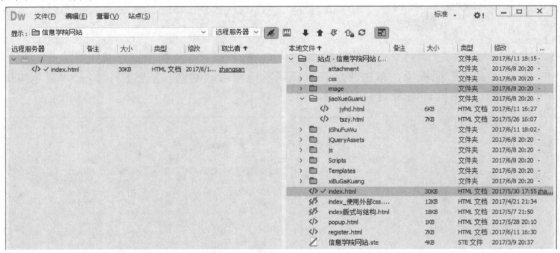

图 11-21 "显示本地和远端站点"对话框（已上传文件）

【说明】

① 单击"获取文件"按钮 可从远端站点下载文件或文件夹。

② 在上传或获取文件时，Dreamweaver会自动记录各种FTP操作，遇到问题时可单击工具栏中的"查看站点FTP日志"按钮 ，打开"结果"面板上"FTP记录"选项卡查看FTP记录，如图11-22所示。

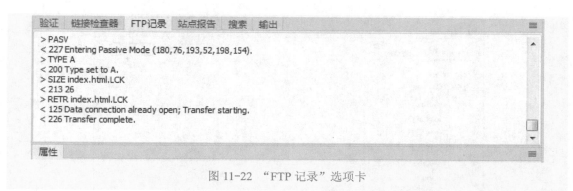

图 11-22 "FTP 记录"选项卡

（3）用户测试

请部分用户对发布到网站空间中的网站进行测试，测试内容主要有：评价每个页面的风格、颜色搭配、页面布局、文字字体及大小等方面是否与网站的整体风格协调统一；页面布局是否合理；各种链接所放的位置是否合适；页面切换是否简便；当前访问位置是否明确；请求网页的时间是否过长等。

根据用户测试后的反馈结果决定是否对网站进行修改，修改后的网站还要重新上传（也可以只上传修改过的网页文件）。

（4）推广网站

按照"预备知识→ 2. 网站的发布、推广与维护"中介绍的网站推广方法推广网站。

（5）维护与更新网站

1）使用设计备注。

① 打开站点定义对话框，在左侧列表框的"高级设置"下单击"设计备注"，在"设计备注"选项界面上设置，如图 11-23 所示。

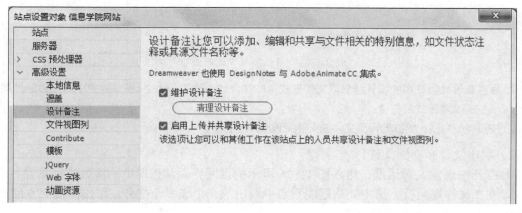

图 11-23 "设计备注"选项界面

② 在"文件"面板上，右击网站主页文件 index.html，在弹出的快捷菜单中选择"设计备注"命令，出现"设计备注"对话框，如图 11-24 所示。

根据网站开发的具体情况在"基本信息"选项卡"状态"下拉列表框中选择文件或文件夹的状态，在"备注"文本区域输入说明文字。

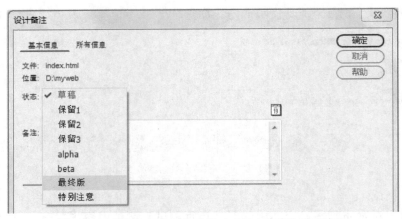

图 11-24 "设计备注"对话框("基本信息"选项卡)

【说明】

① 添加设计备注也可在"设计备注"对话框的"所有信息"选项卡上添加自行命名的"名称_值"对，如图11-25所示。

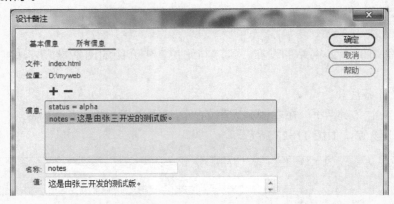

图 11-25 "设计备注"对话框("所有信息"选项卡)

② 保存在设计备注中的设计信息以文件形式存放在自动创建的_notes子文件夹中，文件的扩展名是.mno，它是文本形式的文件。

③ 按照类似方法，给其他网页文件或文件夹添加备注信息。

2）取出文件和存回文件。

①打开站点定义对话框，进入图 11-16 所示的设置界面，按图中的参数进行设置。

②在"文件"面板上选中要从远端站点中取出的一个或多个文件，单击面板上方的"取出文件"按钮 ，文件即被取出。

存回文件操作类似，即先选择被取出文件，再单击面板上方"存回文件"按钮 即可。

【说明】

①"取出文件"和"存回文件"功能主要适用于多人组成的网站开发小组共同开发网站的情况，用于避免同时编辑同一个文件的冲突。当一个文件被取出后，该文件只能由取出者独立修改，而其他人只能查看。文件取出后，该文件前有一个绿色或红色的标记，分别表示文件是由自己或他人取出的，同时

在"取出者"列会显示取出者。

②文件存回后，其他人可以继续取出该文件并对其编辑，同时该文件的属性将被设置为"只读"，可以通过右击该文件并在弹出的快捷菜单中选择"清除只读属性"命令进行清除。

③文件取出后，Dreamweaver会在被取出文件的同级目录下产生一个扩展名是.lck的隐藏文件，用来记录取出者信息。而当文件存回时Dreamweaver会自动将其删除。

归纳总结

本项目给分院网站进行了一次全面的测试，并根据测试结果优化了网站，同时还申请了免费网站空间并对网站进行了发布和推广、维护。重点讲解了测试方法并对网站进行了实际测试、发布。网站是给浏览者提供信息的，网站运行的成功与否直接影响着网站的声誉，因此网站在发布前要进行严格的测试。

巩固与提高

1．巩固训练

对学校网站进行测试、优化并上网申请网站空间和域名发布网站，再推广和维护网站。

2．分析思考

1）如何看待网站测试结果？

2）申请了免费网站空间和域名，但一段时间后网站空间的 IP 地址发生了变化，原来的域名还能继续使用吗？为什么？

3）能在线编辑 Internet 网站空间中的网页吗？如果能，那么如何进行？

4）如果网站开发者是一个人，还需要取出和存回操作吗？

3．拓展提高

上传网站的工具

CuteFTP、FlashFXP、FreshFTP、FileZilla、WinSCP、FireFTP 等均是较为实用的网站上传工具。它们使用简单，可下载或上传整个目录、部分文件，还支持断点续传、目录覆盖和删除等功能。

参 考 文 献

[1] 周文洁. HTML5 网页前端设计 [M]. 北京：清华大学出版社，2017.

[2] 文杰书院. Dreamweaver CC 中文版网页设计与制作 [M]. 北京：清华大学出版社，2017.

[3] 黑马程序员. 响应式 Web 开发项目教程（HTML5+CSS3+Bootstrap）[M]. 北京：人民邮电出版社，2017.

[4] 王柯柯，周宏，刘亚辉，等. 网页设计技术——HTML5+CSS3+JavaScript[M]. 北京：清华大学出版社，2017.

[5] 陈承欢. 跨平台的移动 Web 开发实战（HTML5+CSS3）[M]. 北京：人民邮电出版社，2015.